U0170726

抽水蓄能机组主辅设备状态
评估、诊断与预测

State Evaluation, Diagnosis and Prediction of Main and Auxiliary Equipment of Pumped Storage Unit

周建中　许颜贺　著

科学出版社

北　京

内 容 简 介

本书针对抽水蓄能机组主辅设备多源异构数据融合分析、状态评估、故障诊断与趋势预测面临的关键科学问题及技术难题，以抽水蓄能水-机-电耦合复杂系统分析、系统科学与人工智能理论为基础，按照方法提出—模型构建—典型故障验证—集成应用的递进式结构体系进行全面阐述。

本书可供抽水蓄能机组主辅设备状态评估、故障诊断、趋势预测和水电生产过程状态监测等方向相关学科高年级本科生、研究生学习参考，也可供从事抽水蓄能机组评估、诊断、预测工作的研究人员和抽水蓄能领域的工程技术人员参考借鉴。

图书在版编目(CIP)数据

抽水蓄能机组主辅设备状态评估、诊断与预测 = State Evaluation, Diagnosis and Prediction of Main and Auxiliary Equipment of Pumped Storage Unit / 周建中，许颜贺著. —北京：科学出版社，2021.4

ISBN 978-7-03-065015-3

Ⅰ. ①抽⋯　Ⅱ. ①周⋯　②许⋯　Ⅲ. ①抽水蓄能发电机组-研究　Ⅳ. ①TM312

中国版本图书馆CIP数据核字(2020)第074106号

责任编辑：范运年　王楠楠 / 责任校对：王萌萌
责任印制：吴兆东 / 封面设计：蓝正设计

科学出版社 出版
北京东黄城根北街 16 号
邮政编码：100717
http://www.sciencep.com

北京中石油彩色印刷有限责任公司 印刷
科学出版社发行　各地新华书店经销
*
2021 年 4 月第 一 版　开本：720 × 1000 1/16
2021 年 4 月第一次印刷　印张：18 3/4
字数：378 000

定价：168.00 元
(如有印装质量问题，我社负责调换)

前　言

随着我国经济和社会的快速发展，电力负荷迅速增长，峰谷差不断加大，电网对稳定性的要求也越来越高，调峰能力不足将成为制约电力系统发展的突出问题。抽水蓄能电站以其调峰填谷的独特运行特性发挥着调节负荷、促进电力系统节能和维护电网安全稳定运行的功能，逐步成为我国电力系统有效的、不可或缺的调节手段。截至 2019 年底，我国在运抽水蓄能电站共计 32 座（统计不包括港澳台地区，下同），装机容量合计 3029 万 kW；在建抽水蓄能电站共计 37 座，装机容量合计 5063 万 kW。已建、在建抽水蓄能电站装机容量合计 8092 万 kW[①]。抽水蓄能机组绝大多数按可逆式设计，发电机/水轮机运行与电动机/水泵运行相互交替，使得抽水蓄能电站的设备运行状态及其状态评估与诊断较常规电站呈现出高度复杂的特性。

抽水蓄能机组主辅设备作为电站的核心，其设备的安全、稳定、可靠运行状态是运维人员追求的首要目标，这不仅关系到电站本身的安全，还直接影响电站能否向电网稳定、经济地提供高质量的电能。随着科技水平的进步及制造能力的提升，现代抽水蓄能机组主辅设备逐渐呈现巨型化、高集成化和智能化的发展趋势，日趋复杂的机组主辅设备结构给设备状态监测及故障诊断的有效实施造成了一定的困难。此外，作为将水体势能最终转化为电能的复杂系统，机组各设备部件在结构及功能上均存在一定的相关关系，一旦发生异常或故障，轻则影响机组正常运行，对电网稳定性造成影响，重则破坏机组本体结构，造成巨大的经济损失和严重的生产事故。同时，我国在建及已建的抽水蓄能机组主辅设备和监测设备大都来自国外，厂家和设计单位的不同导致机组各个设备的数据尚未形成有效的融合筛选机制，给机组的状态评估和故障诊断带来了巨大的挑战。

全书共分 7 章，第 1 章阐述抽水蓄能机组数据挖掘与信息融合、振动故障机理、状态评估、智能故障诊断与状态趋势预测方法的研究现状；第 2 章阐述抽水蓄能机组主辅设备海量运行数据库的构建方法，分析设备多源异构数据的相关性；第 3 章建立基于层次分析模型的设备综合状态评估指标体系，实现了机组主辅设备综合状态评估；第 4 章在分析机组典型故障汇编的基础上，提出抽水蓄能机组主辅设备运行状态特征提取、故障诊断策略与方法；第 5 章讨论抽水蓄能机组主辅设备运行状态的趋势预测方法；第 6 章在理论成果与方法创新的基础上，设计

---

① 彭才德. 我国抽水蓄能电站发展成就与展望. 水电水利规划设计总院. 2020-08-04。

开发抽水蓄能机组状态评估及故障预警系统，重点介绍应用系统各模块的功能；第 7 章以工程实际应用为目标，提出水泵水轮机及其主要辅助设备在线监测装置典型配置意见与健康状态评价规程，详细阐述水泵水轮机及其主要辅助设备在线监测装置的典型配置和健康状态评价的方法。

本书相关研究内容主要来源于作者承担的国网新源控股有限公司的多项科研攻关项目、国家自然科学基金项目"'S'区水力瞬变下抽水蓄能机组低水头并网及调频优化控制研究"（51809099），以及其他国家重点研发计划课题的最新研究成果，并在工程实践中获得了广泛应用。

在本书的撰写过程中，周建中教授统筹负责第 1、2 章和第 5～7 章的撰写工作，许颜贺博士负责第 3、4 章的撰写工作，所在实验室近年来的毕业和在读的部分博士研究生也参与了本书相关章节的撰写工作，姜伟、刘涵参与了第 4、5 章的撰写。周建中教授负责全书大纲的拟定与审定工作，并具体负责统稿和定稿。单亚辉、段然、王齐飞等协助周建中教授负责全书的校订和插图绘制工作。书中的部分内容是作者在抽水蓄能相关研究领域工作成果的总结，在研究过程中得到了相关单位、企业以及有关专家、同仁的大力支持，同时本书也吸收了国内外专家学者在这一研究领域的最新研究成果，在此一并表示衷心的感谢。

抽水蓄能机组主辅设备状态评估及故障诊断与预测的理论和方法在实际工程应用时影响因素较多，加之作者水平有限，书中不当之处在所难免，恳请广大专家同行和读者批评指正。

作　者

2020 年 10 月

目　　录

第1章 绪 论

随着清洁化、低碳化能源的不断推广，抽水蓄能电站的建设呈规模化态势，抽水蓄能机组作为抽水蓄能电站的核心设备，在电网系统中起到调峰、调相和事故备用的作用。在我国电网规模日益增大的背景下，抽水蓄能机组能够有效改善电能质量，缓解电网峰谷矛盾，提高电力系统的安全稳定运行水平[1-3]。在此背景下，抽水蓄能机组在全工况运行范围内需要保持长期稳定运行，一旦机组出现故障，轻则停机影响电站经济效益，重则水淹厂房导致巨大的财产损失与人员伤亡。例如，抽水蓄能电站在运行阶段，机组水力不平衡造成机组振动及压力脉动过大，导致机组的定转子发生碰摩；抽水蓄能机组调速器主配压阀、可编程控制器等的故障导致机组误操作、频繁事故停机、启动失败等现象；在启停过程中，抽水蓄能机组主进水阀枢轴故障可造成机组设备振动过大。因此，为实现抽水蓄能电站效益的最大化，保障抽水蓄能机组的高效稳定运行，急需开展抽水蓄能机组主辅设备状态评估、故障诊断与趋势预测的研究，提高抽水蓄能机组设备的健康管理水平。抽水蓄能电站的主辅设备运行工况复杂、启动频繁，振动部位广泛，影响因素多(包括水力因素、机械因素和电磁因素)。同时，我国在建及已建的抽水蓄能机组控制和监测设备大都来自国外，厂家和设计单位的不同导致机组各个设备的数据尚未形成有效的融合筛选机制[4]。进一步，由于研究理论在技术实现方法上的限制，某些类型的故障机理难以准确描述和诊断，给机组的状态评估和故障诊断带来了巨大的挑战。

针对上述问题和不足，本书重点围绕抽水蓄能机组状态评估和故障诊断的关键科学问题，主要阐述抽水蓄能机组主辅设备状态评估、故障诊断和趋势预测原理与研究方法，分析现有方法对抽水蓄能机组诊断的适用性，以数据挖掘方法为理论依据探究抽水蓄能机组运行数据间的关联关系，提出机组主辅设备的多源异构数据融合分析方法，发展具备高精度、强鲁棒性的机组新型故障诊断策略；在此基础上，引入信号分解与深度学习前沿技术，构建机组主辅设备非线性多步趋势预测方法体系，设计开发了一种面向服务的抽水蓄能机组多源信息挖掘与故障诊断系统，实现了机组状态评估、故障诊断与趋势预测研究的理论探索、方法创新与应用示范，对优化抽水蓄能机组状态检修策略与提高我国电站智能化建设水平具有一定的理论意义和工程应用价值。

1.1   抽水蓄能机组运行状态监测数据挖掘与信息融合技术

近年来，信息技术得到了空前的发展，抽水蓄能电站各数据库中存储的数据呈指数规模增长。但是相比数据量的增长幅度，从海量数据中提取有效信息的数据处理技术却相对滞后，形成了"丰富的数据，贫乏的知识"的瓶颈。为了有效地解决这一问题，国内外学者通过引入数据挖掘与信息融合技术，对数据进行微观、中观乃至宏观的统计、分析、综合和推理，获取事件间隐藏的关联关系，挖掘大量数据中存在的特定模式规律，取得了丰富的研究成果。李雷等[5]提出了基于非监督学习的算法挖掘火箭发动机不同参数间的正常关联模型，引入混合概率密度统计的多策略异常检测评价机制，有效地屏蔽了参数测量故障对系统故障检测的影响，更加准确地给出系统异常程度。赵冬梅等[6]提出了一种基于粗糙集理论的决策表约简新算法，通过粗糙集理论与二元逻辑相结合的属性约简算法对诊断决策表进行约简，快速得到最佳约简组合，同时提出了形成混合策略规则的思路，将约简结果进行融合，建立故障所对应的综合知识库模型以用于电网故障诊断。

虽然目前数据挖掘与信息融合技术已成功应用于电力系统中，但大部分研究都针对输电侧与配电侧，鲜有着眼于发电侧的大数据挖掘与信息融合技术研究。与常规水电站相比，抽水蓄能电站具有运行工况复杂、工况间转换频繁及不同工况运行时外特性差异大的特点，导致运行监测数据来源广泛、监测数据量大。为了去除大量冗余数据特征，挖掘故障与征兆的内在联系，急需研究高效准确的数据挖掘与信息融合技术，从海量抽水蓄能机组运行监测数据中解析运行参数与运行状态间的关联关系，构建机组故障-征兆间的映射关系，为机组状态评估及故障诊断与趋势预测提供必需的知识与建议。

1.2   抽水蓄能机组振动故障机理研究

抽水蓄能机组在运行状态下，不可避免地存在一定的振动。抽水蓄能机组作为高度耦合、部件繁多的复杂非线性系统，其振动除由机组本身旋转所造成外，还受到水体在引水管道和过流部件内流动产生的动水压力及发电机电磁力的影响。多种因素影响着机组振动的幅值、相位与频率，同时各种部件与作用力之间相互作用和制约[7]。当这些复杂、多维、耦联、时变的因素共同作用导致机组振动超过额定范围时，将会影响机组正常运行。国内外众多学者对抽水蓄能机组振动问题进行了深入的研究与分析，通过对机组振动故障实例的收集整理与归纳总结，将振动故障的诱因主要分为三部分：水力因素、机械因素与电磁因素[8-10]。

1.2.1 水力因素引起的振动故障

抽水蓄能机组振动的水力因素主要来自于引水管道和过流部件中的动水压力。当机组处于设计工况时,水流较平稳,机组处于高效稳定的运行状态;当机组处于非设计工况或过渡工况时,水体流况恶化,对机组各部件造成冲击引起振动,此时的水体流动带有随机性,管道内流场分布不均匀,使机组振动明显加大,危害机组的安全稳定运行。由于水体动能与水头直接相关,机组振动一般随水头的升高而增加[8,9]。常见的造成机组振动的水力因素主要包括尾水管涡带压力脉动、卡门涡列和止漏环间隙不均匀等。

1. 尾水管涡带压力脉动

若机组偏离设计工况较远,尤其是在低水头、低负荷下运转时,轴流定桨式和混流式水轮机中的水流在转轮出口处不能按照轴向流出,形成偏心涡带,使得尾水管中产生压力脉动,诱发机组振动。当尾水管涡带引起的振动频率与过流部件的固有频率接近时,可能造成共振现象,此时相应部件会产生强烈的振动;当此振动频率与机组转频相近时,可能引起功率摆动。因此,尾水管涡带压力脉动与机组运行工况关系密切,振动幅值随工况的变化而变化,振动频率一般为

$$f_{\mathrm{w}} = \left(\frac{1}{4} \sim \frac{1}{3} \right) f_0 \tag{1-1}$$

式中,f_0 为机组转频。

为减弱或消除尾水管涡带引起的压力脉动现象,通常在尾水管上配备补气装置,改善尾水管内部流态。此外,加长泄水锥或在尾水管入口处加装倒流装置防止涡带形成也可有效防止尾水管压力脉动现象。

2. 卡门涡列

卡门涡列是指当流体经过非流线型物体时,在物体后部中的尾流处分裂成一系列旋转方向相反、不稳定的旋涡。在这些旋涡的不断形成与消失过程中,在垂直于水流方向上会产生应力。在水泵水轮机内部,卡门涡列出现在机组过流部件,如叶片和导叶等部位,当其作用力频率与叶片的固有频率相近时,引起叶片强烈振动。由于卡门涡列的形成与叶片选型和过机流量相关,由卡门涡列造成的振动频率可表示为

$$f_{\mathrm{k}} = S \frac{v}{d} \tag{1-2}$$

式中，S 为施特鲁哈尔数，一般取值为 0.225～0.250；v 为水流在叶片尾部的平均流速；d 为叶片尾部的最大宽度。工程上可通过优化水泵水轮机叶片设计，改变卡门涡列频率或叶片固有频率从而减轻卡门涡列振动。

3. 止漏环间隙不均匀

当机组止漏装置设计结构不合理或间隙不均匀时，水流压力在间隙内的分布不均匀，产生对机组的侧向推力，进而引起转轮向某一方向偏转和振动。其振动幅值随机组负荷和过流量的增加而增大。

4. 其他导致水力不平衡的因素

当水泵水轮机导叶开口不均匀或导叶数与叶片数配置不当时，水流在由蜗壳流入转轮时的流态分布紊乱，对叶片的冲击不均匀，造成水泵水轮机振动，其频率正比于机组转频：

$$f_Q = Nf_0 \tag{1-3}$$

式中，N 为转轮叶片数。

此外，水流在水泵水轮机内部的流态往往不如理论分析值均匀、稳定，流入水泵水轮机中的水体含有杂质、蜗壳设计安装不正确造成流入蜗壳的水流不对称、机组处于暂态过程等多种因素均会造成水体流场变化，进而引起机组振动。

1.2.2 机械因素引起的振动故障

抽水蓄能机组作为一种复杂的大型机械，在长期低转频运行时，其机械部件难免出现不同程度的磨损、老化，此外，在设计安装过程中出现部分偏差，机组将会出现振动现象，进而加剧机组部件的劣化程度。机组振动故障的诱因主要有转子质量不平衡、转子不对中、轴承间隙过大、动态部件与静态部件碰摩。

1. 转子质量不平衡

转子作为抽水蓄能机组中的旋转部分，当由于材质问题或装配误差等而导致质量不平衡时，其质量中心偏离中轴线，在旋转过程中产生离心力，引起机组强烈振动。其离心力大小为

$$F_z = \frac{G}{g}\omega^2 e \times 10^{-3} \approx 1.12 \times 10^{-6} \times eGn^2 \tag{1-4}$$

式中，G 为旋转部件质量；g 为当地的重力加速度；ω 为机组旋转的转频；e 为质量偏心距；n 为机组额定转速。

2. 转子不对中

抽水蓄能机组作为大型低速旋转机械,对旋转轴线精度有严格的要求。两个旋转部件的轴线,即水泵水轮机轴线与发电电动机轴线发生偏移,称为转子不对中。转子不对中又包括平行不对中与偏角不对中。由于大轴轴线与旋转中心存在一定偏差,转子旋转时将产生弹性力,引起机组轴向振动。当机组存在转子不对中现象时,在空载、低速运转时便有明显的振动,振动主频为机组转频,且二倍转频分量明显。

3. 轴承间隙过大

轴承作为支撑抽水蓄能机组的重要部件,起到导向、定位与承重的作用,其运行情况影响着机组的稳定运行。当轴承的设计或调配不当引起轴瓦间隙过大时,机组径向摆动加剧,且幅值随机组负荷变化明显。

4. 动态部件与静态部件碰摩

正常情况下,机组动态部件与静态部件之间留有一定空隙,当部件松动、质量不平衡等导致二者发生接触时,引起动静态部件碰摩,此时振动较强烈,且伴有撞击声响。动静态部件碰摩后对机组危害巨大,若不及时停机,碰摩程度会不断加大,将会严重损害机组。

1.2.3　电磁因素引起的振动故障

除上述的水力因素与机械因素外,抽水蓄能机组在将旋转动能转换为电能时还受到电磁因素的影响,发电电动机部分的电磁力作用在机组转轴上同样可能诱发异常振动。电磁因素引起的振动故障通常与电流大小相关,主要包括磁拉力不平衡、定子铁心松动和负序电流[10,11]。

1. 磁拉力不平衡

当发电机转子质量不平衡、定转子间气隙不均匀、部分磁极故障或转子线圈短路等现象发生时,定转子间的电磁平衡被破坏,产生不平衡的磁拉力,迫使机组产生振动,在机组上机架处振动明显。发电机气隙每单元面积下的磁拉力可表示为

$$F_{\mathrm{c}} = \frac{B^2}{2\mu_0} \tag{1-5}$$

式中,B 为磁通密度;μ_0 为空气磁导率。

2. 定子铁心松动

定子铁心松动是指当定子铁心叠片间的压紧力不足时，在发电电动机运转过程中，铁心叠片产生空隙并松动。此时能够引起振动频率为 2 倍机频的机组振动，且随机组转速变化明显，当机组带负荷运转一定时间后，由于定子铁心叠片受热膨胀，间隙减小，振幅随时间的增长而减小。

3. 负序电流

负序电流通常出现在定子单相接地或两相短路故障时。负序电流将引起发电电动机内负序旋转磁场，使定子与转子间产生驻波式的作用力，导致机组出现扭转振动现象。其振动幅值与电流大小成正比，振动主频为电网频率的 2 倍。

1.3 抽水蓄能机组健康状态评估研究

抽水蓄能机组主辅设备在运行过程中，其生命周期是一个"健康—性能退化—故障—失效"的动态过程，是由量变到质变的渐变过程。因此，需要在机组主辅设备健康阶段建立完善的健康样本，以实现后期机组运行过程中的健康状态评估和性能退化预测。建立机组运行状态的健康样本，首先需要研究确定表征机组运行状态的特征参数，即当机组运行出现异常时，会引起其性能参数发生变化的物理量，还需要为这些特征参数构建量化的健康指标，或建立量化健康指标的数学模型[12-14]。

目前，国内外一般都依据国家标准或行业规程对抽水蓄能机组运行状态进行评价。标准或规程往往只规定某一限值，而在电站实际运行过程中，可能会出现测量值或监测值没有超过限值，但机组运行已出现明显异常的情况。因此，对于机组运行状态进行健康评估和性能退化预测，只建立限值标准是不够的。目前，常用的机组健康状态评估方法包括：限值评估标准、统计评估标准、类比评估标准和模糊层次分析法[12]。

1.3.1 限值评估标准

由于目前暂无抽水蓄能机组状态评估标准，可参照现行国内外标准和行业规范中常规水轮发电机组的限值评估标准，通过比对机组监测振动数值是否越限超标以综合评价机组性能。我国当前主要采用的《水轮发电机基本技术条件》（GB/T 7894—2009）和《水轮发电机组安装技术规范》（GB/T 8564—2003）规定了机组各部位的振动允许值；《立式水轮发电机检修技术规程》（DL/T 817—2002）和《水轮机、蓄能泵和水泵水轮机水力性能现场验收试验规程》（GB/T 20043—2005）等规范在振动标准上已与国际标准接轨，而且还考虑了转速的影响[15-18]。其详细评估标准见表 1-1。

表 1-1 水轮发电机组各部位振动允许值表 （单位：mm）

机组型式		项目	额定转速			
			$n\leqslant$ 100r/min	100r/min< $n\leqslant$250r/min	250r/min< $n\leqslant$375r/min	375r/min< $n\leqslant$750r/min
立式机组	水轮机	顶盖水平振动	0.09	0.07	0.05	0.03
		顶盖垂直振动	0.11	0.09	0.06	0.03
	水轮发电机	带推力轴承支架的垂直振动	0.08	0.07	0.05	0.04
		带导轴承支架的水平振动	0.11	0.09	0.07	0.05
		定子铁心部位机座水平振动	0.04	0.03	0.02	0.02
		定子铁心振动(100Hz,双振幅值)	0.03	0.03	0.03	0.03
卧式机组		各轴承垂直振动	0.11	0.09	0.07	0.05
灯泡贯流式机组		推力支架的轴向振动	0.10		0.08	
		各导轴承的径向振动	0.12		0.10	
		灯泡头的径向振动	0.12		0.10	

而《旋转机械转轴径向振动的测量和评定 第 5 部分：水力发电厂和泵站机组》(GB/T 11348.5—2008)（以下简称 GB/T 11348.5）和《水轮机基本技术条件》(GB/T 15468—2020)则又进一步规定了主轴摆度的评价界限，将工作转速和摆度幅值划分了 A、B、C、D 四个区域，区域 A 和 B 可满足机组长期稳定运行，区域 C 不宜长期持续运行，区域 D 禁止运行，其振动可导致机组部件损坏[19,20]。

1.3.2 统计评估标准

传统限值评估标准认为当机组运行监测数据的测量值超过阈值或限值时判定机组状态异常。然而，抽水蓄能机组状态监测数据受运行条件的波动、监测仪器的灵敏度以及随机干扰等影响，无法确定设备性能是否真正发生退化。而由于监测数据往往具有服从正态分布规律的统计分布特征，可根据 3σ（莱以特准则）确定评价报警值，即报警界限值，因此，中国水利水电科学研究院潘罗平提出了考虑监测数据分布情况的统计评价标准，并将其应用于三峡水电厂的状态监测系统当中，该方法将根据前期机组正常运行条件下的足够数量的监测样本建立的基准值和报警界限值作为该特征量的健康样本[12]。如果监测数值超出健康样本规定的界限，则说明设备运行可能出现异常。同时，为便于工程实际应用，在处理样本时，预先将样本按运行条件进行分区，并对分区后的监测样本进行统计分析，得到比较理想的健康样本。求取健康样本的幅值、频率等时、频域特征值的平均数作为健康基准值：

$$\overline{X} = \frac{X_1 + X_2 + \cdots + X_N}{N} \tag{1-6}$$

式中，$\overline{X}$ 为健康基准值；N 为健康样本数量。

1.3.3　类比评估标准

统计评估标准虽然克服了传统抽水蓄能机组限制评估标准单一、对工况变化敏感等因素的影响，但只利用了自身历史数据，而没有利用相同机组之间的信息进行性能评估，而类比评估标准就是对多台同样的机组在相同运行工况下运行时，综合利用不同机组同一监测量的比对信息和单一机组的不同历史时期的监测量的比对信息来对机组进行性能评价，从而准确地获取当前机组的运行状态[21]。

该方法对健康状态和当前状态的相似度进行距离度量，常用的距离度量方法有欧几里得几何距离和动态时间规整距离等。欧几里得几何距离是最基本也是最直观的一种方式。欧几里得几何距离的表述形式非常简单，即计算两个时间序列差的平方和的平方根。对于一组机组健康特征样本 $X = \{x_1, x_2, \cdots, x_n\}$ 和机组当前状态特征样本 $Y = \{y_1, y_2, \cdots, y_n\}$，其欧几里得几何距离为

$$D(X,Y) = \left(\sum_{t=1}^{n} |x_t - y_t|^2 \right)^{1/2} \tag{1-7}$$

在引入欧几里得几何距离公式后，最终建立的类比评估策略的流程如图 1-1 所示。

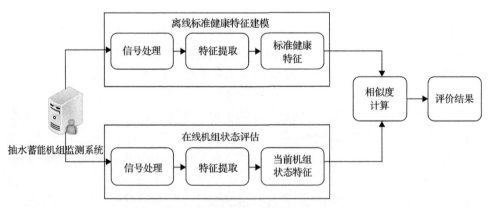

图 1-1　抽水蓄能机组状态类比评估流程

由于类比评估标准很好地利用了相同机组之间的性能差异信息和单一机组不

同历史阶段的差异信息，可以很好地避免当前限制评估标准对工况敏感且性能退化程度难以量化的缺陷。

1.3.4　模糊层次分析法

模糊层次分析法是结合模糊数学与层次分析法的一种综合评估方法。层次分析法(analytic hierarchy process，AHP)是美国 Saaty 教授提出的目标决策评估方法，其在对问题的本质、影响因素及内在关系等进行深入分析的基础上，将各种因素层次化、系统化，用较少的定量信息进行描述，将半定性半定量的复杂思维过程数学化，从而为多目标、多准则或无结构特性的复杂决策问题提供简便的决策方法[22]。影响层次分析法性能的关键是建立具有一致性的判断矩阵，为解决该问题，研究人员将模糊一致矩阵引入层次分析法中，推导出了模糊层次分析法[23-25]。

基于模糊层次分析法的抽水蓄能机组主辅设备综合状态评估具体实现流程如下。

1)构建评价指标体系

建立机组主辅设备状态性能评价的目标层和指标层。

2)构建判断矩阵(一致性)

采用九标度法构建判断矩阵，对底层指标进行两两比较，由下而上逐层完成。

3)计算各事件权重

计算判断矩阵的最大特征根及其对应的特征向量，此特征向量为各评价因素的重要性排序，也即权系数的分配。

4)底层指标评估

根据评估指标和判断矩阵对底层指标进行模糊隶属度矩阵计算，然后依据指标权重计算上层指标模糊隶属度，最终获取系统性能评估得分。

5)抽水蓄能机组主辅设备状态等级划分

对抽水蓄能机组主辅设备进行合理的评估，将机组主辅设备的健康状态进行合理的分级也是一项很重要的工作。将设备健康状态分为正常、注意、异常和严重四个等级。根据计算出的设备的性能状态综合得分，确定设备所处的水平，实现抽水蓄能机组主辅设备的综合状态评估，并给出相关的运行建议。

1.4　抽水蓄能机组智能故障诊断研究

抽水蓄能机组故障诊断旨在通过对机组运行数据进行监测与分析，判别机组当前的运行状态，即正常或故障；针对故障状态，进一步确定故障发生的部位及程度，制定适当的机组维护策略。传统抽水蓄能机组故障诊断主要通过人工观察与分析实现，此方式依赖必要的先验知识和专家经验，缺乏必要的理论与技术基础，难以保证诊断精度，在实际应用中受到了极大的限制。随着人工智能及大数据分析技术的不断发展与融合，越来越多的智能算法被引入抽水蓄能机组故障诊断领域中，并取得了一系列的研究成果。利用智能算法的自学习机制实现机组故障诊断，降低了诊断过程中的人工参与度，有效提升了诊断精度及计算效率，推动了电站智能化建设进程[26-28]。

由于抽水蓄能机组的高度集成化与复杂化，针对抽水蓄能机组振动故障的非动力学演化特性，抽水蓄能机组运行监测信号经过时频分析方法处理后可得到一系列振动模式较为单一的时间序列数据，结合抽水蓄能机组故障机理分析，可根据故障特征频率初步进行诊断。然而，这种诊断方法依赖大量专家经验与机组故障资料，且不同电站、机组型号故障的产生机理也不尽相同，导致诊断精度较低、诊断效率低下。为提高抽水蓄能电站智能化运维程度，急需建立高效、强鲁棒性的抽水蓄能机组智能故障诊断模型，从抽水蓄能机组运行数据中自动获取故障特征并通过自学习进行故障分类。近年来，随着机器学习及智能优化算法的快速发展，众多智能分类算法应用于机械故障诊断中，取得了一定的成果，目前比较流行的智能故障诊断算法分为有监督故障诊断模型和无监督故障诊断模型。

1.4.1 有监督故障诊断模型

有监督学习是机器学习的一种，基于有监督学习的故障诊断通过有标记的训练数据训练得到一个最优模型，有标记的训练数据是指每个训练实例都包括输入和期望的输出，再利用这个模型将所有的输入映射为相应的输出，对输出进行相应的判断从而实现分类的目的。有监督学习具有对未知数据进行分类的能力，实现基于数据驱动的抽水蓄能机组故障诊断。

1. 支持向量机

支持向量机(support vector machine，SVM)是由 Cortes 和 Vapnik[29]提出的基于结构风险最小化原则的广义线性分类器。SVM 通过将样本数据映射到高维空间，求解最大分类间隔，进而得到最优超平面。此外，SVM 还具有建模简单、理论完备、泛化能力强等优点，广泛应用于各类数据样本，尤其是小样本下的故障诊断的研究中。张孝远[30]将模糊 Sigmoid 核函数与 SVM 进行结合，提出了一种改进的多类模糊支持向量机方法，并成功地解决了水电机组的故障诊断问题。彭文季等[31]应用最小二乘支持向量机和信息融合技术对水电机组振动故障进行诊断，获得了较高的诊断精度。张勋康等[32]利用变模态分解方法获取水电机组的振动故障

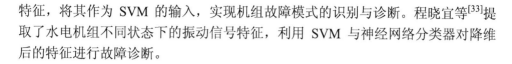

特征，将其作为 SVM 的输入，实现机组故障模式的识别与诊断。程晓宜等[33]提取了水电机组不同状态下的振动信号特征，利用 SVM 与神经网络分类器对降维后的特征进行故障诊断。

2. 随机森林

基于多分类器的集成分类方法能有效缓解模型的过拟合问题，Breiman 等于 2001 年提出了随机森林理论。随机森林模型在决策树的基础上，通过随机选择特征与样本，生成若干决策树，每个决策树单独训练后通过投票表决样本最终类别[34]。相比于 SVM，随机森林能够有效地处理多分类问题，针对不平衡样本与属性缺失问题，可通过设置默认参数来解决。由于其弱分类器为决策树，随机森林模型具有更好的可解释性，可揭示不同特征的重要程度及对分类结果的影响。鉴于上述优良特性，目前学者结合随机森林开展了大量故障诊断工作。鄂仁武等[35]针对电力电子电路中故障类别较多的问题，采用随机森林算法对电力电子电路故障进行诊断，以三相可控整流电路晶闸管故障进行实例验证，结果表明基于随机森林的故障诊断方法具有训练速度快、诊断准确率高的优点。李胜辉等[36]结合小波变换与随机森林解决电缆早期故障识别问题，将统计特征量作为随机森林的输入特征，成功从多种过电流扰动中识别出了电缆早期故障。胡青等[37]针对变压器故障中特征量较少的问题，通过将原始特征映射至高维空间，采用随机森林训练得到多分类器，结果表明基于集成的随机森林的分类结果及抗干扰能力强于单个分类器。薛小明[38]基于混合引力搜索和随机森林方法，通过特征筛选和参数优化实现了水电机组转子系统的故障诊断。

虽然随机森林在解决上述问题时表现良好，但在样本噪声较大的分类或回归问题上仍存在过拟合问题。同时，由于抽水蓄能机组振动信号为连续的时间序列，而随机森林的输入本质上为离散值，在对抽水蓄能机组振动故障输入特征划分区间时，过多的区间会对森林的生成产生更大的影响，造成输出的属性权值不可信。

3. 极限学习机

为尽可能减小人工设定参数对结果的影响，Huang 等[39]于 2006 年提出了极限学习机（extreme learning machine，ELM）的概念，该算法为一种只含有一层隐含层的前馈神经网络，且隐含层节点数可以随机或人为指定，具有计算速度快、泛化性能强的特点。肖剑[40]利用 ELM 构建了水电机组故障诊断模型，首先通过线性搜索确定 ELM 最优隐含层节点数，其次结合智能优化算法优化 ELM 在线参数学习方法，避免了 ELM 在隐含层节点数过多时的早熟收敛现象。该方法具备很强的小样本学习能力，能够准确识别水电机组故障类型。罗萌[41]研究提出了混合引力搜索-ELM 方法，通过融合信号处理、多维特征提取和参数优化实现水电的故障诊断。

虽然 ELM 能够快速完成训练，但是其作为单隐含层结构的神经网络只适用于小型标记数据集，无法完成复杂或无监督学习任务。而随机初始化输入的权重与偏置使得网络求得的参数不一定为全局最优解，容易存在欠拟合问题。

4. 神经网络

神经网络具备优秀的非线性拟合能力，理论上能够拟合任意函数，适合处理海量样本数据。作为人工智能领域研究的典型代表，人工神经网络(artificial neural network，ANN)是一种模仿大脑神经网络结构和思考机理的智能分析系统，通过大量神经元互相连接形成的复杂网络结构，实现信息的分布存储和并行处理[42,43]。ANN 以其在容错性、大规模并行处理、自学习、自组织和自适应方面所拥有的优越性能，在机械设备故障诊断领域获得了广泛关注。卢娜[44]提出了基于蚁群初始化小波神经网络的水电机组振动故障诊断方法，结合蚁群算法的优点对小波神经网络参数进行学习，克服了算法对初始参数敏感的缺陷，获得了较好的诊断结果。李辉等[45]针对水电机组振动信号的非平稳特性，提出了一种基于奇异谱熵和自组织特征映射神经网络的水电机组故障诊断方法。谢玲玲等[46]结合邻域粗糙集理论在降低故障特征冗余度方面的优点，建立了基于改进邻域粗糙集和概率神经网络的水电机组振动故障诊断模型。杜义等[47]针对水电机组空蚀故障运行数据，采用集成经验模态分解获得信号特征，输入反向传播神经网络(back propagation neural network，BPNN)中准确识别了机组不同导叶开度下的空蚀故障类型。

神经网络除具有优良的自适应、并行化、容错和泛化性能外，还具备从训练样本中自动提取特征的能力。传统故障诊断方法在信号分析的基础上，需进一步选择适用于诊断模型的输入特征，这一过程需要大量专家经验，特征选取的好坏将直接决定故障分类的效果。然而，抽水蓄能机组振动故障的共性故障机理较少，同一故障在不同电站、不同型号机组下的表征可能不一样，存在巨大的差异性。因此，随着抽水蓄能电站运行监控系统的完善，结合机组海量运行数据，研究基于数据驱动模式的能自动获取故障特征的抽水蓄能机组智能故障诊断新方法，是目前富有发展前景、充满挑战性的研究领域。

5. 专家系统

专家系统是一种能够利用领域内人类专家知识和经验，通过一系列规则对故障过程进行推理和判断，模拟人类专家决策过程，进而实现故障定位并给出相应决策建议的智能计算机程序系统。系统中包含大量与待解决问题相关的专家知识，提升了对问题进行有效分析的效率和能力，因此，基于专家系统的智能分析方法在机械设备故障诊断领域获得了广泛应用。王青华等[26]根据水电站机组特点，采用模块化思想构建了水电机组振动故障诊断专家系统，实现了机组故障的智能诊断。毛成等[48]通过分析水电机组运行特点，收集机组运行过程中发生故障的特征及原因，构建诊断知识库，形成水电机组故障诊断专家系统，达到为机组运维提供指导的目的。周叶等[49]在 HM9000ES 水电机组远程在线监测分析系统的基础上，开发了一套开放式水电机组故障诊断专家系统软件平台，充分集成了领域内专家的诊断经验，结合三峡诊断中心的建设，实现了故障的准确诊断。

基于专家系统的故障诊断方法在解决难以用数学模型描述的问题上具有一定的优势，但专家知识库和推理机制的建立一直是诊断过程中的难点。此外，为提升专家系统的分析能力，如何有效地进行知识库的维护与更新也是值得深入研究的问题。

6. Softmax 分类器

Softmax 分类器是 Logistic 分类模型在多分类问题上的推广，通过将多个神经元输出映射到区间 $(0, 1)$ 内，进而得到分类结果，同时给出结果的概率，在非线性多分类问题中得到了广泛应用。洪礼聪等[50]利用卷积神经网络提取时频图纹理特征，并将其输入 Softmax 分类器中，实现了水轮机尾水管涡带状态的识别。冯旭松等[51]构建了基于堆栈自编码器和 Softmax 分类器的机组故障诊断模型，获得了较高的诊断精度。陈韵安[52]以 Softmax 分类器为基础，提出了一种基于数据驱动的工业设备故障诊断方法。通过上述分析可以看到，相比其他分类诊断模型，Softmax 分类器在处理多分类问题时具有更好的分类性能，抽水蓄能机组故障诊断是一种典型的非线性多分类问题，所以利用 Softmax 分类器有助于获得更好的诊断效果，可为实际工程中实施机组故障诊断提供一种新的思路。

7. 基于模型推理的故障诊断模型

基于模型推理的故障诊断模型是一种将系统故障形成原因按树状逐级细化的图形演绎方法，该方法先选定系统的典型故障事件作为顶事件，然后找出导致顶事件发生的各种可能因素或因素组合，并找出各因素出现的直接原因，遵循此方法逐级向下演绎，一直追溯出引起故障的全部原因，最后把各级事件用相应的符号和适合于它们之间逻辑关系的逻辑门与顶事件相连接，建成一棵以顶事件为根、中间事件为节、底事件为叶的若干级倒置故障树[53]。胡勇健和肖志怀[54]研究将现有故障树结构的发电机故障模型转化为贝叶斯网络模型，通过专家系统确定的先验概率和贝叶斯网络的反向推理获得各个底层事件在顶层事件发生故障下的后验概率，为复杂系统的可靠性设计和故障诊断提供依据。柳炀[55]研究构建了水泵水轮机故障树模型，对构建的故障树模型进行计算，获得抽水蓄能机组设备发生的故障及其概率，有效地指导其安全稳定地运行。

1.4.2 无监督故障诊断模型

由于目前我国部分抽水蓄能电站运行监测水平不高，常常缺乏故障先验知识，对包含正常状态与多种故障状态的机组运行数据进行状态标注将耗费大量人工成本，为有监督学习下的故障诊断模型带来了困难，造成了大量运行数据的浪费，极大地制约了电站智能化运维的发展与故障诊断理论在实际工程中的应用。近年来，无监督或半监督学习由于对无标注或缺失数据的有效处理利用，并且具备良好的泛化能力，成为当前故障诊断领域中的研究热点。无监督故障诊断模型主要适用于缺少模式形成过程知识或无类别标签的数据集，无监督故障诊断模型把样本集划分为若干个子集，用于直接解决分类问题，或用于训练样本集进行分类器设计。无监督故障诊断模型最大的特点是其训练过程不需要外部的监督和指导，而是通过对输入数据自身的反复学习来掌握输入数据的内部结构，实现对输入数据的正确分类，进而完成故障诊断。

1. K-means 聚类算法

K-means 聚类算法(*K*-means clustering algorithm)是一种迭代求解的聚类分析算法。首先随机选取 *K* 个对象作为初始的聚类中心，然后计算每个对象与各个种子聚类中心之间的距离，把每个对象分配给距离它最近的聚类中心。聚类中心以及分配给它们的对象就代表一个聚类。每分配一个样本，聚类中心就会根据聚类中现有的对象被重新计算。这个过程将不断重复直到满足终止条件。终止条件可以是没有(或最小数目)对象被重新分配给不同的聚类、没有(或最小数目)聚类中心再发生变化、误差平方和局部最小、聚类准则函数收敛[56]。肖汉等[57]针对核聚类中核参数选择依赖经验，最优聚类中心难以有效获取的问题，提出了一种仿电磁蜂群加权核聚类算法，有效地实现了水电机组振动故障的准确聚类与识别。

2. 堆叠降噪自编码器

堆叠降噪自编码器(stacked de-noising auto-encoder，SDAE)由多个降噪自编码器(de-noising auto-encoder，DAE)堆叠而成，SDAE 模型的建立包括前向降噪自编码的逐层无监督训练和后向整体微调。每个 DAE 无监督训练完成后，隐含层的输出都会作为下一个 DAE 的输入，经过逐层堆叠学习，完成从低层向高层的特征提取。Xia 等[58]利用 SDAE，在缺乏先验知识的情况下，从转子振动数据中无监督地提取了故障特征，提高了故障诊断精度。侯文擎等[59]针对轴承早期故障诊断，提出了基于粒子群优化的 SDAE 模型，通过粒子群算法优化降噪自编码深度网络结构的超参数，构建了具有多隐含层的 SDAE 诊断模型，从而最终提升故障分类的正确率。

3. 对抗自编码器

Grattarola 等[60]通过将自编码器中隐含层的联合后验概率分布与其他任意先验概率分布进行对抗训练，提出了一种变分推理的对抗自编码器(adversarial autoencoder，AAE)。与其他分类模型相比，AAE 在半监督分类任务上具有优异的表现。刘涵[61]研究提出了基于 AAE 的水电机组无监督故障诊断方法，通过 AAE 将高维的水电机组振动信号映射至选定的先验分布，同时训练一个多分类器分辨来自降维后的水电机组信号与采样自先验分布的噪声信号，通过编码器与多分类器间的对抗学习，在降维的同时完成了故障聚类任务。对多种故障混合下的无标签数据进行训练，有效提高了监测数据的利用率。

1.5　抽水蓄能机组状态趋势预测研究

目前抽水蓄能机组故障诊断一般采用事后维护的方式，即故障发展至一定程度并在监测系统中有所表征后实施分析与维护过程。该方式难以对可能发生的异常或故障进行预判，使机组的安全稳定运行水平受到一定影响；此外，不必要的停机维护会造成机组的产能下降，增加电站的生产成本。近年来，随着电站智能化建设进程的不断推进，基于状态趋势预测的抽水蓄能机组维护策略逐渐引起相关人员的关注。因此，完备的抽水蓄能机组维修决策支持体系除了包含高精度、强鲁棒性的机组故障诊断技术，还应结合趋势预测技术共同指导机组运行。趋势预测是指在故障发生或部件失效前，依据机组运行状态变化趋势，提前发现机组运行异常，预测机组可能出现的故障。有效的趋势预测技术不仅可以判断出机组潜在的故障，预防机组事故停机，而且有利于制定科学合理的检修计划，节省非计划检修费用，提升电厂综合经济效益[62,63]。

抽水蓄能机组趋势预测包含三方面任务：①依据设备当前的监测信息，结合运行参数历史变化状态，准确预测机组设备状态变化趋势；②在机组设备状态变化趋势预测的基础上，研究可靠的劣化水平评价方法，给出机组随时间变化的劣化状态及剩余寿命；③研究机组健康评价准则，根据机组不同部件的劣化水平，评估机组当前的健康状态，并给出相应的维修决策建议。因此，准确的机组运行状态趋势预测对判断机组故障发生概率、及时降低故障带来的经济损失具有重要意义。目前常用的状态趋势预测方法可分为两类：基于物理模型的预测方法和基于数据驱动的预测方法。

1.5.1 基于物理模型的预测方法

设备物理模型中包含了相应的物理性质及运行规律，结合智能监测系统，可实现对设备状态发展趋势的预测。研究表明，部分特征向量中发生的变化与物理模型参数密切相关，基于此性质，可建立待预测特征向量与对应参数间的映射关系，通过预测特征的变化情况以完成对设备状态趋势的有效度量。石凯凯等[64]利用裂纹扩展模型预测齿轮疲劳裂纹的发展趋势，获得了较好的预测效果。然而，受组成和结构等因素的影响，不同设备的物理性质、结构和参数间均存在一定的差异性，针对不同设备需构建不同的物理模型以完成预测工作，极大地增加了预测成本。此外，建立性能优越的物理模型需要丰富的专家经验与领域知识等作为基础，进一步提升了预测的难度。因此，基于物理模型的预测方法常见于故障机理易于被量化的特定案例分析之中，在实际应用中受到了较大的限制。

1.5.2 基于数据驱动的预测方法

基于数据驱动的预测方法以统计学理论为基础，直接利用在线监测采集到的历史数据或性能数据进行模型构建，可有效处理各种数据类型，挖掘数据间的细微差异。此类方法不需烦琐的物理模型构建过程，可依据输入数据自适应地建立预测模型，具有原理简单、计算高效、自适应能力强等优点，近年来在设备状态预测领域获得了广泛的关注。付文龙等[63]针对水电机组状态趋势预测问题，提出了一种基于聚合集成经验模态分解和支持向量回归的预测方法，实现了对机组振动趋势的准确预测。姜伟[65]综合了灰色预测方法和马尔可夫(Markov)随机理论的优点，设计了融合 Markov 理论与灰色关联分析的水电机组状态趋势预测方法，结果表明，该方法具有良好的预测效果。安学利等[66]利用集成经验模态分解(ensemble empirical mode decomposition，EEMD)方法对抽水蓄能机组状态退化趋势向量进行分解，针对分解得到的模态分量及残余分量，依据其属性分别选用混沌模型或灰色模型进行趋势预测，最后通过分量重构获得预测结果。在此类方法中，依据设备状态表征量对应的时序信号特点构建适当的预测模型，是准确预测状态趋势的关键。此外，数据规模、数据质量等也是影响最终预测结果的重要因素。基于数据驱动的预测方法主要包括时间序列模型、支持向量回归模型和深度神经网络模型等。

1. 时间序列模型

时间序列模型是根据观测到的时间序列数据建立的预测数据与历史数据间的函数关系模型，包括自回归(autoregressive，AR)模型、自回归移动平均(auto-regression moving average，ARMA)模型等适用于平稳信号的模型及差分自回归移动平均(autoregressive integrated moving average，ARIMA)模型等处理非平稳信号的模型。基于时间序列模型，孙慧芳等[67]通过差分方法将水电机组上机架振动信号转化为平稳时间序列，采用 AR 模型较好地拟合了水电机组振动信号。高波等[68]利用 ARMA 模型准确地刻画了自相似网络的流量变化趋势，提高了预测的准确度。崔建国等[69]结合智能优化算法优化 ARMA 模型阶数，并将其应用至航空发电机寿命预测，降低了预测的相对误差。

虽然时间序列模型能够根据观测数据较好地建立拟合关系，但要求时间序列数据稳定或经过差分后稳定，只能得到时间序列的线性关系，而对于抽水蓄能机组振动信号等常见监测信号而言，其强烈的非平稳、非线性特点给时间序列模型的应用带来了困难。

2. 支持向量回归模型

支持向量回归(support vector regression，SVR)是 SVM 由分类问题转向回归问题的拓展应用，通过将 SVM 中的合页损失函数转换成敏感度损失函数，得到SVR 的无约束损失函数，并通过引入松弛变量等进行求解。SVR 可以采用核函数将数据映射至高维空间，解决了时间序列模型无法处理的非线性拟合问题，同时具有原始速度快、泛化能力强的特点，在趋势预测领域得到了广泛应用。付文龙等[63]通过将 SVR 应用至水电机组振动监测数据上，证明了 SVR 能够有效预测机组振动趋势。齐保林和李凌均[70]针对大型机组振动峰峰值预测问题，采用 SVR 构建了具有较低预测误差的设备状态趋势预测模型。

虽然 SVR 由于其训练速度快、具备非线性拟合能力得到了大量研究，但与SVM 类似，SVR 在处理大量数据时，需要求解函数的二次规划问题，需要大量的存储空间，同时其核函数的选取标准目前尚未统一，无法根据数据分布特点自适应地选取合适的核函数，其工程实际应用受到了限制。

3. 深度神经网络模型

深度神经网络模型具备强大的非线性拟合能力与灵活度，因此在趋势预测中得到了广泛关注与研究。在水电机组运行状态趋势预测方面，陈畅等[71]利用长短期记忆(long short-term memory，LSTM)网络预测水电机组运行状态，通过归一化处理水电机组监测数据并结合滑动窗口获得 LSTM 网络训练集与测试样本集合，在优化 LSTM 网络层数、隐含层节点数后，建立了高精度的水轮机组时间序列预测模型。刘涵[61]提出了基于变分模态分解(variational mode decomposition，VMD)-卷积神经网络(convolutional neural networks，CNN)的水电机组多源信息融合的振动趋势预测方法，通过卷积神经网络有效地存储机组振动信号时序特征，实现机组振动趋势的多步精确预测，提高了模型预测的精度和步长。同时，田弟巍[72]研究提出基于 CNN-LSTM 的混合深度神经网络的水电机组振动趋势预测方法，融合了 CNN 在局部特征提取的优异性及 LSTM 对时序特征的良好的表达性，提高了机组振动的预测精度和效率。

参 考 文 献

[1] 周荣, 胡平. 部分国家抽水蓄能项目发展状况[J]. 水利水电快报, 2015, 36(11): 17-20.

[2] 谈广鸣, 舒彩文. 清洁能源与优质电源论析[J]. 水电与新能源, 2016(1): 78.

[3] 国家能源局. 国家发展改革委 国家能源局关于印发能源发展"十三五"规划的通知[EB/OL]. (2017-01-17) [2021-02-02]. http://www.nea.gov.cn/2017-01/17/c_135989417.htm.

[4] 许颜贺. 抽水蓄能机组调速系统参数辨识及控制优化研究[D]. 武汉: 华中科技大学, 2017.

[5] 李雷, 谢立, 张永杰, 等. 数据挖掘在运载火箭智能测试中的应用[J]. 航空学报, 2018, 39(S1): 86-93.

[6] 赵冬梅, 韩月, 高曙. 电网故障诊断的决策表约简新算法[J]. 电力系统自动化, 2004(4): 63-66.

[7] 周攀, 周建中, 赖昕杰, 等. 基于精细化模型的抽水蓄能机组低水头开机多目标优化[J]. 水电能源科学, 2019, 37(9): 128-132.

[8] 刘金国. 浅析水轮机振动产生的原因及处理措施[J]. 中国外资, 2011(6): 267.

[9] 潘罗平. 卡门涡诱发的水电机组振动特性研究[J]. 长春工程学院学报(自然科学版), 2010, 11(3): 54, 134-137.

[10] 唐拥军. 水电机组不平衡磁拉力分析处理[J]. 中国农村水利水电, 2016(7): 187-188.

[11] 安学利. 水力发电机组轴系振动特性及其故障诊断策略[D]. 武汉: 华中科技大学, 2009.

[12] 潘罗平. 基于健康评估和劣化趋势预测的水电机组故障诊断系统研究[D]. 北京: 中国水利水电科学研究院, 2013.

[13] 安学利, 潘罗平, 桂中华, 等. 抽水蓄能电站机组异常状态检测模型研究[J]. 水电能源科学, 2013(1):157-160.

[14] 邹雯. 基于二型模糊模型辨识的抽水蓄能机组性能劣化趋势预测研究[D]. 武汉: 华中科技大学, 2019.

[15] 中华人民共和国国家质量监督检验检疫总局, 中国国家标准化管理委员会. 水轮发电机基本技术条件: GB/T 7894—2009[S]. 北京: 中国标准出版社, 2009.

[16] 中华人民共和国国家质量监督检验检疫总局. 水轮发电机组安装技术规范: GB/T 8564—2003[S]. 北京: 中国标准出版社, 2003.

[17] 国家能源局. 立式水轮发电机检修技术规程: DL/T 817—2014[S]. 北京: 中国电力出版社, 2014.

[18] 中华人民共和国国家质量监督检验检疫总局, 中国国家标准化管理委员会. 水轮机、蓄能泵和水泵水轮机水力性能现场验收试验规程: GB/T 20043—2005[S]. 北京: 中国标准出版社, 2005.

[19] 中华人民共和国国家质量监督检验检疫总局, 中国国家标准化管理委员会. 旋转机械转轴径向振动的测量和评定 第5部分: 水力发电厂和泵站机组: GB/T 11348.5—2008[S]. 北京: 中国标准出版社, 2008.

[20] 国家市场监督管理总局, 中国国家标准化管理委员会. 水轮机基本技术条件: GB/T 15468—2020[S]. 北京: 中国标准出版社, 2020.

[21] 朱文龙. 水轮发电机组故障诊断及预测与状态评估方法研究[D]. 武汉: 华中科技大学, 2016.

[22] Improta G, Russo M, Triassi M, et al. Use of the AHP methodology in system dynamics: Modelling and simulation for health technology assessments to determine the correct prosthesis choice for hernia diseases[J]. Mathematical Biosciences, 2018: 19-27.

[23] 万俊毅. 水泵水轮机综合状态评估研究与应用[D]. 武汉: 华中科技大学, 2019.

[24] 熊涛, 周建中, 付文龙, 等. 基于模糊层次分析法的抽水蓄能机组调速系统状态综合评估[J]. 水电能源科学, 2016, 34(9): 170-172.

[25] 王亚男. 基于模糊层次分析的抽水蓄能机组调速系统状态综合评估[D]. 武汉: 华中科技大学, 2015.

[26] 王青华, 杨天海, 沈润杰, 等. 抽水蓄能机组振动故障诊断专家系统[J]. 振动与冲击, 2012(7): 167-170, 179.

[27] 巩宇. 抽水蓄能机组暂态故障智能分析系统开发及应用[J]. 水力发电, 2013(7): 84-88.

[28] 李冬冬, 王青华, 姜朝晖, 等. 某抽水蓄能发电机定子铁心振动故障分析与研究[J]. 水力发电, 2017(8): 92-94, 102.

[29] Cortes C, Vapnik V. Support vector machine[J]. Machine Learning, 1995, 20(3): 273-297.

[30] 张孝远. 融合支持向量机的水电机组混合智能故障诊断研究[D]. 武汉: 华中科技大学, 2012.

[31] 彭文季, 郭鹏程, 罗兴锜. 基于最小二乘支持向量机和信息融合技术的水电机组振动故障诊断研究[J]. 水力发电学报, 2007: 137-142.

[32] 张勋康, 陈文献, 杨洋, 等. 基于VMD分解和支持向量机的水电机组振动故障诊断[J]. 电网与清洁能源, 2017, 33: 134-138.

[33] 程晓宜, 陈启卷, 王卫玉, 等. 基于多维特征和多分类器的水电机组故障诊断[J]. 水力发电学报, 2019, 38(4): 181-188.

[34] Jaime L, Michael E, Janet T, et al. A comparison of random forest variable selection methods for classification prediction modeling[J]. Expert Systems with Applications, 2019, 134: 93-101.

[35] 鄢仁武, 叶轻舟, 周理. 基于随机森林的电力电子电路故障诊断技术[J]. 武汉大学学报(工学版), 2013, 46(6): 742-746.

[36] 李胜辉, 白雪, 董鹤楠, 等. 基于平稳小波变换与随机森林的电缆早期故障识别方法[J]. 电工电能新技术, 2020, 39(3): 40-48.

[37] 胡青, 孙才新, 杜林, 等. 核主成分分析与随机森林相结合的变压器故障诊断方法[J]. 高电压技术, 2010, 36(7): 1725-1729.

[38] 薛小明. 基于时频分析与特征约简的水电机组故障诊断方法研究[D]. 武汉: 华中科技大学, 2016.

[39] Huang G, Zhu Q, Siew C. Extreme learning machine: Theory and applications[J]. Neurocomputing, 2006, 70(1): 489-501.

[40] 肖剑. 水电机组状态评估及智能诊断方法研究[D]. 武汉: 华中科技大学, 2014.

[41] 罗萌. 水电机组振动故障诊断与趋势预测研究[D]. 武汉: 华中科技大学, 2017.

[42] Gunerkar R, Jalan A, Belgamwar S. Fault diagnosis of rolling element bearing based on artificial neural network[J]. Journal of Mechanical Science and Technology, 2019, 33(2): 505-511.

[43] Jami A, Heyns P. Impeller fault detection under variable flow conditions based on three feature extraction methods and artificial neural networks[J]. Journal of Mechanical Science and Technology, 2018, 32(9): 4079-4087.

[44] 卢娜. 基于多小波的水电机组振动特征提取及故障诊断方法研究[D]. 武汉: 武汉大学, 2014.

[45] 李辉, 焦毛, 杨晓萍, 等. 基于EEMD和SOM神经网络的水电机组故障诊断[J]. 水力发电学报, 2017, 36: 83-91.

[46] 谢玲玲, 雷景生, 徐菲菲. 基于改进的邻域粗糙集与概率神经网络的水电机组振动故障诊断[J]. 上海电力学院学报, 2016, 32: 181-187.

[47] 杜义, 周建中, 单业辉, 等. 基于EMD-BPNN的水电机组空蚀故障诊断[J]. 水电能源科学, 2018, 36(3): 157-160.

[48] 毛成, 刘洪文, 李小军, 等. 基于知识库的水电机组故障诊断专家系统[J]. 华电技术, 2015, 37: 25-28, 32, 78.

[49] 周叶, 唐澍, 潘罗平. HM9000ES水电机组故障诊断专家系统的设计与开发[J]. 中国水利水电科学研究院学报, 2014, 12: 104-108.

[50] 洪礼聪, 王卫玉, 陈启卷. 基于连续小波变换和卷积神经网络的尾水管涡带状态识别[J]. 广东电力, 2018, 31: 1-6.

[51] 冯旭松, 施伟, 杨雪, 等. 基于堆栈自动编码器的泵站机组故障分析[J]. 人民长江, 2018, 49: 99-102.

[52] 陈韵安. 基于 softmax 回归的工业设备多类故障诊断方法研究[J]. 电子制作, 2018: 18-20, 25.

[53] 陈启卷, 张军仿, 张超. 基于故障树的抽水蓄能电站球阀故障诊断研究[J]. 水力发电, 2010, 36(5): 50-52.

[54] 胡勇健, 肖志怀. 水电机组基于贝叶斯网络的故障树故障诊断分析研究[J]. 中国农村水利水电, 2017(8): 202-205, 208.

[55] 柳炀. 基于故障树分析的水泵水轮机故障诊断方法研究及应用[D]. 武汉: 华中科技大学, 2019.

[56] 肖汉. 水电机组智能故障诊断的多元征兆提取方法[D]. 武汉: 华中科技大学, 2014.

[57] 肖汉, 付俊芳, 蔡大泉, 等. 基于群智能加权核聚类的水电机组故障诊断[J]. 振动、测试与诊断, 2015(4): 59-64, 205.

[58] Xia M, Li T, Liu L, et al. Intelligent fault diagnosis approach with unsupervised feature learning by stacked denoising autoencoder [J]. IET Science, Measurement & Technology, 2017, 11(6): 687-695.

[59] 侯文擎, 叶鸣, 李巍华. 基于改进堆叠降噪自编码的滚动轴承故障分类[J]. 机械工程学报, 2018, 54(7): 87-96.

[60] Grattarola D, Livi L, Alippi C. Adversarial autoencoders with constant-curvature latent manifolds[J]. Applied Soft Computing, 2019, 81: 105511.

[61] 刘涵. 水电机组多源信息故障诊断及状态趋势预测方法研究[D]. 武汉: 华中科技大学, 2019.

[62] 付文龙. 水电机组振动信号分析与智能故障诊断方法研究[D]. 武汉: 华中科技大学, 2016.

[63] 付文龙, 周建中, 张勇传, 等. 基于 OVMD 与 SVR 的水电机组振动趋势预测[J]. 振动与冲击, 2016, 35(8): 36-40.

[64] 石凯凯, 蔡力勋, 包陈. 预测疲劳裂纹扩展的多种理论模型研究[J]. 机械工程学报, 2014, 50(18): 50-58.

[65] 姜伟. 水电机组混合智能故障诊断与状态趋势预测方法研究[D]. 武汉: 华中科技大学, 2019.

[66] 安学利, 潘罗平, 张飞, 等. 水电机组状态退化评估与非线性预测[J]. 电网技术, 2013(5): 199-204.

[67] 孙慧芳, 付婧, 郑云峰. 基于 AR 模型的水电机组振动信号趋势预测[J]. 湖南农机, 2014, 41(2): 62-63.

[68] 高波, 张钦宇, 梁永生, 等. 基于 EMD 及 ARMA 的自相似网络流量预测[J]. 通信学报, 2011, 32(4): 47-56.

[69] 崔建国, 赵云龙, 董世良, 等. 基于遗传算法和 ARMA 模型的航空发电机寿命预测[J]. 航空学报, 2011, 32(8): 1506-1511.

[70] 齐保林, 李凌均. 基于 SVR 的设备状态趋势预测方法[J]. 矿山机械, 2007(2): 110-113.

[71] 陈畅, 李晓磊, 崔维玉. 基于 LSTM 网络预测的水轮机机组运行状态检测[J]. 山东大学学报(工学版), 2019, 49(3): 39-46.

[72] 田弟巍. 抽水蓄能机组状态趋势预测与系统集成应用研究[D]. 武汉: 华中科技大学, 2019.

第2章 抽水蓄能机组数据挖掘和多源异构信息相关性分析

随着信息技术的高速发展，抽水蓄能电站监控系统、机组轴振动摆度保护系统、故障录波系统及生产实时系统的数据库中存储的数据呈指数规模增长。相较于数据量的增长，从海量数据中提取有效信息的数据处理技术却相对滞后，"丰富的数据，贫乏的知识"成为抽水蓄能机组主辅设备状态评估与故障诊断发展的主要障碍。为此，本章通过收集抽水蓄能机组的振摆、温度、流量和电气量等监测参数的历史数据和分析报告，利用多源异构数据进行数据层级的事件索引、时频关联、时空耦合，搭建水泵水轮机系统、调速系统、发电电动机及其励磁系统、主进水阀系统、主变压器系统(以下简称主变)等数据集合逻辑架构，建立抽水蓄能机组主辅设备运行状态分析数据库；研究数据挖掘技术[1-8]，对机组不同运行状态下的海量历史数据与信息进行快速、有效的分析、加工与提炼，获得机组在不同工况下的典型参数指标，运用关联分析方法建立机组运行特征数据集合与缺陷、故障、事故间的关联关系及映射关系[9,10]。

2.1 抽水蓄能机组运行状态分析数据库构建

为降低数据存储的冗余度、避免数据量过大造成的数据溢出、提高检索速度，应融合抽水蓄能机组主辅设备生产实时数据、历史运行数据、历史检修报告与试验报告等资料，研究生产实时库的智能化数据存储策略，有选择地进行存储，不仅节省存储空间，而且可提高系统的响应速度。对关键参数的历史数据进行分析、统计，可有效降低系统的复杂性和运营成本。除了原始采集数据，历史数据库的存储内容主要包括以下三个方面：

(1)变工况暂态数据，如开机、甩负荷、停机等工况的布尔型数据。

(2)试验数据，即机组主辅设备相关试验时的数据。

(3)机组主辅设备生产实时运行状态量数据。

2.1.1 抽水蓄能机组运行状态数据解析

通过在抽水蓄能电站实地调研，可获得电站点表与生产实时资料，生产实时资料包括安装文档、建模文档、历史文档、平台文档、曲线文档、事件与报警、数据接入文档及图形文档等，涵盖了从 2011 年 4 月至 2017 年 8 月的生产实时数据,各文档目录结构如表 2-1 所示。其中,生产实时数据以天为单位存储,存储格式为.db 文件,该格式仅供 GAIA 平台读取。

表 2-1　生产实时文档数据结构

目录	文档内容
./安装文档	GAIA_8000 平台安装说明书.doc GAIA_8000 系统简明安装手册.doc 生产实时信息系统工程手册(初稿).doc
./建模文档	GAIA_Modeler 建模使用说明书.doc 建模工具安装说明书.doc
./历史文档	GAIA_Archive 历史存储说明书.doc GAIA_Report 历史数据处理与配置使用说明书.doc
./平台文档	GAIA_8000 信息控制系统平台使用说明书.doc GAIA_8000SCADA 应用操作说明书.doc
./曲线文档	GAIA_Chart 曲线使用说明书.doc
./事件与报警	GAIA_AlarmShortMsg 报警短信平台使用说明书.doc GAIA_AlarmShortMsg 短信平台错误代码列表.doc GAIA_8000 事件与报警说明书.doc
./数据接入文档	GAIA_8000 信息控制系统支撑平台使用说明书-电厂数据接入系统 V1.0.pdf
./图形文档	GAIA_FGBuilder 制图工具使用说明书.doc GAIA_FGLinker 绑点配置使用说明书.doc GAIA_8000WebFGViewer 工作站使用说明书.doc
../data	2011 年 4 月至 2017 年 8 月生产实时数据 ./2011/4/1_analog.db ./2011/4/1_count.db ./2011/4/1_point.db … ./2017/8/31_analog.db ./2017/8/31_count.db ./2017/8/31_point.db

为满足数据需求与关联性分析要求,需将该数据解析为可解释的 excel 文件并保存入库,具体解析过程如下。

(1)通过 GAIATOOL 解析.db 文件。为获取每天的可读数据文件,将需要转换的文件放在该工具的同级别 data 文件夹下,按/年/月的格式归类,运行 GAIATOOL/bin/transtool_xinyuan_csv.exe 文件,程序自动开始文件解析过程。解析完成后,每天的数据文件将自动生成一个对应的 excel 文件,每个 excel 文件均有 3 列,分别对应着参数 ID、存储时间与对应时间的具体值。以 2011 年 7 月 1 日数据为例,GAIATOOL 解析结果如表 2-2 所示。

表 2-2　生产实时数据 GAIATOOL 解析结果

数据目录	原始数据	转换后的数据	转换后的列名
Data/2011/07	1_analog.db	1_float.csv	id\time\value
	1_point.db	1_bool.csv	id\time\value
	1_count.db	1_double.csv	id\time\value

(2) 获得每行数字 ID 的含义。解析后的数据第二列对应为长整型的时间数据，可通过 Java 程序自动转换成字符串可描述的时间含义。数据第一列为数字 ID，需知其具体对应的测点。根据 data/trans 下的 out_analog.csv、out_point.csv、out_count.csv 文件，可获得数字 ID 对应的测点含义。以 out_count.csv 文件为例，其部分内容如表 2-3 所示。其中，参引的含义是"设备类型.设备名称.数据类型.测点英文缩写"。out_analog.csv、out_point.csv、out_count.csv 与解析文件的对应关系如表 2-4 所示。

表 2-3　out_count.csv 部分内容

ID	参引	报警级别	报警下下限	报警下限	报警上限	报警上上限
1	虚设备.1 号机组.统计数据.Y10A	0				
2	虚设备.1 号机组.统计数据.Y10B	0				
3	虚设备.1 号机组.统计数据.LG1E	0				
4	虚设备.1 号机组.统计数据.LCSD	0				
5	虚设备.2 号机组.统计数据.Y10A	0				
6	虚设备.2 号机组.统计数据.Y10B	0				
7	虚设备.2 号机组.统计数据.LG1E	0				
8	虚设备.2 号机组.统计数据.LCSD	0				
9	虚设备.3 号机组.统计数据.Y10A	0				
10	虚设备.3 号机组.统计数据.Y10B	0				
11	虚设备.3 号机组.统计数据.LG1E	0				
12	虚设备.3 号机组.统计数据.LCSD	0				
13	虚设备.4 号机组.统计数据.Y10A	0				
14	虚设备.4 号机组.统计数据.Y10B	0				
15	虚设备.4 号机组.统计数据.LG1E	0				
16	虚设备.4 号机组.统计数据.LCSD	0				
17	虚设备.升压站.统计数据.B12W	0				
18	虚设备.升压站.统计数据.B12V	0				
19	虚设备.升压站.统计数据.B130	0				
20	虚设备.升压站.统计数据.B12Z	0				
21	虚设备.升压站.统计数据.B12U	0				
22	虚设备.升压站.统计数据.B12X	0				
23	虚设备.升压站.统计数据.B12Y	0				
24	虚设备.升压站.统计数据.B131	0				
25	虚设备.全厂.统计数据.LCSD	0				
26	虚设备.全厂.统计数据.LG1E	0				
27	虚设备.全厂.统计数据.LG1F	0				
28	虚设备.全厂.统计数据.LG1I	0				

表 2-4 解释文件与解析文件对应关系

解释文件	解析文件
out_analog.csv	1_float.csv
out_point. csv	1_bool.csv
out_count. csv	1_double.csv

（3）获得参引英文缩写对应的中文描述。通过以上解释文件，获得了每个.db 文件中的数字 ID 对应的中文参引，然而参引中只包含了测点所在的位置，具体测点含义为英文缩写。因此，需要将英文缩写翻译为中文描述。综合./ini 文件夹下的 map.xml 与电站点表文件，可获得每个英文缩写的具体中文描述。map.xml 文件部分结构关系与抽水蓄能电站点表部分内容如表 2-5 和表 2-6 所示。需要注意的是，即使英文缩写一样，其在不同的测点类型下也会对应不同的中文描述，因此，需要结合每个英文缩写所在的文件名称在相应的 map.xml 测点类型下寻找中文描述。其中 map.xml 文件下的三个子元素 analog、status、count，与解释文件名中 analog、point、count 三种类型数据相对应。

表 2-5 map.xml 文件部分结构关系

测点类型	对应关系	
	描述	类型
analog	电流	AMP
	抽水温度 1	B108
	出口电压测量值	B10L
	定子电压	B112
	…	…
status	1 机 LCU[a] 控制	B140
	1 级励磁过电流	B141
	BTB[b] 模式确认	B147
	X 轴摆动跳闸	B14F
	…	…
count	线路 1 上网电量	B12U
	线路 1 无功发送	B12V
	线路 1 无功吸收	B12W
	线路 1 下网电量	B12X
	…	…

a 逻辑控制单元(LCU)。
b 背靠背(BTB)。

表 2-6　抽水蓄能电站点表部分内容

序号	系统名称	设备类型	测点中文描述	测点对照缩写
1	监控系统	LCU	最大有功功率	Q129
2	监控系统	LCU	最小有功功率	Q12D
3	监控系统	LCU	频率	PL
4	监控系统	LCU	最小抽水功率	B12O
5	监控系统	LCU	最大抽水功率	B12N
6	监控系统	LCU	有功设定值	YGSD
7	监控系统	LCU	有功功率	MW
8	监控系统	LCU	无功功率	MVAR
9	1 号机组	发电机	运行	SUN
10	2 号机组	发电机	运行	SUN
11	3 号机组	发电机	运行	SUN
12	4 号机组	发电机	运行	SUN
13	监控系统	LCU	最大有功功率	Q129
14	监控系统	LCU	最大有功功率	Q129
15	监控系统	LCU	最大有功功率	Q129
16	监控系统	LCU	最大有功功率	Q129
17	监控系统	LCU	最小有功功率	Q12D
18	监控系统	LCU	最小有功功率	Q12D
19	监控系统	LCU	最小有功功率	Q12D
20	监控系统	LCU	最小有功功率	Q12D

（4）完善测点详细信息。经过上述步骤，生产实时系统数据中每个时间点存储的测点对应的系统名称、设备类型与测点中文描述全部解析完毕。为研究机组在不同工况下运行状态参数的变化，提取机组故障信息，制定详细的抽水蓄能电站典型故障样本表，需要分析每个测点的正常与故障运行状态。因此，结合点表数据，完善每个测点的单位、报警状态、报警级别、报警上上限、报警下下限、报警上限、报警下限。部分点表相关信息如表 2-7 所示。根据测点详细信息，监测机组生产实时系统数据在每一时刻是否越限、报警等，结合机组典型故障样本表，挖掘抽水蓄能机组运行状态事务数据库，从而建立机组运行特征数据集合与缺陷、故障、事故间的关联关系及映射关系。

表 2-7　抽水蓄能电站部分点表测点信息

序号	系统名称	测点中文描述	单位	报警上上限值	报警下下限值	报警上限值	报警下限值	报警级别	报警状态
1	监控系统	最大有功率	MW	0	0	1500	−1500	3	否
2	监控系统	最小有功率	MW	0	0	1500	−1500	3	否
3	监控系统	频率	Hz	0	0	55	45	3	否
4	监控系统	最小抽水功率	MW	0	0	1500	−1500	3	否
5	监控系统	最大抽水功率	MW	0	0	1500	−1500	3	否
6	监控系统	有功定值	MW	0	0	1500	−1500	3	否
7	监控系统	有功功率	MW	0	0	1500	−1500	3	否
8	监控系统	无功功率	Mvar	0	0	1500	−1500	3	否
9	1号机组	运行	/	0	0	100	0	3	否
10	2号机组	运行	/	0	0	100	0	3	否
11	3号机组	运行	/	0	0	100	0	3	否
12	4号机组	运行	/	0	0	100	0	3	否
13	监控系统	最大有功功率	MW	0	0	350	−350	3	否
14	监控系统	最大有功功率	MW	0	0	350	−350	3	否
15	监控系统	最大有功功率	MW	0	0	350	−350	3	否
16	监控系统	最大有功功率	MW	0	0	350	−350	3	否
17	监控系统	最小有功功率	MW	0	0	350	−350	3	否
18	监控系统	最小有功功率	MW	0	0	350	−350	3	否
19	监控系统	最小有功功率	MW	0	0	350	−350	3	否
20	监控系统	最小有功功率	MW	0	0	350	−350	3	否

2.1.2　抽水蓄能机组主辅设备运行状态分析数据库

　　抽水蓄能机组主辅设备种类多样，水泵水轮机系统、调速系统、发电电动机及其励磁系统、主进水阀系统和主变使用相对独立的数据存储形式，导致抽水蓄能机组海量多源异构运行监测数据中存在大量同源采集点。因此，应分析机组海量运行监测数据中故障与征兆的内在联系，研究合理高效的数据挖掘机制，解析运行参数与运行状态间的关联关系，构建机组故障-征兆间的映射关系，为机组状态评估、故障诊断与趋势预测提供必需的先验知识与决策建议。

　　本书的数据来源于我国某抽水蓄能电站，针对抽水蓄能机组主辅设备数据挖掘，首先，构建抽水蓄能机组运行状态分析数据库，为分析提供数据支持；其次，离散化处理抽水蓄能机组运行监测数据，以满足关联分析的要求；再次，深度挖掘离散化后的机组运行状态多源异构数据，获取机组运行数据与故障间的关联关系；最后，对得到的机组故障-征兆关联关系结果进行合理的分析。这一过程需要频繁地对数据库进行访问，如何才能使分析过程访问数据库的时间成本最小成为重要问题。因此，作为数据挖掘的第一步准备工作，需要对抽水蓄能电站生产实时系统数据进行结构上的分析，合理规划数据库结构。依据抽水蓄能电站的监测点表，可知电站的监测点主要分为开关量和模拟量两大类，而生产实时系统中记录的实测数据的时间段为 2011 年 4 月～2017 年 8 月，数据量巨大，特别是对于模拟量而言，一个月的数据量可能有数百万条之多，需要设计合理的数据组织形式、索引结构以提高数据库的检索效能。

根据数据查询的实际需要、待存储的数据量大小及日后的管理成本等，综合考虑后本书决定使用 SQL Server 建立名为 lianxuDB 的数据库，以对抽水蓄能电站的机组运行状态分析数据进行合理有效的存储。从抽水蓄能电站生产实时系统监测点实测数据的数据类型出发，可知系统中共有 bool、double 及 float 三类数据，为避免产生大量冗余，也为了方便管理，将上述数据分别存储于与其类型相对应的表中，因此，在数据库中建立三类数据存储表分别存储 bool、double 及 float 类型的数据。由于生产实时系统存储的数据量巨大，若将三类数据存储于三张表中，则每张表中可能会有上亿条数据，有可能造成检索的时间成本过大。对数据进行分段存储可以显著提高数据库的检索效率，而考虑到使用习惯及实际数据检索需求，以月为单位对数据进行存储是较为合理的方案，如图 2-1 所示，最终建立了存储三种数据类型的表格，表格名称为"数据类型_月份"的形式；如图 2-2 所示，表格中包含测点编号(ID)、测点位置(pos)、测点状态说明(state)、监测时间(time)以及监测数值(value)五列必要信息。

图 2-1　抽水蓄能电站生产实时系统监测数据数据库结构

	ID	pos	state	time	value
1	694	3号机组.发电机.高压注油直流泵.B156	测试成功	1493740187	1
2	695	3号机组.发电机.高压注油直流泵.B16N	故障复归	1493654400	0
3	696	3号机组.发电机.高压注油直流泵.B1AZ	现地控制方式	1493654400	1
4	697	3号机组.发电机.高压注油直流泵.B1CZ	正常	1493654400	0
5	698	3号机组.发电机.高压注油直流泵.B180	控制电源故障	1493654400	0

图 2-2　抽水蓄能电站生产实时系统监测数据表格内容

2.2　抽水蓄能机组运行数据关联关系挖掘

由于抽水蓄能机组主辅设备故障原因繁多，在水力、机械、电磁等多振源的耦合激励影响下，无法有效获取机组主辅设备故障与征兆间的映射关系。随着存储设备与监测技术的发展，包含故障特征的海量机组运行数据得以保存。然而，利用传统数据分析技术，无法有效地处理这些海量数据并获取机组运行参数间的关联关系。为此，针对目前缺乏抽水蓄能机组主辅设备运行数据关联分析相关方法的问题，本节研究提出一种结合数据离散化与频繁项集挖掘的机组主辅设备运行数据关联关系挖掘方法，通过对机组主辅设备典型振动信号的分析，指出故障发生时少量异常点对设备运行数据聚类的影响，引入 K-Mediods 算法避免了聚类结果对噪声干扰的敏感性。在轮廓系数[11]评价聚类结果的基础上，确定了运行数据的最佳聚类数量，并根据聚类结果阐明了参数的实际物理意义，构建了机组主辅设备故障运行数据的故障事务集。最后，采用频繁模式增长(FP-Growth)算法挖掘出故障事务集中的满足最小支持度的频繁项集，探明了运行数据间的关联关系。通过对关联关系的分析，获得了相应参数间的因果关系，为抽水蓄能电站运维人员排查故障、安排检修提供了决策建议。

2.2.1　关联关系相关概念及关联关系挖掘算法

1. 关联关系基本概念

一般而言，关联关系挖掘的对象为事务数据集[12,13]。令 $i_k(k=1,2,\cdots,K)$ 表征 K 个事件，也称 K 个项，$I=\{i_1,i_2,\cdots,i_k\}$ 为所有事件的集合，T 为部分事件的集合，则有 $T\subseteq I$，称 T 为业务，如 $T=\{i_1,i_2\}$ 表示业务 T 中发生了事件 1 和事件 2。而一系列业务 T 的集合 D 称为事务集，对 D 中每一项业务均赋予唯一的标志 TID，典型的大小为 M 的事务集 D 如表 2-8 所示，需要注意的是，虽然每项业务都有唯一的 TID 与之对应，但不同的业务之间可包含相同的事件。数据挖掘的目的就是从事务集 D 中获取不同事件间的关系。

表 2-8　典型事务集

TID	业务 T
1	$\{i_1, i_3\}$
2	$\{i_1, i_2, i_4, i_6\}$
3	$\{i_1, i_3\}$
…	…
M	$\{i_4, i_6, i_k\}$

数据挖掘所期望获得的关联关系为形如 $X \Rightarrow Y$ 的蕴含式，称 X 为关联关系的先导，称 Y 为关联关系的后继，其中 $X \subset I$，$Y \subset I$，且 $X \bigcap Y = \varnothing$，描述关联关系的三个重要指标为支持度、置信度和提升度。

关联关系 $X \Rightarrow Y$ 的支持度表示在事务集 D 中，包含 $X \bigcup Y$ 的业务占数据集大小的比例，具体定义如式 (2-1) 所示：

$$s(X \bigcup Y) = \sum_{i=1}^{M} T_i(X \bigcup Y) / M \tag{2-1}$$

式中，$T_i(X \bigcup Y) = \begin{cases} 1, & X \bigcup Y \subset T_i \\ 0, & 其他 \end{cases}$。

关联关系的支持度可以理解为事件集 X 和事件集 Y 共同发生的联合概率，对于支持度较低的关联关系，可认为是偶然发生的事件，其蕴含的数据间的关联关系较弱，不具备数据挖掘的意义；而支持度设置得较高时，少有关联关系满足此条件，导致挖掘结果为空。因此，一般在挖掘过程中需根据具体对象确定关联关系最小支持度。

关联关系 $X \Rightarrow Y$ 的置信度表示事务集 D 中包含 $X \bigcup Y$ 的业务占包含 X 的业务的比值：

$$\alpha(X \bigcup Y) = \sum_{i=1}^{M} T_i(X \bigcup Y) \bigg/ \sum_{i=1}^{M} T_i(X) \tag{2-2}$$

与支持度类似，关联关系的置信度可视为事件集 $X \bigcup Y$ 在事件集 X 发生下的条件概率分布。因此，当关联关系的置信度大于设定阈值时，可认为事件集 Y "大概率"伴随着事件集 X 发生，二者蕴含某种内在关联。

关联关系 $X \Rightarrow Y$ 的提升度则通过式 (2-3) 计算：

$$\sigma_{X,Y} = \alpha(X \bigcup Y) / s(Y) \tag{2-3}$$

提升度的含义为包含 X 的业务集中也包含 Y 的概率与所有事务集中包含 Y 的概率的比值，即提升度反映了关联关系中 X 与 Y 的相关性。提升度大于 1 时，值越大表示事件集 X 和 Y 之间正相关程度越高；提升度小于 1 时，值越小表示二者负相关程度越高；提升度为 1 时，表示二者之间无关联。

项的集合称为项集(itemset)，而含有 k 个项的项集称为 k-项集。若项集的任意子集在总体事务集中的支持度满足预先设定的最小支持度，则称其为频繁项集。由关联关系 $X \Rightarrow Y$ 的支持度定义可知，若关联关系 $X \Rightarrow Y$ 的支持度满足设定最小支持度，则项集 X 或 Y 的支持度也一定满足最小支持度，即二者都为频繁项集。因此，关联关系挖掘的目的是从事务集 D 中挖掘支持度和置信度分别大于最小支持度(minsupp)和最小置信度(minconf)的关联关系，可分为以下两步。

(1)挖掘事务集中的频繁项集。根据事务集的大小与特点，选取高效、合适的频繁项集挖掘算法，获得频繁项集的集合。

(2)由频繁项集产生关联关系。利用挖掘到的频繁项集及相应支持度，推导相关的关联关系表达式。

一般而言，关联关系挖掘算法的主要计算开销在于频繁项集的获取，而频繁项集包含的项之间也可视为蕴含了某种潜在关联。

2. 关联关系挖掘算法

抽水蓄能机组主辅设备运行监测数据主要包含了水泵水轮机系统、发电电动机及其励磁系统、调速系统、主进水阀系统及主变等子系统的海量运行数据，含有数千个监测点，采用基于分治思想的 FP-Growth 算法[14]可实现高效率的非完备信息挖掘。在该算法中，项集与项集之间的关联关系被压缩至一棵频繁模式树中，根据频繁模式树分治地挖掘频繁项集。整个算法过程只需遍历两次总体事务集，因此提高了数据挖掘效率。算法主要包括如下两步。

1)频繁模式树的构建

首先扫描一次事务集 D，统计所有项的支持度并构成集合 F，对 F 中的项按照支持度大小由高到低排序，去除小于设定的最小支持度的项，其余的项构成频繁头项表 L。然后第二次扫描事务集 D，依次遍历事务集中的每条业务，去除不在频繁头项表 L 中的项，同时将业务中的所有项按照频繁头项表 L 中的顺序排序。排序完成后，若当前频繁模式树不存在，则构建一个空节点作为频繁模式树的根节点；若频繁模式树已存在，则依次将当前业务中的项作为节点添加至树中。在添加过程中，若当前业务与之前业务存在相同的前缀，则将相同前缀对应的节点计数加 1；若不存在任何相同前缀，则创建一个新的节点，将其计数设置为 1，连接到根节点上。遍历完事务集中所有业务后，频繁模式树(FP-tree)便构建完成了。以某一典型过滤后的事务集为例，其所含业务如表 2-9 所示，其对应的 FP-tree 的构建过程如图 2-3 所示。

表 2-9　典型过滤后的事务集

TID	业务 T_i
1	$\{i_1, i_3\}$
2	$\{i_1, i_3, i_4\}$
3	$\{i_2, i_3\}$

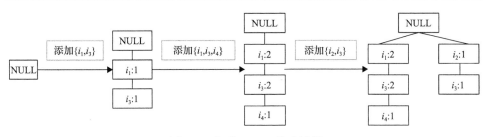

图 2-3　典型 FP-tree 构建过程

2) 从 FP-tree 中挖掘频繁项集

从 FP-tree 中获取频繁项集的思想和 Apriori 算法[15]大致类似，都是基于频繁项集的先验性质，由频繁头项表中最后一个元素开始，递归地构建满足最小支持度的集合。其过程可通过算法 2-1 实现。

算法 2-1　从 FP-tree 中挖掘频繁项集可通过调用函数 FPGrowth(FP-tree，NULL)实现，函数定义如下。

FPGrowth(tree, α)：
　　若 tree 中含有单个路径 P：
　　　　对 P 中节点的每个组合 β：
　　　　　　产生频繁模式 $\beta \cup \alpha$，其支持度为 β 中节点的最小支持度
　　否则对 tree 的头表中的每个项 α_i：
　　　　产生模式 $\beta = \alpha_i \cup \alpha$，其支持度为 α_i 的支持度
　　　　构造 β 的条件模式基，然后构造 β 的条件 FP-tree，记为 treeβ
　　　　若 treeβ 非空：
　　　　　　递归调用 FPGrowth(treeβ, β)

FP-Growth 算法将逐步挖掘频繁模式的问题转换为对频繁项集的递归增长，将项集之间的关系压缩至频繁模式树中，避免了大量候选项集的产生，降低了算

法的时间复杂度与空间复杂度，具备更高的效率，更适用于解决抽水蓄能机组主辅设备运行数据挖掘的实际问题。

2.2.2 数据离散化方法

关联关系挖掘方法均是用来描述离散型数据间的关联关系，事务集中的每个项代表一个事件，而抽水蓄能机组主辅设备运行数据中除符合关联关系挖掘算法对象的布尔型状态量外，还有更多的模拟量，如温度、振动、摆度和电流等。为了挖掘抽水蓄能机组主辅设备运行数据中模拟量的关联关系，需要对这些连续的模拟量进行离散化，将原来的连续值空间映射至离散值空间。虽然 K-means 聚类算法能有效解决无标签下的数据离散化问题，但当机组主辅设备发生故障时，其运行数据必然会产生与正常状态差异较大的值，导致 K-means 聚类算法收敛结果与实际情况相差较大。为消除 K-means 聚类算法中的噪声敏感问题，本节采用 K-Mediods 算法对机组主辅设备运行数据进行离散化。

1. K-Mediods 算法原理

K-Mediods 与 K-means 聚类算法聚类过程类似，不同的是在聚类中心更新时，每次从隶属于该簇的样本中选取新的聚类中心，选取标准为当该点成为新的聚类中心后能提高该簇的紧凑程度。使用绝对误差标准定义一个类簇的紧凑程度[16]。其计算过程如下。

步骤 1：从输入样本集 $D = \{x_1, x_2, \cdots, x_M\}$ 中随机选取 K 个样本作为初始化聚类中心。

步骤 2：依据最小欧几里得距离准则，将每个样本归类于最近的聚类中心，得到当前的簇划分 $\{C_1, C_2, \cdots, C_K\}$。

步骤 3：对每个簇内的所有样本计算距簇内各样本点距离的绝对误差和最小的点，作为新的聚类中心。

步骤 4：若新的聚类中心与原中心相同或迭代次数达到最大，则终止算法，并输出簇划分，否则返回步骤 2，重新获得簇划分。

2. 聚类效果评价准则

为确定聚类类别数，这里结合轮廓系数对抽水蓄能机组主辅设备运行数据进行基于 K-Mediods 的离散化分析。根据机组参数在不同故障下的实际运行情况，将运行数据聚类至不同数量的簇中，采用轮廓系数评价聚类结果，从而获得机组运行数据较合理的聚类结果。

轮廓系数可通过计算簇内不相似度和簇间不相似度得到，定义如下。

1）簇内不相似度

簇内不相似度用来评价样本是否应该被聚类到该簇中。对样本 x_i，若当前被分配至簇 C_j 中，则计算该样本到簇 C_j 内的其他样本的平均距离 $a_i = \dfrac{1}{|C_j|} \sum\limits_{x_m \in C_j} \|x_i - x_m\|$ 作为簇内不相似度。该值越小，则说明该样本越应该被聚到该簇中。

2）簇间不相似度

簇间不相似度用来评价样本是否应该被聚类到其他簇中。对样本 x_i，计算该点与其他簇 C_j 中所有样本的平均距离 $b_{ij} = \dfrac{1}{|C_j|} \sum\limits_{x_m \in C_j} \|x_i - x_m\|, x_i \notin C_j$，簇间不相似度为该样本与其他簇中样本平均距离的最小值 $b_i = \min\{b_{i1}, b_{i2}, \cdots, b_{iK}\}$。该值越小，说明该样本越应该被划分到其他簇中。

3）轮廓系数

综合簇内不相似度和簇间不相似度，定义样本 x_i 的轮廓系数，如式(2-4)所示：

$$S_i = \frac{b_i - a_i}{\max\{b_i, a_i\}} = \begin{cases} 1 - \dfrac{a_i}{b_i}, & a_i < b_i \\ 0, & a_i = b_i \\ \dfrac{b_i}{a_i} - 1, & a_i > b_i \end{cases} \tag{2-4}$$

由式(2-4)可知，S_i 越接近 1，表明样本 x_i 的聚类效果越合理；S_i 越接近 0，表明样本 x_i 越处于两个簇的边界上；S_i 越接近 –1，表明样本 x_i 越适合被划分到其他类中。通过计算所有样本点的轮廓系数平均值，可有效评价当前聚类效果。

2.2.3　基于 *K*-Mediods 的抽水蓄能机组主辅设备运行数据离散化方法

结合前面介绍的聚类算法与评价指标，本节提出一种基于 *K*-Mediods 的抽水蓄能机组主辅设备运行数据离散化方法，通过轮廓系数评价运行数据的离散结果，选定最佳聚类种类数，依据各个簇类样本数量与聚类中心划分对应的实际物理含义，有效地实现了机组主辅设备运行数据的离散化，具体步骤如下。

步骤 1：针对机组主辅设备具体参数，获取待离散参数的正常状态与故障状态下的所有运行数据；

步骤 2：采用 *K*-Mediods 算法，将机组主辅设备运行数据聚类至不同簇下，选定聚类数量为 2 或 3；

步骤 3：结合轮廓系数，评价不同聚类数量下的聚类效果；

步骤 4：将聚类中心值从小到大排序，获得聚类划分 $\{C_1, C_2\}$ 或 $\{C_1, C_2, C_3\}$，统计每个簇下的样本数量 $\{n_1, n_2\}$ 或 $\{n_1, n_2, n_3\}$，计算其最大样本数量。

机组主辅设备运行故障样本一般偏少，且机组发生故障后及时停机，因此，最大样本数量所在的区间为机组主辅设备参数正常运行区间，依据表 2-10 获得离散后的实际物理含义。

表 2-10 抽水蓄能机组主辅设备运行数据聚类结果与实际物理含义

聚类数量	最大样本数量	簇		
		C_1	C_2	C_3
2	n_1	参数运行正常区间	参数较高	/
	n_2	参数较低	参数运行正常区间	/
3	n_1	参数运行正常区间	参数较高	参数过高
	n_2	参数较低	参数运行正常区间	参数较高
	n_3	参数过低	参数较低	参数运行正常区间

以图 2-4 中某抽水蓄能机组顶盖 X 向振动为例，采用上述离散化方法获得 K-Mediods 算法在聚成两类时的平均轮廓系数为 -0.5829，可知大量样本分配得不合理；在聚成三类时其平均轮廓系数为 0.667，远大于两类下的平均轮廓系数，且接近于 1，聚类效果较好，因此选取聚类数量为 3，对应的聚类结果如图 2-5 所示。

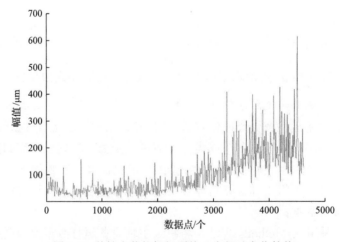

图 2-4 某抽水蓄能机组顶盖 X 向振动变化趋势

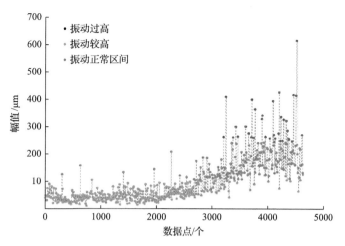

图 2-5　某抽水蓄能机组顶盖 X 向振动数据 K-Mediods 聚类结果

作为对比，采用 K-means 聚类算法对该振动数据进行聚类，聚类结果如图 2-6 所示。从图中可以明显看到，在前 3000 个数据点中，振动值较低，属于振动正常区间，而部分极值点导致 K-means 聚类算法将这些点划分至较高区间，而 K-Mediods 算法则很好地将这些异常点归类至正常区间，符合机组实际运行情况。因此，K-Mediods 算法更适合含有少量异常点的抽水蓄能机组主辅设备运行数据的离散化。

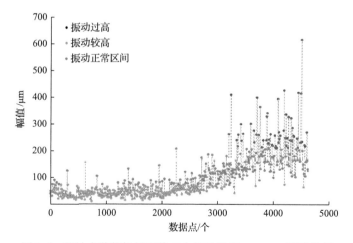

图 2-6　某抽水蓄能机组顶盖 X 向振动数据 K-means 聚类结果

2.2.4　抽水蓄能机组主辅设备关联关系挖掘算法

为从抽水蓄能机组主辅设备海量运行数据中挖掘不同参数间的关联关系，探明故障与征兆间的映射关系，本节基于上述数据离散化方法与关联关系挖掘算法，提出了针对机组主辅设备故障运行数据的关联关系挖掘算法，主要分为三阶段：构建机组主辅设备故障样本事务集、运行参数离散化和运行参数关联关系挖掘，详细步骤如下。

步骤 1：根据机组主辅设备运行监测记录、巡检报告等资料，获取设备不同故障及对应的故障发生时间。

步骤 2：依据故障发生时间，获取对应时段内所有设备的运行监测数据，将每条故障记录视为一个事务集中的业务，存储于数据服务器中。

步骤 3：利用 K-Mediods 数据离散化方法对故障事务集中的所有业务中的模拟量数据进行离散化，获得各个聚类中心与对应区间含义。

步骤 4：结合步骤 2 中的事务集数据库，优化存储结构。在步骤 2 构建的设备故障事务集中，包含了故障时间段内机组主辅设备所有参数随时间变化的值，为节约存储空间，需要优化为一系列离散项。对其中的运行状态量或开关量，查询在该时间段内对应参数是否出现报警信号，是则将此参数置 1，否则置 0。对其余的设备模拟量，遍历该模拟量在此时间段内的所有值，根据聚类中心将该参数的时间序列数据划分至不同区间。具体地，若该参数在对应时间段内有样本点位于参数较高或参数较低区间，则将该参数标记为运行较高或运行较低。在标记完成后，将其不同物理含义映射至二进制数组，构造故障事务集，减少所需存储空间。

步骤 5：采用 FP-Growth 算法挖掘事务集中的频繁项集，获取机组主辅设备运行参数间的关联关系。

抽水蓄能机组主辅设备关联关系挖掘流程图如图 2-7 所示。

2.2.5   抽水蓄能机组主辅设备运行数据实例分析

为验证本节所提抽水蓄能机组主辅设备关联关系挖掘算法的有效性，以抽水蓄能电站生产实时系统及监控系统为研究对象，汇集机组水泵水轮机系统、发电电动机及其励磁系统、调速系统、主进水阀系统和主变等相关故障，得到机组主辅设备典型故障表，如表 2-11 所示。采用本节所提数据离散化方法，结合数据库中对应故障时间范围下的机组主辅设备运行数据，得到离散后的设备典型故障样本事务集，如表 2-12 所示。进一步，在关联关系挖掘算法的应用中，需要事先设定最小支持度。经多次试验，针对表 2-12 中的事务集，设定最小支持度为 0.3，利用 FP-Growth 挖掘其频繁项集，经过对照查询后，获得各频繁项集对应的实际物理意义，部分结果如表 2-13 所示。

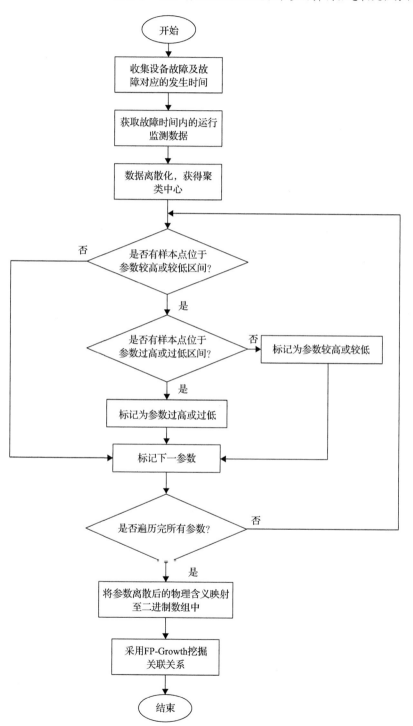

图 2-7 抽水蓄能机组主辅设备关联关系挖掘流程图

表 2-11　抽水蓄能机组主辅设备典型故障表

序号	故障子系统	开始时间	结束时间
1	水泵水轮机	2011/12/9 12:16:13	2011/12/9 12:24:15
2	水泵水轮机	2011/8/9 10:50:25	2011/8/9 10:51:51
⋮	⋮	⋮	⋮
17	调速器	2016/8/4 3:44:35	2016/8/4 17:11:33
⋮	⋮	⋮	⋮
30	主变	2016/9/26 0:00:00	2016/9/26 0:53:55
⋮	⋮	⋮	⋮

表 2-12　抽水蓄能机组主辅设备典型故障样本事务集

	项集及其物理含义			
TID	状态量		模拟量	
	调速油箱油位低报警	主进水阀压力油罐油位低报警　…	下导轴承瓦温过高	发电机上导轴承 X 轴位移过高　…
1	1	0　…	0	0　…
2	0	0　…	1	1　…
⋮	⋮	⋮　…	⋮	⋮　…

表 2-13　抽水蓄能机组主辅设备运行数据部分关联分析频繁项集

序号	频繁项集	支持度
1	[水轮机主轴 X 轴位移过高]	0.8
	[水轮机下迷宫环供水压力过低]	0.7
	⋮	…
2	[推力油外冷却系统进水水温过高，上导油盆上层油温过高]	0.8
	[发电机定子铁心温度过高，定子铁心上齿压板温度过高]	0.6
	[机组顶盖 X 轴位移较高，机组尾水管进口压力脉动过高]	0.7
	⋮	…
3	[水导油循环冷却器进水水温过高，水导油温过高，水导瓦温过高]	0.6
	[上库拦污栅水位过高，下迷宫环供水压力过低，机组有功较低]	0.5
	⋮	…
⋮	⋮	…
6	[机组主轴 X 轴位移过高，上导轴承 X 轴位移过高，下导轴承 X 轴位移过高，上导轴承油温过高，下导轴承油温过高]	0.3

　　依据表2-13中的频繁项集,可获得抽水蓄能机组主辅设备运行数据关联关系,为简洁起见,这里只列出了部分对电站生产管理具有指导意义的关联关系,如表 2-14 所示。由表 2-13 可知,该电站机组水导瓦温过高情况经常出现,而造成该现象的可能原因包括机组旋转中心偏差较大导致机组运行不稳定、测温计故障、上导油盆油系统故障、冷却水压不足等,在没有先验知识的情况下,需要进行一系列试验才能确定真正的故障原因。而由表 2-14 中关联关系 1 可知,水导油循环冷却器进水水温过高和水导油温过高现象与水导瓦温过高同时出现的概率较大,因此,可以考虑是水导油循环冷却器故障导致的冷却器进水水温过高,从而无法有效地对水导进行冷却,导致水导瓦温过高,建议电站运维人员检查水导冷却器并采取相应的处理措施。

表 2-14　抽水蓄能机组主辅设备运行数据部分关联关系

序号	关联关系
1	[水导油循环冷却器进水水温过高,水导油温过高]⇒[水导瓦温过高]
2	[上库拦污栅水位过高]⇒[机组有功较低,下迷宫环供水压力过低]
3	[机组主轴 X 轴位移过高,上导轴承 X 轴位移过高,下导轴承 X 轴位移过高]⇒[上导轴承油温过高,下导轴承油温过高]
...	⋮

　　由关联关系 2 可知,水工设施上库的拦污栅处可能存在杂物堆积,拦污栅水位过高,致使水轮机发电时流量较小,导致有功下降,同时供水不足也使得机组下迷宫环处供水压力过低。因此,当机组出现以上特征后,可适当安排人员查看水库拦污栅处是否有杂物堆积,及时排除故障隐患。

　　由关联关系 3 可知,当机组主轴 X 轴位移过高时,机组上下导轴承的 X 轴位移也会相应升高,而轴承局部磨损加剧,产热增加,从而导致机组上下导轴承油温过高,机组机械损耗增加,危害机组的安全稳定运行。进一步,可结合故障诊断方法,从这些多源信息中提取故障特征,提高故障诊断效率。

　　由上述结论可知,通过数据挖掘得到的抽水蓄能机组主辅设备运行数据关联关系揭示了部分设备故障的机理,获得了机组主辅设备运行数据间的隐含关系,可对电站运维人员的检修维护提供决策建议与支持。

2.3　抽水蓄能机组主辅设备运行参数典型关联关系分析

　　抽水蓄能机组与常规机组相比,存在抽水反转和发电正转等特殊工况,运行工况更加复杂。因此,抽水蓄能机组主辅设备在发生故障时运行参数间的关联关系也更加复杂。分析各运行参数与不同故障的典型关联关系有助于更清晰地探明机组主辅设备的故障机理，及时辨识出故障征兆，避免发生重特大事故，对抽水蓄能电站的安全运行具有重要意义。

2.3.1 水泵水轮机系统运行参数典型关联关系分析

水泵水轮机系统运行过程中故障与运行参数、故障与运行工况、故障与故障间均存在着复杂的关联耦合关系。以机组异常振动为例，通过对水泵水轮机常见异常振动类型和特征进行分析发现：由机械因素(如转子和转轮静动不平衡、大轴不直等)引起的振动，振动频率多为转频或转频的倍数，且振动的幅值与转速密切相关；由电磁因素(如磁拉力不平衡、定子绕组固定不良等)引起的转频振动和极频振动，振动幅值随励磁电流变化明显；由水力因素(如尾水管低频涡带、导叶开口不均等)引起的机组振动，振动幅值随负荷、水头等参数的变化而变化。此外，不同运行工况下机组的稳定性也不相同，如开机、停机、甩负荷等暂态过程与空载、负载稳定等稳态过程相比，机组振动剧烈、呈现出强非周期性。

同时，机组运行过程中，不同故障间也存在着耦合关系，如在全工况下可能发生的水导油循环泵故障，其故障原因可能是水导油泵电机的轴承卡塞，从而导致电机负荷快速增大，相关联地，该故障直接引起油泵电机转速降低，油泵电机的电压电流也会因为负荷增大而变化，水导油循环受到影响，若引起了润滑不足等后果，则还有可能导致水导轴承瓦温升高、机组轴系振摆加大等后续耦合运行参数的变化，引起大轴摆度异常报警等耦合故障。又如，电站 3 号机组调相压水水位开关故障时，不仅会导致发电调相工况中调相压水水位信号异常，也会导致 4 号机组在抽水调相启动工况中启机失败；机组主轴密封差导致主轴密封压差与流量同时报警，进一步引起抽水启动工况时启机失败、发电启动工况中机组机械停机与发电工况中机组跳机等故障。

因此，为了有效提高机组故障诊断与定位精确度，通过对不同工况与不同故障下的机组运行参数进行关联分析，得到水泵水轮机运行故障参数关联表与典型故障关联耦合图，如表 2-15 与图 2-8 所示。

表 2-15　水泵水轮机系统运行故障参数典型关联表

工况	故障描述	故障原因	关联状态量
全工况	水导油循环泵故障	水导油泵电机轴承卡塞	油泵电机转速 油泵电机电压 油泵电机电流
	下迷宫环流量和压力异常	下迷宫环供水回路逆止阀活门一侧耳柄在长期振动后断裂	下迷宫环供水流量 下迷宫环供水压力
	大轴摆度异常报警	摆度变送器故障	大轴摆度
	导叶拐臂剪断销故障报警	导叶剪断销断裂	导叶拐臂剪断销信号

工况	故障描述	故障原因	关联状态量
全工况	尾水锥管水位位置开关故障	尾水压水水位开关损坏导致信号异常/位置开关探头长时间运行水垢过多影响设备稳定性	尾水锥管水位
	主轴密封压差低	主轴密封弹簧松动引起供水压力下降	主轴密封压差
	主轴密封流量低报警	流量变送器内部故障/主轴密封供水减压阀定值漂移	主轴密封流量
	冷却水流量低报警	流量传感器定值偏移或未调整到位	水导冷却水流量
	主轴密封 1#过滤器排污电动阀故障	排污电动阀内部卡塞	电动阀电压电动阀电流
	主轴密封过滤器排污阀供气减压阀故障	供气减压阀密封垫圈破损	供气减压阀压力
	气动排污阀故障	排污电磁阀本体损坏	电磁阀电压电磁阀电流
	顶盖排水泵水位低,浮子接点故障	浮子密封性差	顶盖排水泵水位
	主轴密封 1#过滤器故障,无法自动停止	水中含有杂物,过滤器滤芯堵塞	主轴密封压差
	水导 X/Y 方向摆度高,跳机	尾水盘型阀格栅脱落	水导摆度
	下导轴承油位未达到正常油位,不满足开机条件	下导轴加油不到位	下导油位
抽水	主进水阀油罐油位低导致在机组抽水工况停机时失败	油泵出口空载电磁阀未失磁,导致油泵不能正常负载,无法向压力油罐打油	主进水阀压力油罐油位空载电磁阀失磁信号
	抽水停机过程中 90%转速信号反馈延时导致机组停机失败	机组监控系统未接收到来自调速系统的转速<90%反馈信号,导致停机流程卡住	调速系统的转速信号
	抽水过程中机械停机	顶盖排水系统所用的水位开关出现短时卡涩	顶盖排水系统水位
抽水调相	SFC[a] 装置停止运行导致机组抽水调相启动失败	功率柜冷却水流量计损坏	SFC 功率柜冷却水流量
抽水启动	调速器集油箱油位低导致启动失败	调速器集油箱油位过低,同时浮子开关输出信号端子出现松动,触发油位过低继电器失磁动作,导致机组机械停机	集油箱油位
	主轴密封压差与流量同时报警导致启机失败	主轴密封进水减压阀压紧弹簧多层断裂失效	主轴密封压差
	压水流程超时导致抽水启动失败	转轮下部水位高,信号开关故障	转轮下部水位
	流程超时导致启机失败	(SFC 请求励磁系统置 SFC 模式,励磁响应超时)超时导致机组启机失败	SFC 启动超时信号
	2 号机组由 3 号机组拖动,3 号机组水导摆度超限导致启机失败	机组低水头下拖动工况启机运行不稳定	机组水导摆度超限信号

工况	故障描述	故障原因	关联状态量
发电启动	主轴密封压差过低导致机组机械停机	主轴密封进口压力侧轻微堵塞	主轴密封压差
	水导油位低导致机组启动失败	水导外循环管路逆止阀失效	水导油位
抽水调相启动	3号机组由4号机组拖动，3号机组调相压水水位传感器故障导致启机失败	水位传感器故障	调相压水水位
	SFC系统冷却水阀无法开启，导致调相自动流程无法正常进行	SFC系统冷却水电动阀控制电源回路跳开	SFC系统冷却水电动阀电流、电压
发电	主轴密封压差低致机组跳机	主轴密封传感器管路进气导致压力异常	主轴密封压差
	导叶开启超时导致机械故障停机	主进水阀开启位置开关卡塞	主进水阀开启位置导叶开度导叶超时报警
发电调相	调相压水水位传感器信号异常	调相压水水位开关故障	调相压水水位
	调相压水气罐泄压阀损坏	泄压阀损坏	调相压水气罐压力
机组备用	水导轴承油位异常	停泵后管路中的油缓慢流入水导油槽引起油位变高	水导油位
停机	顶盖水位高与水位低报警	水位低位置开关损坏致使常闭接点粘连	顶盖水位
旋转备用	供水泵压力低报警	出口压力开关内部故障，节点无法正常动作	供水泵出口压力
开机	下导/推力轴承油位低故障报警	机组甩油	下导轴承油位

a 静止变频器(static frequency converter，SFC)。

抽水蓄能电站各主要系统的耦合关系不仅体现在故障与相关监测量之间，还存在于监测量与监测量之间。为了清晰地描述监测量层面的耦合特性，突出水泵水轮机系统中各监测量间的关联关系，本书绘制水泵水轮机系统参数关联耦合图，如图2-9所示。图中将相互有关联的两个参数用直线连接起来，并在连线上标示了其关联关系是在何种机组故障下表征出来的，虚线框表示三个参数与框中故障相关联，如导叶超时报警、导叶开度以及主进水阀开启位置这三个参数在发生导叶开启超时导致机械故障停机时显示出密切的关联关系。

水泵水轮机

左侧节点：
- 水导油循环泵故障 / 全工况
- 下迷宫环流量和压力异常 / 全工况
- 大轴摆度异常报警 / 全工况
- 导叶拐臂剪断销故障报警 / 全工况
- 尾水锥管水位位置开关故障 / 全工况
- 主轴密封压差低 / 全工况
- 主轴密封流量低报警 / 全工况
- 冷却水流量低报警 / 全工况
- 主轴密封1#过滤器排污电动阀故障 / 全工况
- 主轴密封过滤器排污阀供气减压阀故障 / 全工况
- 气动排污阀故障 / 全工况
- 顶盖排水泵水位低，浮子接点故障 / 全工况
- 主轴密封1#过滤器故障，无法自动停止 / 全工况
- 主进水阀油罐油位低导致在机组抽水工况停机时失败 / 抽水
- 抽水停机过程中90%转速信号反馈延时导致机组停机失败 / 抽水
- 抽水过程中机械停机 / 抽水
- 水导X/Y方向摆度高，跳机 / 全工况
- 下导轴承油位未达到正常油位，不满足开机条件 / 全工况
- SFC装置停止运行导致机组抽水调相启动失败 / 抽水调相

中间节点：
- 下迷宫环供水流量
- 下迷宫环供水压力
- 尾水锥管水位
- 主轴密封压差
- 主轴密封流量
- 水导冷却水流量
- 顶盖排水泵水位
- 顶盖排水系统水位
- 油泵电机转速
- 大轴摆度
- 导叶拐臂剪断销信号
- 供气减压阀压力
- 主进水阀压力油罐油位
- 调速系统的转速信号
- 下导油位
- 水导摆度
- SFC功率柜冷却水流量
- 油泵电机电压
- 油泵电机电流
- 电动阀电压
- 电动阀电流
- 电磁阀电压
- 电磁阀电流
- 空载电磁阀失磁信号

右侧节点：
- 水导油泵电机轴承卡塞
- 下迷宫环供水回路逆止阀活门一侧耳柄在长期振动后断裂
- 摆度变送器故障
- 导叶剪断销断裂
- 尾水压水水位开关损坏导致信号异常/位置开关探头长时间运行水垢过多影响设备稳定性
- 主轴密封弹簧松动引起供水压力下降
- 流量变送器内部故障/主轴密封供水减压阀定值漂移
- 流量传感器定值偏移或未调整到位
- 排污电动阀内部卡塞
- 供气减压阀密封垫圈破损
- 排污电磁阀本体损坏
- 浮子密封性差
- 水中含有杂物，过滤器滤芯堵塞
- 油泵出口空载电磁阀未失磁，导致油泵不能正常负载，无法向压力油罐打油
- 机组监控系统未接收到来自调速系统的转速<90%反馈信号，导致停机流程卡住
- 顶盖排水系统所用的水位开关出现短时卡涩
- 尾水盘型阀格栅脱落
- 下导轴承加油不到位
- 功率柜冷却水流量计损坏

(a) 水泵水轮机系统典型故障关联耦合图1

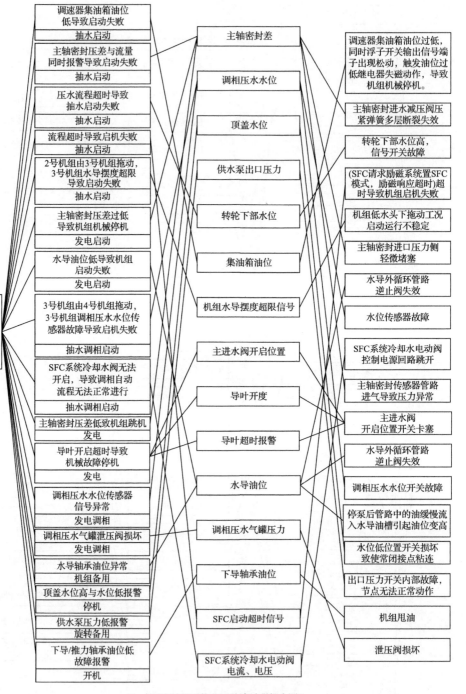

(b) 水泵水轮机系统典型故障关联耦合图2

图 2-8 水泵水轮机系统典型故障关联耦合图

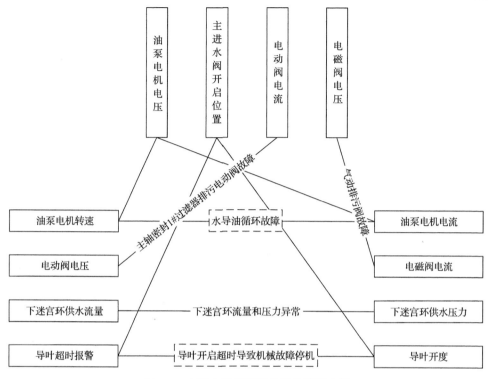

图 2-9　水泵水轮机系统参数关联耦合图

2.3.2　调速系统运行参数典型关联关系分析

　　抽水蓄能机组调速系统是由调节控制器、液压随动系统和调节对象组成的闭环控制系统,旨在保证机组的频率稳定,维持电力系统负荷平衡,并根据操作控制命令完成机组的开机、停机、增减负荷、紧急停机等各项自动化操作,对电站的安全、稳定运行具有重要影响。调速系统是典型的水机电耦合系统,内部环节多,各环节关联机理、故障及其原因呈现复杂的水、机、电因素交叉耦合作用特性。因此,本节通过对抽水蓄能机组调速系统不同工况下的典型故障、故障监测量(模拟量、开关量)和故障原因进行梳理研究,充分运用统计学与拓扑学分析原理,建立了抽水蓄能机组调速系统运行故障参数关联分析表与典型故障耦合关联图,实现了故障层、表征层与机理层的有序连接,突破了传统方法缺乏对故障机理及不同故障间耦合作用进行分析的局限,对实现调速系统的快速、准确诊断具有指导性意义。抽水蓄能机组调速系统运行故障参数关联分析表如表 2-16 所示。

表 2-16   调速系统运行故障参数关联分析表

工况	故障描述	故障原因	关联状态量
全工况	调速系统油位异常	机组压力油罐油位降低后未调整补气装置，导致集油箱油位偏高	集油箱油位 压力油罐油位
	调速器冷却器渗油	长期运行导致管道与冷却器连接部位松动密封不严密	冷却系统油压 冷却系统油位
		长期运行导致法兰松动	
	调速器1号油泵空载回路测压孔轻微渗油	连接处为机械密封，长期运行导致松动	调速器集油箱油压 调速器集油箱油位
	调速器1号油泵出口主引导阀与主油路连接处渗油	密封圈损坏	
	调速器集油箱供油阀处轻微渗油	法兰密封垫损坏	
抽水工况启动	调速器故障导致启动失败	调速器集油箱油位过低，浮子开关输出信号端子因振动出现松动，触发油位过低继电器失磁动作，导致2号机组机械停机	调速器集油箱油压 调速器集油箱油位 机械跳闸继电器动作信号
背靠背启动	机组同期并网超时报警导致启机失败	机组调速器参数不匹配	机组转速 背靠背启动信号 并网信号 同期并网超时报警信号
开机	调速器集油箱油位高，机组不具备开机条件	集油箱冷却器内部管道破裂导致油水回路混合，冷却水通过冷却器进入集油箱	调速器集油箱油位 调速器集油箱油压

为了更清晰地表征调速系统在不同工况下发生的故障间的关联关系，将表 2-16 按照子系统-不同工况下的故障-关联状态量-故障原因的故障耦合与分析理论，绘制调速系统典型故障关联耦合图，如图 2-10 所示。由左往右分析，图中第一列为子系统名称，第二列是不同工况下的故障，第三列是关联状态量，包括水力因素、电磁因素和机械因素，第四列是故障原因。以调速系统油位异常为例具体展开分析，抽水蓄能机组调速系统在全工况下运行时，出现调速系统油位异常的故障，通过对故障数据进行关联性分析，得出关联状态量为集油箱油位与压力油罐油位，故障原因是机组压力油罐油位降低后未调整补气装置，导致集油箱油位偏高。

如图 2-11 所示，本节研究绘制了调速系统运行过程中水力、机械、电磁状态量间的关联耦合图，图中，白色底方框表示机械状态量，灰色底方框表示电磁状态量，连线表示不同状态量间的耦合关联，线上文字表示不同状态量同时作用时引起的耦合故障(虚线框表示该故障由三种或以上不同状态量耦合引发)。以机组同期并网超时报警导致启机失败为例进行分析，当机组转速异常，且同期并网超时报警信号、背靠背启动信号、并网信号同时触发时，可判断此时机组是同期并网超时导致的启机失败故障。

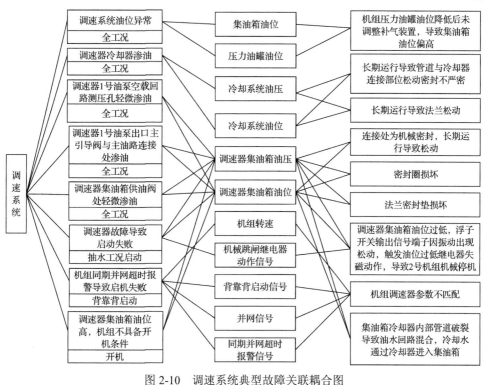

图 2-10　调速系统典型故障关联耦合图

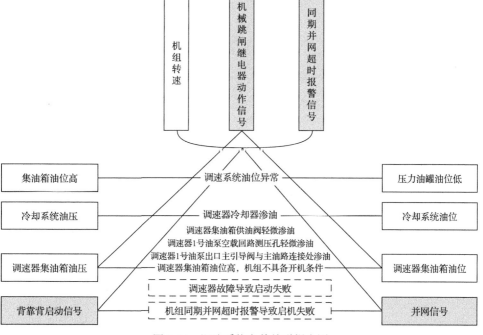

图 2-11　调速系统参数关联耦合图

2.3.3　发电电动机及其励磁系统运行参数关联关系分析

本节深入研究发电电动机及其励磁系统在发电、抽水、抽水转发电等工况下的故障原因和故障关联状态量之间的深度耦合关系，综合考虑设备的电磁特性、机械动力特性、流道水力特性，结合电站生产实时系统、机组历史检修报告、巡检历史报告等资料，分析不同工况下不同故障的关联状态量，挖掘故障征兆与关联状态量以及故障原因之间的映射关系，建立发电电动机及其励磁系统的故障关联模型体系，得到发电电动机及其励磁系统运行故障参数关联关系表，见表2-17。

表 2-17　发电电动机及其励磁系统运行故障参数关联关系表

工况	故障描述	故障原因	关联状态量
发电工况	转子一点接地保护报警	发电机集电装置固定螺栓接地故障	转子一点接地保护报警信号
BTB泵工况试验	转子磁极引出线铜排熔断及磁极接地故障	磁极接地、转子磁极引出线铜排熔断	定子绕组匝间短路保护动作
抽水工况启动	抽水工况启机失败	分闸线圈动作连杆卡扣故障	励磁系统二级故障报警信号
	启动过程中失磁保护动作导致启动失败	失磁保护动作	励磁电流 失磁保护动作信号
发电工况	风机故障导致励磁系统总故障	风机故障	励磁系统故障报警 功率柜整流桥温度报警
	励磁变过流保护动作导致500kV开关跳闸	抽水停机低频保护动作，机组电气跳机，灭磁开关跳开	励磁变过流保护动作信号 励磁电流
抽水工况	碳粉黏附导致转子磁极绝缘低	碳粉黏附导致转子磁极绝缘低	转子接地信号保护
	励磁变内部故障跳闸	接地短路	励磁变过流保护动作信号 主变开关跳闸信号
	励磁变内部故障跳闸	励磁变内部高压线圈短路	机组跳机信号 励磁变跳机信号 变压器绕组温度传感器报警
	励磁交流开关跳闸导致抽水工况跳机	励磁交流开关跳闸	励磁总报警信号 欠励限制动作信号 励磁二级故障动作信号 主变B组保护动作信号 出口开关合闸位置复归信号 出口开关分闸位置动作信号 励磁断路器跳位动作信号 停机动作信号
	励磁系统电源模块故障导致机组低压记忆过流保护动作	励磁系统电源模块故障	机端电压 主变高压侧开关跳闸信号 机组低压记忆过流保护动作信号

为更清晰地表征发电电动机及其励磁系统在不同工况下发生的故障及与故障关联的相关状态量之间的关联关系，依据表 2-17 中的挖掘规则，绘制发电电动机及其励磁系统典型故障关联耦合图，如图 2-12 所示。图中第一列是子系统名

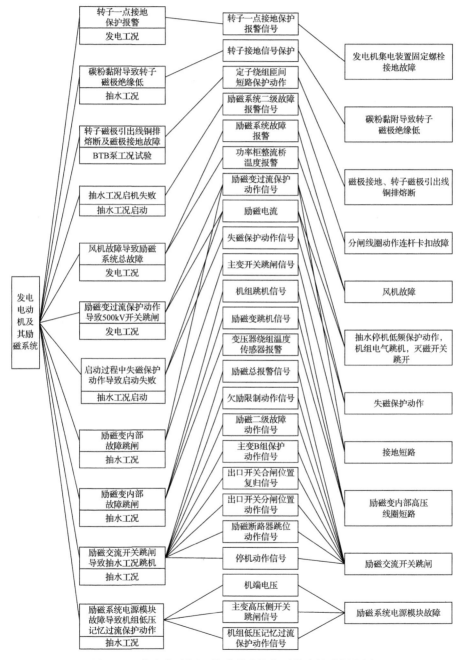

图 2-12　发电电动机及其励磁系统典型故障关联耦合图

称，第二列是故障描述，第三列是关联状态量，第四列是故障原因。以发电工况励磁变过流保护动作导致 500kV 开关跳闸为例，故障原因是抽水停机低频保护动作，机组电气跳机，灭磁开关跳开。关联状态量为励磁电流和励磁变过流保护动作信号。

为更清晰地表征发电电动机及其励磁系统中与故障关联的相关状态量之间的关联关系，下面绘制发电电动机及其励磁系统参数关联耦合图，如图 2-13 所示。

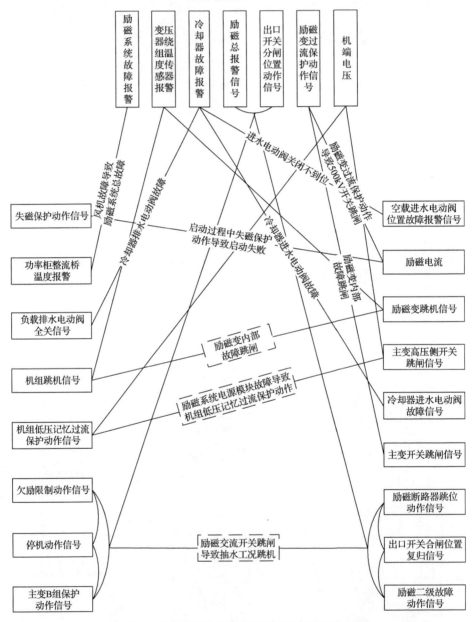

图 2-13　发电电动机及其励磁系统参数关联耦合图

图中第一行和两侧两列都是与故障关联的相关状态量,用实线连接同一故障对应的多个不同相关状态量,实线上的内容为故障名称,其中虚线框表示该故障具有三个或三个以上的相关状态量。以励磁变压器内部故障跳闸为例,相关监测状态量为机组跳机信号、励磁变跳机信号和变压器绕阻温度传感器报警。

2.3.4　主变运行参数关联关系分析

本节通过收集整理抽水蓄能电站主变的典型故障,分析不同工况下与各类型故障相关联的状态量,并将故障原因及关联因素进行分类与组合,揭示了故障之间内在的关联关系。表 2-18 和图 2-14 列出了主变及其冷却系统全工况下的常见故障参数关联关系。以冷却系统故障报警为例:当系统发出故障信号后,

表 2-18　主变及其冷却系统全工况下运行故障参数关联关系表

故障描述	故障原因	关联状态量
冷却水供水压力开关压力低	进水压力表定值漂移	冷却水供水压力开关低压报警信号
冷却系统交流电源故障	冷却系统电源电压监视继电器故障	冷却器交流电源异常报警信号
冷却器故障	冷却器进水流量开关定值偏移	冷却器故障报警信号
	负载排水电动阀体内全开信号端子接触不良	负载排水电动阀全关信号冷却器故障报警信号
	进水电动阀全关位置接点不到位	冷却器故障报警信号
进水电动阀关闭不到位	停电机信号比位置反馈信号先行到达电动阀控制器	空载进水电动阀位置故障报警信号冷却器故障报警信号
冷却系统排水电动阀故障	负载排水电动阀体内全开信号端子接触不良	冷却器故障报警信号
冷却器泄漏	冷却器长期投运形成冷凝水导致泄漏开关动作	冷却器泄漏报警信号
冷却器进水电动阀故障	电动阀机械转动部件卡塞	冷却器进水电动阀故障信号冷却器故障报警信号
	进水压力表定值漂移	冷却器进水电动阀故障信号冷却器故障报警信号
	冷却器本体机构卡塞	冷却器进水电动阀故障信号

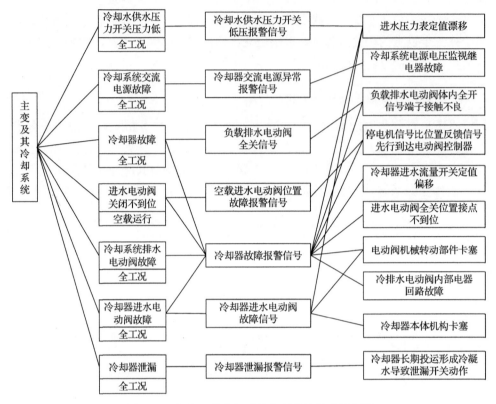

图 2-14　主变及其冷却系统典型故障关联耦合图

可以先通过具体部件的故障报警信号定位故障点,再通过其他关联信号参数(压力开关的压力、冷却水流量及泄漏警报信号等),确定具体故障原因。此外,不同运行工况下冷却系统的故障类型及其关联因素也不相同,在工况切换的动态过程中,冷却系统的进水阀状态及关联的状态量也会相应变化。

2.3.5　主进水阀系统运行参数关联关系分析

抽水蓄能机组主进水阀在引水系统中作为开关、切断阀使用,为机组过渡过程控制与电站检修提供便利。综合考虑主进水阀系统复杂的电磁、机械、水力特性及其耦合效应影响,本节研究分析不同运行工况下主进水阀系统中故障类型与故障相关状态量之间的详细映射关系,形成主进水阀系统运行故障参数关联关系表,如表 2-19 所示。

表 2-19　主进水阀系统运行故障参数关联关系表

工况	故障类型	故障原因	关联状态量
开机启动	主进水阀压力油罐油位低导致开机失败	油路漏油	主进水阀压力油罐油位 主进水阀主油回路油位
抽水停机	主进水阀油罐油位低导致停机失败	主进水阀油罐卡塞	主进水阀压力油罐油位 机组转速 主进水阀压力油罐油位跳机信号
		油泵出口空载电磁阀未失磁	
全工况	压力油罐油位高	压力油罐有漏气现象	主进水阀压力油罐油位
	主油路油压低	压力油罐有漏气现象	主进水阀压力油罐油压 主进水阀主油路油压
		压力油泵不能正常打油	
	压力油罐油压高	压力油罐补气回路不正常供气	主进水阀压力油罐油压
	集油箱油温高	油泵出口安全阀频繁动作	集油箱油温
	集油箱油位高	油位开关信号回路故障, 压力油罐油位低	集油箱油位
	集油箱油位低	油压装置漏油	集油箱油位
发电停机	主进水阀液压锁锭不能自动投入	主进水阀接力器液压锁锭投退控制电磁阀损坏;位置开关故障,无法正常动作;接力器液压锁锭本体故障	主进水阀接力器液压锁锭
	主进水阀全开、全关信号同时存在	主进水阀全开限位开关未动作或全开位置信号反馈继电器故障	主进水阀全开信号 主进水阀全关信号
水轮机/水泵开机	主进水阀无法打开	主进水阀限位开关信号回路故障	主进水阀限位开关信号 主进水阀打开命令 尾闸全开信号
发电	主进水阀紧急关闭导致逆功率保护动作跳机	尾闸液压锁锭投入信号行程开关接点松脱,导致锁锭投入信号丢失	机组有功功率 尾闸锁锭投入信号 主进水阀紧急关闭命令

　　下面在充分归纳抽水蓄能机组主进水阀系统典型故障样本的基础上，绘制主进水阀系统典型故障关联耦合图，如图 2-15 所示。图中第一列是子系统名称，第二列是故障描述以及对应的工况，第三列是故障关联状态量，第四列是故障原因。除机组有功功率为电气状态量之外，其余关联状态量均为机械状态量。从图中可以看出，不同类型的故障和关联状态量之间普遍存在耦合关系，以主进水阀压力油罐油位为例，与之联系紧密的故障包括压力油罐油位过高或过低、主油路油位低，可能导致其状态异常的故障原因包括油压装置漏油、主进水阀油罐卡塞、油泵出口空载电磁阀未失磁、压力油罐漏气。这些多元故障和状态异常现象耦合在一起，使得主进水阀系统故障的精准辨别富有挑战性。

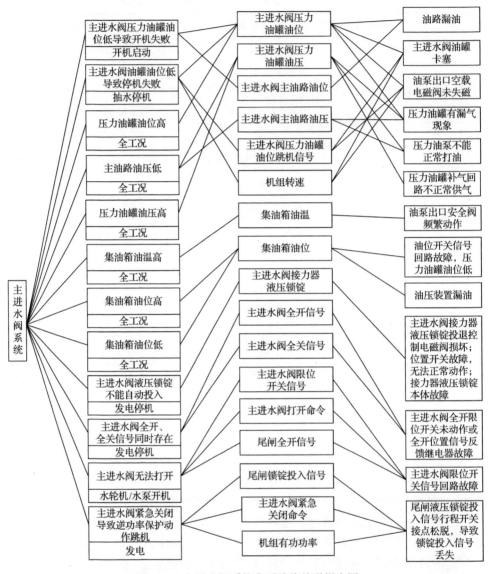

图 2-15 主进水阀系统典型故障关联耦合图

常见的主进水阀系统故障主要集中于机械和电气故障，其中典型故障包括油系统油位和油压异常、主进水阀无法打开和主进水阀紧急关闭等，与故障相关联的机组监测状态量包括主进水阀压力油罐油压与油位、主进水阀主油路油压与油位、机组转速等机械模拟量，以及机组有功功率等电气模拟量及尾闸全开信号、主进水阀全开/全关信号、主进水阀紧急关闭命令等电气开关量。不同故障之间以及机械状态变量和电气状态变量之间存在高度复杂的关联关系，如图 2-16 所示，以主进水阀压力油罐油位低故障为例，该故障的具体原因可通过主进水阀压力油罐油位和主进水阀主油路油位判断，而其中的主进水阀压力油罐油位状态量也是主进水阀压力油罐油位高和主油路油位低等故障的判断指标之一，因此寻求精确完善的故障原因判别指标是进行故障诊断的首要任务。

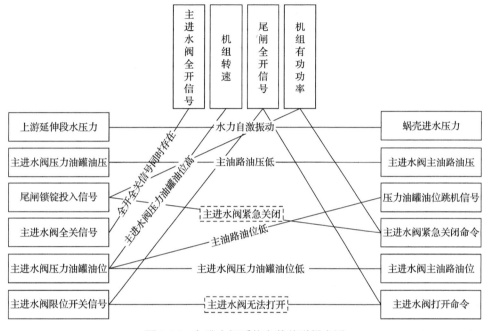

图 2-16　主进水阀系统参数关联耦合图

2.4　抽水蓄能机组主辅设备故障关联分析

关联关系挖掘是抽水蓄能机组主辅设备数据挖掘研究领域中的重要任务，旨在挖掘事务数据库中满足最小支持度的关联关系。由于抽水蓄能电站海量运行监测数据的多源异构特性，为了获取隐含的机组主辅设备运行参数间的关联关系，进一步指导机组运行状态分析与故障诊断，研究针对抽水蓄能机组主辅设备的关联关系挖掘算法具有重要意义。

2.4.1　构建抽水蓄能机组运行状态故障样本表

在抽水蓄能机组运行过程中，机组异常振动、跳闸等是电站运维人员重点关注的故障状态，也是机组状态评估与故障诊断的重要参考。为了节约关联关系挖掘算法的时间与空间开销，提升算法运行速度，依据电站的生产管理资料记载的故障时刻和故障特点，寻找机组主辅设备运行状态数据库中对应的关联测点数值变化时刻，精确刻画故障时间段，即可得到相关的故障样本作为数据挖掘的事务集。以水泵水轮机系统为例，从数据库中找到的能准确描述故障时间的故障实例如表 2-20 所示。

表 2-20　水泵水轮机能准确描述故障时间的故障实例

编号	子系统/部件	故障名称	开始时间	结束时间
101	2 号机组	压水流程超时导致抽水启动失败	2011/12/9 12:16	2011/12/9 12:24
102	4 号机组主轴	主轴密封 1#过滤器故障，无法自动停止	2013/12/23 21:09:53	2013/12/23 21:14
103	4 号机组	顶盖水位高与水位低报警同时存在	2011/8/9 10:50	2011/8/9 10:51
104	3 号机组 SFC 冷却水阀	SFC 冷却水阀无法开启，导致调相自动流程无法正常进行，机组启动失败	2014/3/26 13:20	2014/3/26 13:33
105	4 号机组	导叶剪断销故障报警导致机组发电工况机械停机	2014/7/30 0:00	2014/7/30 18:15
106	3 号机组	3 号机组发电工况启动过程中 SS->TS 流程超时，导致 3 号机组启动失败	2015/11/15 8:48	2015/11/15 8:49
107	4 号机组剪断销	导叶拐臂剪断销故障报警	2016/3/1 21:40:50	2016/3/1 23:33:01
108	1 号机组	1 号机组抽水停机过程中 90%转速信号反馈延时导致机组停机失败	2016/3/12 0:33:01	2016/3/12 13:27:44
109	2 号机组	SFC 装置停止运行导致机组抽水调相启动失败	2016/5/13 10:55:05	2016/5/13 16:12:43
110	3 号机组剪断销	导叶拐臂剪断销故障报警	2016/7/4 0:00:00	2016/7/4 5:57:49
111	1 号机组剪断销	导叶拐臂剪断销故障报警	2016/7/6 11:35:52	2016/7/6 15:41:27
112	3 号机组水导轴承	2 号机组由 3 号机组拖动抽水工况启机过程中，3 号机组水导摆度超限导致启机失败	2016/8/3 3:29:29	2016/8/3 12:38:14
113	2 号机组主轴	2 号机组由 1 号机组拖动抽水工况启机过程中，2 号机组主轴密封压差与流量同时报警导致启机失败	2016/8/4 3:44:35	2016/8/4 17:11:33
114	4 号机组	调相压水水位传感器信号异常	2016/9/26 0:00:00	2016/9/26 0:53:55

注：SS->TS 表示停机状态变中间转换状态。

　　根据各故障对应的时间段，可获取数据库中对应时间段内所有开关量、模拟量数据。由于数据挖掘算法主要适用于离散化数据，需要对抽水蓄能机组相关运行参数进行离散化处理。对开关量，如果该时间段内出现了该报警信号，则将该开关量置 1，否则置 0；对模拟量，如果该时间段内其值超过了参数上下限，则将该模拟量置 1 或–1，否则为 0。将每一个故障编号下的开关量、模拟量越限标志组合为一行向量，存储于相关分析样本表中，最终得到形如表 2-21 的故障样本表。根据构建的抽水蓄能机组运行状态故障样本表，研究数据挖掘中典型频繁项挖掘算法，获取机组隐含关联关系，进一步分析得到机组运行参数间的关联关系。

表 2-21　水泵水轮机故障样本表

编号	开关量 1	开关量 2	…	开关量 n–1	开关量 n	模拟量 1	模拟量 2	…	模拟量 m–1	模拟量 m
101	1	0	…	0	0	1	–1	…	0	0
…	…	…	…	…	…	…	…	…	…	…
114	0	0	…	1	1	0	1	…	–1	0

2.4.2　抽水蓄能机组运行状态关联分析结果

依据构建的抽水蓄能机组运行状态故障样本表，采用频繁模式增长数据挖掘算法，分别获得水泵水轮机系统、调速系统、发电电动机及其励磁系统、主变和主进水阀系统的频繁项集，进一步分析得到各子系统的相关性。水泵水轮机系统典型频繁项集如表 2-22 所示。

表 2-22　水泵水轮机系统典型频繁项集

编号	频繁项
1	1 号机组.发电机.运行参数.无功功率测量值_过低
2	1 号机组.发电机.推力油外冷却系统.进水水温_过高
3	1 号机组.发电机.上导油盆.上层油温 1_过高
4	虚设备.1 号机组.统计数据.无功功率_过低
5	虚设备.1 号机组.统计数据.无功发送_过低
6	虚设备.1 号机组.统计数据.功率因数_过低
7	虚设备.1 号机组.统计数据.抽水启动次数_过低
8	2 号机组.发电机.运行参数.无功功率测量值_过低
9	2 号机组.发电机.推力油外冷却系统.进水水温_过高
10	2 号机组.发电机.上导油盆.上层油温 1_过高
11	虚设备.2 号机组.统计数据.无功功率_过低
12	虚设备.2 号机组.统计数据.无功发送_过低
13	虚设备.2 号机组.统计数据.功率因数_过低
14	虚设备.2 号机组.统计数据.抽水启动次数_过低
15	3 号机组.发电机.运行参数.无功功率测量值_过低
16	3 号机组.发电机.推力油外冷却系统.进水水温_过高
17	3 号机组.发电机.上导油盆.上层油温 1_过高
18	虚设备.3 号机组.统计数据.无功功率_过低
19	虚设备.3 号机组.统计数据.无功发送_过低
20	虚设备.3 号机组.统计数据.功率因数_过低
21	虚设备.3 号机组.统计数据.抽水启动次数_过低
22	4 号机组.发电机.运行参数.无功功率测量值_过低

续表

编号	频繁项
23	4号机组.发电机.推力油外冷却系统.进水水温_过高
24	4号机组.发电机.上导油盆.上层油温1_过高
25	4号机组.发电机.空冷器.温度8_过低
26	虚设备.4号机组.统计数据.无功功率_过低
27	虚设备.4号机组.统计数据.无功发送_过低
28	虚设备.4号机组.统计数据.功率因数_过低
29	虚设备.4号机组.统计数据.抽水启动次数_过低
30	虚设备.全厂.统计数据.运行容量_过低
31	虚设备.全厂.统计数据.总负荷率_过低
32	虚设备.全厂.统计数据.厂用电率_过高
33	虚设备.全厂.统计数据.1号机组工况_过高
34	虚设备.全厂.统计数据.4号机组工况_过高
35	虚设备.全厂.统计数据.2号机组工况_过高
36	虚设备.全厂.统计数据.3号机组工况_过高
37	1号主变.主变冷却器.冷却器.进口水温_过低
38	2号主变.主变冷却器.冷却器.进口水温_过低
39	3号主变.主变冷却器.冷却器.进口水温_过低
40	4号主变.主变冷却器.冷却器.进口水温_过低
41	厂用电.10kV.Ⅰ_Ⅱ段母联.电流_过低

根据水泵水轮机系统典型频繁项集，可获得如下关联关系。

(1)关联关系<1, 4, 5>：1号机组无功功率过低，从而1号机组无功功率测量值过低，无功发送过低。

(2)关联关系<8, 11, 12>：2号机组无功功率过低，从而2号机组无功功率测量值过低，无功发送过低。

(3)关联关系<15, 18, 19>：3号机组无功功率过低，从而3号机组无功功率测量值过低，无功发送过低。

(4)关联关系<22, 26, 27>：4号机组无功功率过低，从而4号机组无功功率测量值过低，无功发送过低。

(5)关联关系<4, 11, 18, 26, 30>：由于1、2、3、4号机组的无功功率过低，使得全厂的运行容量过低。

调速系统典型频繁项集如表2-23所示。

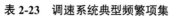

表 2-23　调速系统典型频繁项集

编号	频繁项
1	1 号机组.发电机.运行参数.无功功率测量值_过低
2	1 号机组.发电机.推力油外冷却系统.进水水温_过高
3	1 号机组.发电机.上导油盆.上层油温 1_过高
4	虚设备.1 号机组.统计数据.无功功率_过低
5	虚设备.1 号机组.统计数据.无功发送_过低
6	虚设备.1 号机组.统计数据.功率因数_过低
7	虚设备.1 号机组.统计数据.抽水启动次数_过低
8	2 号机组.发电机.运行参数.无功功率测量值_过低
9	2 号机组.发电机.推力油外冷却系统.进水水温_过高
10	2 号机组.发电机.上导油盆.上层油温 1_过高
11	虚设备.2 号机组.统计数据.无功功率_过低
12	虚设备.2 号机组.统计数据.无功发送_过低
13	虚设备.2 号机组.统计数据.功率因数_过低
14	虚设备.2 号机组.统计数据.抽水启动次数_过低
15	3 号机组.发电机.运行参数.无功功率测量值_过低
16	3 号机组.发电机.推力油外冷却系统.进水水温_过高
17	3 号机组.发电机.上导油盆.上层油温 1_过高
18	虚设备.3 号机组.统计数据.无功功率_过低
19	虚设备.3 号机组.统计数据.无功发送_过低
20	虚设备.3 号机组.统计数据.功率因数_过低
21	虚设备.3 号机组.统计数据.抽水启动次数_过低
22	4 号机组.发电机.运行参数.无功功率测量值_过低
23	4 号机组.发电机.推力油外冷却系统.进水水温_过高
24	4 号机组.发电机.上导油盆.上层油温 1_过高
25	4 号机组.发电机.空冷器.温度 8_过低
26	虚设备.4 号机组.统计数据.无功功率_过低
27	虚设备.4 号机组.统计数据.无功发送_过低
28	虚设备.4 号机组.统计数据.功率因数_过低
29	虚设备.4 号机组.统计数据.抽水启动次数_过低
30	虚设备.全厂.统计数据.有功功率_过低
31	虚设备.全厂.统计数据.运行容量_过低
32	虚设备.全厂.统计数据.总负荷率_过低
33	虚设备.全厂.统计数据.厂用电率_过高

续表

编号	频繁项
34	虚设备.全厂.统计数据.1 号机组工况_过高
35	虚设备.全厂.统计数据.4 号机组工况_过高
36	虚设备.全厂.统计数据.2 号机组工况_过高
37	虚设备.全厂.统计数据.3 号机组工况_过高
38	1 号主变.主变冷却器.冷却器.进口水温_过低
39	2 号主变.主变冷却器.冷却器.进口水温_过低
40	4 号主变.主变冷却器.冷却器.进口水温_过低
41	3 号主变.主变冷却器.冷却器.进口水温_过低
42	厂用电.10kV.Ⅰ_Ⅱ段母联.电流_过低

根据调速系统典型频繁项集，可获得如下关联关系。

(1)关联关系<1, 4, 5>：1 号机组的无功功率过低，使得其无功发送过低，无功功率的测量值也过低。

(2)关联关系<2, 3>：1 号机组推力油外冷却系统进水水温过高与 1 号机组上导油盆上层油温 1 过高之间有内在关联。

(3)关联关系<8, 11, 12>：2 号机组的无功功率过低，使得其无功发送过低，无功功率的测量值也过低。

(4)关联关系<9, 10>：2 号机组推力油外冷却系统进水水温过高与 2 号机组上导油盆上层油温 1 过高之间有内在关联。

(5)关联关系<15, 18, 19>：3 号机组的无功功率过低，使得其无功发送过低，无功功率的测量值也过低。

(6)关联关系<16, 17>：3 号机组推力油外冷却系统进水水温过高与 3 号机组上导油盆上层油温 1 过高之间有内在关联。

(7)关联关系<22, 26, 27>：4 号机组的无功功率过低，使得其无功发送过低，无功功率的测量值也过低。

(8)关联关系<23, 24>：4 号机组推力油外冷却系统进水水温过高与 4 号机组上导油盆上层油温 1 过高之间有内在关联。

(9)关联关系<6, 13, 20, 28, 30>：1、2、3、4 号机组功率因数过低，导致全厂统计数据的有功功率过低。

(10)关联关系<6, 13, 20, 28, 31>：1、2、3、4 号机组的功率因数过低，致使全厂统计数据的运行容量过低。

(11)关联关系<31, 32, 33>：全厂运行容量过低，使得全厂的总负荷率过低，同时厂用电并不随之减少，从而使厂用电率过高。

(12) 关联关系 <31, 38, 39, 40, 41>：全厂运行容量过低，使得主变压器处于低负荷工作状态，冷却水温过低。

发电电动机及其励磁系统典型频繁项集如表 2-24 所示。

表 2-24 发电电动机及其励磁系统典型频繁项集

编号	频繁项
1	1 号机组.水轮机.调相压水气罐.进口压力_过高
2	1 号机组.水轮机.水导轴承.温度 8_升高
3	1 号机组.水轮机.下迷宫环.供水压力_过低
4	1 号机组.水轮机.主轴 X 轴位移_过高
5	2 号机组.发电机.控制模式. 无功控制_升高
6	1 号机组.发电机.上导轴承.温度 12_过高
7	1 号机组.发电机.下导轴承.温度 12_过高
8	1 号机组.发电机.上导轴承.X 轴位移_过高
9	1 号机组.发电机.下导轴承.X 轴位移_过高
10	1 号机组.发电机.下导油盆. 上层油温 1_过高
11	4 号机组.发电机.下导油盆. 上层油温 1_过高
12	升压站.地面 GIS.U1_2 母线.有功功率_降低
13	升压站.500kV 母线.电气参数.A 相电压_降低
14	升压站.500kV 母线.电气参数.频率_升高
15	升压站.500kV 莲吉线.电气参数.总无功_过高
16	厂用电.公用 400V.公用配电盘 1.母联电流_升高
17	监控系统.LCU.全厂.无功设定值_过高
18	虚设备.全厂.统计数据.厂用电率_升高

根据发电电动机及其励磁系统典型频繁项集，可获得如下关联关系。

(1) 关联关系 <1, 3>：由于水轮机调相压水气罐进口压力过高，调相工况下的转轮室内气压过高，转轮室内水位被压至过低水平，从而导致水轮机下迷宫环取水口处的供水压力过低。

(2) 关联关系 <2, 4, 6, 7, 8, 9, 10, 12, 14>：1 号机组主轴 X 轴位移过高，直接导致上下导轴承的 X 轴位移过高，轴承局部负荷过高，产热增加，从而导致上下导轴承温度 12 过高、下导油盆上层油温 1 过高，此时机组机械损耗增加，依据机组有差调节特性知，有功功率降低时频率升高。

(3) 关联关系 <5, 15, 17>：监控系统 LCU 无功设定值过高，从而发电机无功控制升高、输电线总无功过高。

(4) 关联关系 <16, 18>：厂用电母联电流升高，从而厂用电率升高。

主变典型频繁项集如表 2-25 所示。

表 2-25　主变典型频繁项集

编号	频繁项
1	监控系统.LCU.全厂.无功设定值_过高
2	升压站.500kV 莲吉线.电气参数.总无功_过高
3	升压站.500kV 母线.电气参数.频率_过高
4	水工设施.上库.拦污栅.水位 2_过高
5	1 号机组.水轮机.下迷宫环.供水压力_过低
6	2 号机组.水轮机.下迷宫环.供水压力_过低

根据主变典型频繁项集，可获得如下关联关系。

(1) 关联关系<1, 2>：由于无功设定值过高，升压站电气参数中总无功过高。

(2) 关联关系<3, 4, 5, 6>：水工设施上库的拦污栅处污物堆积水位 2 过高，致使没有足够的水流量用于发电，有功功率下降，交流电频率升高，同时供水不足使得机组在下迷宫环处的供水压力过低。

主进水阀系统典型频繁项集如表 2-26 所示。

表 2-26　主进水阀系统典型频繁项集

编号	频繁项
1	1 号机组.发电机.定子铁心.温度 1_过高
2	1 号机组.发电机.定子铁心.温度 2_过高
3	1 号机组.发电机.定子铁心.温度 3_过高
4	1 号机组.发电机.定子铁心.温度 10_过高
5	1 号机组.发电机.定子铁心.温度 11_过高
6	1 号机组.发电机.定子铁心上齿压板.温度 1_过高
7	1 号机组.发电机.定子铁心上齿压板.温度 2_过高
8	1 号机组.发电机.定子铁心上齿压板.温度 3_过高
9	1 号机组.发电机.定子铁心上齿压板.温度 4_过高
10	1 号机组.发电机.定子铁心下齿压板.温度 5_过高
11	1 号机组.发电机.上导油盆.上层油温 1_过高
12	1 号机组.发电机.推力油外冷却系统.进水水温_过高
13	1 号机组.发电机.运行参数.无功功率测量值_过低
14	虚设备.1 号机组.统计数据.无功功率_过低
15	虚设备.1 号机组.统计数据.无功发送_过低
16	1 号机组.发电机.定子铁心.加速器 3_过高
17	虚设备.1 号机组.统计数据.功率因数_过低
18	虚设备.1 号机组.统计数据.抽水启动次数_过低
19	3 号机组.发电机.推力油外冷却系统.进水水温_过高
20	3 号机组.发电机.上导油盆.上层油温 1_过高

根据主进水阀系统典型频繁项集，可获得如下关联关系。

(1)关联关系<1~10>：定子铁心温度过高，传热至齿压板致使齿压板温度也过高。

(2)关联关系<11, 12>：1 号机组推力油外冷却系统进水水温过高，上导油盆上层油温 1 过高。

(3)关联关系<19, 20>：3 号机组推力油外冷却系统进水水温过高，上导油盆上层油温 1 过高。

参 考 文 献

[1] 孙勇, 金守迁, 王磊. 基于数据挖掘的水电机组振动故障诊断研究[J]. 电气时代, 2017(9): 65-70.

[2] 江兴稳. 水电能源系统优化问题中的数据挖掘、群智求解和综合决策[D]. 武汉: 华中科技大学, 2014.

[3] 姜鑫, 周彬. 数据挖掘技术在水电厂主设备状态检修中的应用研究[J]. 水电与抽水蓄能, 2014(4): 29-30.

[4] 姜鑫, 尼玛平措. 关联规则算法在水电机组故障分析中的应用[J]. 水电厂自动化, 2015(2): 37-39.

[5] 郑慧娟. 大数据技术在水电厂生产领域的应用思考[J]. 水电厂自动化, 2017, 38(3): 56-58.

[6] 韦哲, 叶广健, 王能才. 基于频繁模式增长算法的 2 型糖尿病患病风险预测的分析研究[J]. 中国医学装备, 2016, 13(5): 45-48.

[7] 周斌, 徐文胜. 动车组故障诊断知识挖掘中改进的并行频繁模式增长算法[J]. 计算机集成制造系统, 2016, 22(10): 2450-2457.

[8] 赵春. 基于数据挖掘技术的财务风险分析与预警研究[D]. 北京: 北京化工大学, 2012.

[9] 刘娟, 潘罗平, 桂中华, 等. 国内水电机组状态监测和故障诊断技术现状[J]. 大电机技术, 2010(2): 45-49.

[10] 王青华, 杨天海, 沈润杰, 等. 抽水蓄能机组振动故障诊断专家系统[J]. 振动与冲击, 2012, 31(7): 158-161.

[11] Bramer M. Principles of Data Mining[M]. Cambridge: MIT Press, 2007.

[12] 郑庭华, 常玉红, 周建中, 等. 基于数据挖掘的抽水蓄能机组故障关联关系分析[J]. 大电机技术, 2019(2): 14-19.

[13] 刘涵. 水电机组多源信息故障诊断及状态趋势预测方法研究[D]. 武汉: 华中科技大学, 2019.

[14] Han J, Kambner J M. 数据挖掘概念与技术(计算机科学丛书)[M]. 范明等译第 2 版. 北京: 机械工业出版社, 2008.

[15] 赵洪英, 蔡乐才, 李先杰. 关联规则挖掘的 Apriori 算法综述[J]. 四川理工学院学报(自然科学版), 2011, 24(1): 66-70.

[16] 姚丽娟, 罗可, 孟颖. 一种新的 k-medoids 聚类算法[J]. 计算机工程与应用, 2013, 49(19): 153-157.

第3章 抽水蓄能机组主辅设备运行状态多重指标分析与综合状态评估

抽水蓄能电站作为电网调峰调频的重要组成部分，其机组运行状态直接影响电力系统的安全稳定运行水平，制定合理的检修计划对保障机组稳定运行及电网电能质量具有十分重要的意义。传统的计划检修方式按一定时间周期对机组进行例行维护，未充分考虑机组主辅设备当前的综合状态，增加了不必要的维护费用，提高了电站运行成本。现有研究多采用单一方法进行机组状态分析，如何深度运用工况分析、关联分析、波形分析和时频分析等方法，融合分析多重性能指标，综合评估机组主辅设备当前健康状态[1]，是抽水蓄能机组状态评估的主要研究思路与方向。为实现机组预知维护和综合状态评估，推动机组检修策略由计划检修向状态检修快速发展，本章在抽水蓄能机组多源异构数据挖掘与融合的基础上，筛选能够较好地反映机组主辅设备状态的性能指标，建立基于层次分析模型的性能状态综合评估指标体系，根据专家经验、运行准则确定层次分析模型指标-准则层和准则-目标层中各重要度矩阵，多角度、多层次地对抽水蓄能机组主辅设备性能状态进行综合评估。

3.1 多重指标分析与综合状态评估模型

在已有的旋转机械设备性能状态评估方法中，以层次分析法为基础的评估算法因其理论完善、模型简单、思路清晰在国内外得到广泛应用[2]。考虑到抽水蓄能机组主辅设备综合状态评估问题的复杂性，本章采用层次分析法对其运行状态进行综合评估，深入研究劣化度模型和隶属度函数，构建融合机组运行状态多重指标体系的底层指标评估模型，将层次分析法和熵权法进行权重综合，确定一种更加可靠的综合权重计算方法，将底层指标评估模型和综合权重与模糊综合评估法结合，实现抽水蓄能机组主辅设备的综合状态评估[3]。

3.1.1 抽水蓄能机组综合状态评估模型

抽水蓄能机组综合状态评估模型的基础是模糊综合评估法，模糊综合评估依据模糊数学的隶属度理论把定性评估转化为定量评估，即用模糊数学[4,5]对受到多种因素制约的事物或对象做出一个总体的评估。因此，本节研究以模糊综合评估作为评估算法的基础框架，结合劣化度[6]、层次分析法[7]和熵权法[8]对模糊综合评估法进行改进，建立适用于抽水蓄能机组的综合状态评估模型。模型通过使用劣化度的概念，量化各底层指标的优劣程度，并结合隶属度函数，确定底层指标隶属度，建立模糊关系矩阵。然后，将层次分析法和熵权法进行组合，获得更为可靠的权重向量；在此基础上，将权重向量与模糊关系矩阵结合，得到模糊综合评估结果。模型的流程如图 3-1 所示。

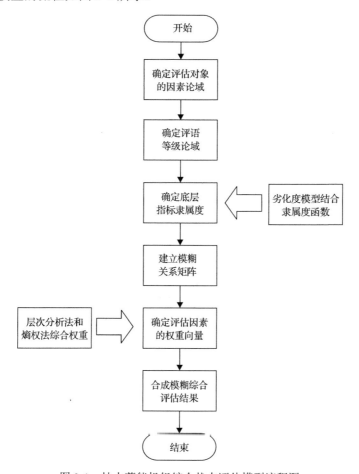

图 3-1　抽水蓄能机组综合状态评估模型流程图

评估算法基本步骤流程可以归纳如下。

1）确定评估对象的因素论域

将评估对象表示为 n 个评估指标 $X = (X_1, X_2, \cdots, X_n)$，评估指标由抽水蓄能机组运行状态多重指标体系的中间指标层和底层指标层构成。

2）确定评语等级论域

确定评语等级论域：V={良好，一般，注意，严重}，用来描述评估指标的劣化度。

3) 确定底层指标隶属度

在构造评语等级论域后，将劣化度模型和隶属度函数结合进行计算，逐个对被评事物在每个评语等级上进行量化计算，计算出该指标对应评语等级的隶属度 $R(X_i)$。

4) 建立模糊关系矩阵

得到底层指标隶属度 $R(X_i)$ 后，将其组成矩阵，进而得到模糊关系矩阵：

$$R = \begin{bmatrix} R(X_1) \\ R(X_2) \\ \vdots \\ R(X_n) \end{bmatrix} = \begin{bmatrix} r_{11} & r_{12} & \cdots & r_{1j} \\ r_{21} & r_{22} & \cdots & r_{2j} \\ \vdots & \vdots & & \vdots \\ r_{i1} & r_{i2} & \cdots & r_{ij} \end{bmatrix} \tag{3-1}$$

式中，r_{ij} 为第 i 行第 j 列元素，表示某个被评指标 X_i 从劣化度情况对 W_j 评语的隶属度。

5) 确定评估因素的权重向量

采用层次分析法和熵权法综合权重确定评估指标间的相对重要性次序，并且在综合之前归一化。在通过一致性检验后，确定评估因素的权重向量：

$$T = (t_1, t_2, \cdots, t_n) \tag{3-2}$$

6) 合成模糊综合评估结果

在计算完成指标的隶属度和权重后，利用模糊算子将权重向量 T 与模糊关系矩阵 R 进行合成，这里使用矩阵乘法，得到各被评事物的模糊综合评估结果 B：

$$B = T \cdot R \tag{3-3}$$

3.1.2　底层指标评估模型

输入抽水蓄能机组综合状态评估模型的数据是底层指标的模拟量值或开关量值，为了将它们从数值转换为隶属度，本节结合劣化度模型和隶属度函数，建立底层指标的评估模型。首先将底层模拟量类型的指标通过劣化度公式[式(3-4)、式(3-5)]转换成描述指标优劣程度的劣化度值，对于开关量和其他定性指标暂不处理。底层指标有两种类型，一种是越小越好的，如温度；另一种则是大也不好，小也不好，中间最好，如压力。因此，劣化度的计算有两种不同的方法，越小越优型和中间最优型。当劣化度值大于 0.9 时，可直接输出报警。

越小越优型指标：

$$\overline{\gamma_i} = \begin{cases} 0, & \gamma_i \leqslant \gamma_0 \\ \dfrac{\gamma_i - \gamma_0}{\gamma_{\max} - \gamma_0}, & \gamma_0 < \gamma_i \leqslant \gamma_{\max} \\ 1, & \gamma_i > \gamma_{\max} \end{cases} \tag{3-4}$$

中间最优型指标：

$$\overline{\gamma_i} = \begin{cases} 1, & \gamma_i \leqslant \gamma_{\min} \\ \dfrac{\gamma_1 - \gamma_i}{\gamma_1 - \gamma_{\min}}, & \gamma_{\min} \leqslant \gamma_i < \gamma_1 \\ 0, & \gamma_1 \leqslant \gamma_i \leqslant \gamma_2 \\ \dfrac{\gamma_i - \gamma_2}{\gamma_{\max} - \gamma_2}, & \gamma_2 < \gamma_i \leqslant \gamma_{\max} \\ 1, & \gamma_i > \gamma_{\max} \end{cases} \tag{3-5}$$

式中，γ_i 为第 i 个指标值，也表示为运行值；$\overline{\gamma_i}$ 为 γ_i 归一化后的值；γ_0 为良好值（允许值），也表示为最优值；$\gamma_{\max}$、$\gamma_{\min}$ 为该指标的极限值；γ_1 和 γ_2 为最优下限和最优上限。

底层指标是开关量，只有正常和不正常两种情况，所以可以将其隶属度设定为 $(1, 0, 0, 0)$ 和 $(0, 0, 0, 1)$ 两种，前者为正常，后者为不正常，不正常则输出报警。历史状态评估中的两种定性指标处理方式根据专家投票确定，将给出各种评估的专家人数代入式 $(3\text{-}6)$ 计算，确定其隶属度。模拟量指标在完成劣化度计算后，使用隶属度函数将不同底层指标的劣化度值转换为底层指标的隶属度。这里采用半梯形与三角形相结合的隶属度函数进行评判，如图 3-2 所示，通过将劣化度值代入式 $(3\text{-}7)$～式 $(3\text{-}10)$ 得到每个底层指标对应（"良好""一般""注意""严重"）程度的隶属度向量。

$$\overline{\gamma_i} = \frac{\gamma_i}{\text{sum}(\gamma_i)} \tag{3-6}$$

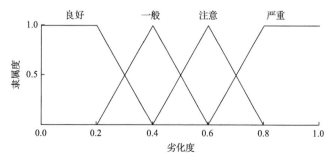

图 3-2 隶属度函数分布

$$N_1(\gamma) = \begin{cases} 1, & \gamma < 0.2 \\ 2 - 5\gamma, & 0.2 \leqslant \gamma < 0.4 \\ 0, & \gamma \geqslant 0.4 \end{cases} \tag{3-7}$$

$$N_2(\gamma) = \begin{cases} 0, & \gamma \leqslant 0.2 \\ 5\gamma - 1, & 0.2 < \gamma \leqslant 0.4 \\ 3 - 5\gamma, & 0.4 < \gamma < 0.6 \\ 0, & \gamma \geqslant 0.6 \end{cases} \tag{3-8}$$

$$N_3(\gamma) = \begin{cases} 0, & \gamma \leqslant 0.4 \\ 5\gamma - 2, & 0.4 < \gamma \leqslant 0.6 \\ 4 - 5\gamma, & 0.6 < \gamma \leqslant 0.8 \\ 0, & \gamma > 0.8 \end{cases} \tag{3-9}$$

$$N_4(\gamma) = \begin{cases} 0, & \gamma \leqslant 0.6 \\ 5\gamma - 3, & 0.6 < \gamma \leqslant 0.8 \\ 1, & \gamma > 0.8 \end{cases} \tag{3-10}$$

式中，γ 为对应的劣化度指标值。

3.1.3 综合权重算法模型

层次分析法作为一种主观评估法，虽然在进行权重赋值时，通过使用数学方法，将主观决策的问题转化为半定性半定量的问题，增加了可靠性，但仍受到较多的主观决策影响。因此，本节引入客观评估熵权法对层次分析法进行改进，组成综合权重，使权重赋值更加客观可靠。如图 3-3 所示，首先通过多位专家对同层次的指标的重要性程度进行打分，形成权重矩阵；以权重矩阵为基础，进行权重的熵权计算，获得熵权法的权重结果。通过专家对各指标权重的打分结果，将各项指标的专家打分相加，得到各指标重要性总分，并依据总分按照九标度法建立判断矩阵，进行层次分析法计算，得到层次分析法权重结果。最后，将熵权法的权重结果和层次分析法的权重结果进行综合，得到综合权重结果，并通过肯德尔和谐系数对综合权重的结果进行一致性检验，最后将通过一致性检验的综合权重代入评估模型进行计算。

1. 层次分析法

层次分析法是由美国运筹学家 Saaty 正式提出的一种能够有效处理非定量复杂问题的方法[9,10]。层次分析法对事物的本质特点、内在联系和主要影响因素进行深入研究，通过定性与定量相结合的分析方法将复杂思维过程公式化，为解决多个目标、多种准则或没有固定结构特性的复杂决策问题提供一种简便的方法。

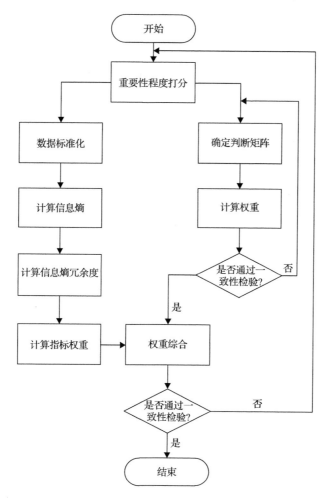

图 3-3　综合权重计算流程图

基于层次分析法的权重计算具体实现方法如下。

1)构建抽水蓄能机组运行状态多重指标体系

使用层次分析法解决工程问题，首先要分析待解决问题中各要素之间的关联关系，建立多重指标体系。一般来说，层次分析法要求的多重指标体系是由以下三个层次组成：最高目标层，指抽水蓄能机组的评估结果；中间准则层，指轴系振摆等二级指标量；底层指标层，指目标实现的主要准则下的细分准则，这些准则就是一个个状态指标，常见的有模拟量和开关量。

2)构造判断矩阵

基于多位专家打分之后形成的打分列表，对各项指标的总分进行分析，建立层次分析法判断矩阵。首先通过对上层指标的重要性进行两两比较确定各指标之间的标度，以九标度法为原则，确定两项准则哪个更重要，"1～9"标度含义如表 3-1 所示。当标度确定后，建立层次指标 $V_1, V_2, \cdots, V_n$ 之间的判断矩阵，其中，a_{ij} 是指标 V_i 与 V_j 相对于上一层的准则 C 的重要性标度，如表 3-2 所示。

表 3-1　"1～9"标度含义

标度	含义
1	表示两个因素 A、B 相比，具有同样的重要性
3	表示两个因素 A、B 相比，因素 A 比因素 B 稍微重要
5	表示两个因素 A、B 相比，因素 A 比因素 B 明显重要
7	表示两个因素 A、B 相比，因素 A 比因素 B 强烈重要
9	表示两个因素 A、B 相比，因素 A 比因素 B 绝对重要
2，4，6，8	表示两个因素 A、B 相比，重要性程度介于以上两个相邻判断标度之间
倒数	因素 i 与 j 比较的判断值为 a_{ij}，则因素 j 与 i 比较的判断值 $a_{ji}=1/a_{ij}$

表 3-2　判断矩阵 V

V	V_1	V_2	$\cdots$	V_n
V_1	a_{11}	a_{12}	$\cdots$	a_{1n}
V_2	a_{21}	a_{22}	$\cdots$	a_{2n}
$\vdots$	$\vdots$	$\vdots$	$\vdots$	$\vdots$
V_n	a_{n1}	a_{n2}	$\cdots$	a_{nn}

3) 计算各事件权重

采用求和法计算各层指标权重。求和法即算术平均法，以判断矩阵中每列向量为基础，对其算术平均值进行计算，得到其估计权值的分配状态，最后计算得到特征向量。

步骤 1：对于 n 阶的判断矩阵 $V=(a_{ij})_{n\times n}$，对其每一列的向量值进行归一化处理：

$$\overline{a_{ij}} = a_{ij}\bigg/ \sum_{i=1}^{n} a_{ij}, \qquad i,j=1,2,\cdots,n \tag{3-11}$$

步骤 2：将归一化处理后的数据同行相加：

$$W_i = \sum_{i=1}^{n} \overline{a_{ij}}, \qquad i,j=1,2,\cdots,n \tag{3-12}$$

步骤 3：对 W_i 进行归一化计算，得到矩阵的特征向量：

$$\overline{W_i} = W_i \left/ \sum_{i=1}^{n} W_i \right., \qquad i = 1, 2, \cdots, n \tag{3-13}$$

这样就得到了矩阵的特征向量,也就是需要求取的权重值。

4)进行一致性检验

在进行判断矩阵的确定时,可能会出现 A 比 B 强烈重要, B 又比 C 强烈重要,而 A 又比 C 稍微重要的结果,则该判断矩阵违反了一致性准则,在逻辑上是不合理的。因此,在实际中要求判断矩阵满足大体上的一致性,需进行一致性检验。只有通过检验,才能说明判断矩阵在逻辑上是合理的,才能继续对结果进行分析。

一致性检验的步骤如下。

步骤 1:对判断矩阵 $V = (a_{ij})_{n \times n}$ 求取最大特征值,即

$$\lambda_{\max} = \frac{1}{n} \sum_{i=1}^{n} [V\overline{W_i}]_i \left/ W_i \right., \qquad i = 1, 2, \cdots, n \tag{3-14}$$

步骤 2:计算一致性指标 CI,即

$$CI = \frac{\lambda_{\max} - n}{n - 1} \tag{3-15}$$

步骤 3:查表 3-3 确定相应的平均随机一致性指标 RI。

根据判断矩阵不同阶数查表 3-3,得到平均随机一致性指标 RI 的值。

表 3-3　平均随机一致性指标 RI 表(1000 次正互反矩阵计算结果)

矩阵阶数/阶	1	2	3	4	5	6	7	8
RI	0	0	0.52	0.89	1.12	1.26	1.36	1.41
矩阵阶数/阶	9	10	11	12	13	14	15	16
RI	1.46	1.49	1.52	1.54	1.56	1.58	1.59	—

步骤 4:计算一致性比例 CR,并进行判断。

$$CR = \frac{CI}{RI} \tag{3-16}$$

当 CR<0.1 时,认为判断矩阵符合一致性要求,是可以接受的;当 CR>0.1 时,认为判断矩阵不符合一致性要求,需要对该判断矩阵进行修正。

2. 熵权法

熵的概念最早由克劳修斯在 1854 年提出并使用,当前已经在工程领域得到了

大量的应用，具有较好的效果。熵权法是通过指标变异性来确定权重值，一个指标的熵越大，说明其变异性越小，能提供的信息也越少，它的权重值也越小。反之，一个指标的熵越小，其权重就越大[11]。

(1)根据专家经验对每项指标的重要性程度进行打分，得到表 3-4。

表 3-4　重要性程度专家打分表

C	M_1	M_2	...	M_j
V_1	X_{11}	X_{12}	...	X_{1j}
V_2	X_{21}	X_{22}	...	X_{2j}
⋮	⋮	⋮	⋮	⋮
V_i	X_{i1}	X_{i2}	...	X_{ij}

注：C 为决策矩阵，V_i 表示第 i 位专家，M_j 表示第 j 个指标，X_{ij} 表示专家对指标的评估分数。

(2)先将表格的重要性程度打分数据转换成矩阵，随后进行标准化处理：

$$Y_{ij} = \frac{X_{ij} - X_{\min}}{X_{\max} - X_{\min}} \tag{3-17}$$

(3)计算第 i 行第 j 列指标值在整列指标值的比重，即指标权重：

$$f_{ij} = \frac{1 + Y_{ij}}{\sum\limits_{i=1}^{n}(1 + Y_{ij})} \tag{3-18}$$

(4)计算指标信息熵，其中 n 是专家人数：

$$E_j = -\frac{1}{\ln n}\left(\sum\limits_{i=1}^{n} f_{ij} \ln f_{ij}\right) \tag{3-19}$$

(5)最后进行熵权法的权重计算，其中 m 是指标的数量：

$$u_j = \frac{1 - E_j}{m - \sum\limits_{j=1}^{m} E_j} \tag{3-20}$$

3. 权重综合

1)权重综合计算

在通过权重计算公式，计算完成层次分析法和熵权法的权重后，需要对两种不同评估方法的权重值进行综合，得到更加可靠的抽水蓄能机组指标权重。权重综合的计算方法如下：

$$T_i = a \cdot u_i + (1-a)W_i \tag{3-21}$$

式中，a 的值通过专家经验对层次分析法和熵权法进行计算得到，在本节中将 a 设定为 0.3；T_i 为评估因素的权重向量；u_i 为熵权法计算得到的权重向量；W_i 为层次分析法计算得到的权重向量。

2）一致性检验

层次分析法和熵权法是两种截然不同的评估方法，从不同的角度分析计算，有着较大的差异性，因此，需要对其综合权重的结果进行一致性检验，判断其是否具有一致性，这里采用肯德尔和谐系数的方法进行三种方法权重（层次分析法权重、熵权法权重和综合权重）的一致性检验。肯德尔和谐系数法首先计算每个被评指标所评等级之和 R_i 与所有这些和的平均数的离差平方和 S，如式 (3-22) 所示，然后计算肯德尔和谐系数 (w)，如式 (3-23) 所示：

$$S = \sum R_i^2 - \frac{\left(\sum R_i\right)^2}{N} \tag{3-22}$$

$$w = \frac{S}{\frac{1}{12}K^2(N^3 - N)} \tag{3-23}$$

当评分者人数 K 为 3～20，被评指标 (N) 为 3～7 时，可查"肯德尔和谐系数 (w) 显著性临界值表"[12]，检验 w 是否达到显著性水平。若实际计算的 S 值大于对应 K、N 表内的临界值，则 w 达到显著水平。

3.2　抽水蓄能机组主辅设备综合状态评估实例分析

为实现抽水蓄能机组主辅设备准确高效的综合状态评估，本节遵循特定原则，科学合理地选择各项评估指标，建立可靠、有效的状态评估指标体系。然后，从抽水蓄能机组的结构特点、运行原理和典型故障等方面对抽水蓄能机组进行分析，并结合电站各系统数据和其他资料，建立符合指标体系原则的机组主辅设备运行状态综合评估多重指标体系。

3.2.1　抽水蓄能机组综合状态评估指标体系建立原则

影响抽水蓄能机组运行状态的因素复杂繁多，这些因素可以从不同层次、不同方面和不同程度上影响机组的运行状态。但由于不同因素间存在复杂的关联关系，以及种种外部条件的限制，并不宜将所有因素简单地罗列上去，而是需要深入分析总结抽水蓄能机组的相关特性，选取合适的因素建立运行状态多重指标体系。为从复杂系统中筛选出适用的指标，状态指标选取应遵循如下原则。

1. 科学性原则

科学性原则是指在尊重抽水蓄能机组客观规律的条件下，合理地选择状态评估指标。抽水蓄能机组是一个水机电耦合的复杂系统，较多参数指标可以反映其运行状态，需要科学地选择能够准确反映其实际运行状态的指标，摒弃不够客观的状态指标。另外，状态评估模型的建立应遵从科学性原则，使抽水蓄能机组综合状态评估的结果真实客观。

2. 可行性原则

因为抽水蓄能机组运行过程中的状态指标繁多，应着重考虑指标获取的可行性，有些监测设备所得到的数据可能存在着较大的误差，会严重影响抽水蓄能机组状态评估的确定性。此外，部分状态指标在监控系统中无法获取，会对综合状态评估的实施方案造成影响。因此，在选择评估体系指标时，要充分考虑其可行性，实现实时在线评估。

3. 全面性原则

评估体系必须具有全面性，抽水蓄能机组作为一个复杂的综合性系统，任意一个组成部件出现故障，都会对整个抽水蓄能机组造成影响，需要建立一个各部件指标完善的评估系统和指标分析体系，这样才能准确评估实际状态，为机组状态检修提供合理的建议。

4. 层次性原则

影响抽水蓄能机组运行状态的因素有很多，作为一个复杂的系统，需将其按照不同部件或者不同功能划分成多个部分。从系统层级统筹分析，先对各个不同部件的指标参量进行评估，再对整个抽水蓄能机组进行综合评估，突出其层次性。

5. 指标类型使用原则

在实践中，为了便于计算，往往选取定量指标作为状态指标，但是有时有些定性指标因素在状态评估中起到关键作用，有着定量指标不可替代的作用，能准确地反映事物的本质特征，所以在抽水蓄能机组综合状态评估指标体系建立时，应适当考虑定性指标和定量指标的结合使用，定性指标可通过专家意见、评分法等对其进行量化。

本节将抽水蓄能机组分为水泵水轮机系统、调速系统、发电电动机及其励磁系统、主进水阀系统、主变五个子系统，并分别对各子系统进行性能状态综合评估，直观、深入地了解抽水蓄能机组主辅设备当前的性能状态。

3.2.2　水泵水轮机综合状态评估指标分析

为了建立符合工程实际的水泵水轮机运行状态多重指标体系，首先需要对水泵水轮机的基本机构和运行原理进行分析，将水泵水轮机的主要结构合理地囊括其中，确保指标选取的科学性与全面性，再依据水泵水轮机的机构特点和运行原理，将指标合理地划分为不同层次，突出其层次性，建立水泵水轮机层次分析综合状态评估多重指标体系模型(图 3-4)。

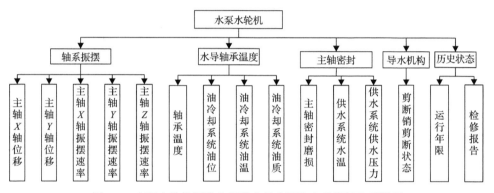

图 3-4　水泵水轮机层次分析综合状态评估多重指标体系模型

本节在此指标体系的基础上，对水泵水轮机进行综合状态评估。首先计算 15 个底层指标的隶属度，确定每项指标的隶属度，然后对五组底层指标内部的权重和五组指标之间的权重分别进行综合权重计算，最后，将指标隶属度和指标权重结合，得出水泵水轮机综合状态评估得分。

1. 底层指标选取

在水泵水轮机运行状态多重指标体系中，底层指标的数据来源是混流式抽水蓄能机组的监控系统、巡检运维相关报告与历史检修资料等。指标体系底层指标有 13 项来自监控系统，其中模拟量 12 项，如表 3-5 和表 3-6 所示，开关量 1 项，还有 2 项来自相关报告与历史资料。对于 12 项模拟量数据，采用劣化度的方法对其优劣程度进行识别，然后选择合适的隶属度函数，确定其隶属度。对于开关量数据，对其状态是否报警进行识别，然后确定其隶属度。而对于来自相关报告与历史资料的数据，则通过专家经验进行判断[13]。

表 3-5　越小越优型指标

指标层	最优值	上限	运行值
主轴 X 轴位移/μm	0	200	46
主轴 Y 轴位移/μm	0	200	61
主轴 X 轴振摆速率/(mm/s)	0	10	1.5
主轴 Y 轴振摆速率/(mm/s)	0	10	2.4
主轴 Z 轴振摆速率/(mm/s)	0	10	0.9
轴承温度/℃	25	65	42
油冷却系统油温/℃	25	60	29.5
油冷却系统油质/%	0	100	45.5
主轴密封磨损/mm	0	9.5	4.2
供水系统水温/℃	25	40	25.9

表 3-6　中间最优型指标

指标层	下限	最优下限	最优上限	上限	运行值
油冷却系统油位/mm	38	165	255	1170	255
供水系统供水压力/bar	4	5	6	16	5.8

注：1bar=10^5Pa。

2. 底层指标劣化度计算

底层指标有两种类型，其中温度、位移和振摆值在一定范围内越小越好，属于越小越优型，结合越小越优型的指标运行值、最优值和上限代入式(3-4)，得到以下结论：

主轴 X 轴位移劣化度为 0.23。主轴 Y 轴位移劣化度为 0.305。

主轴 X 轴振摆速率劣化度为 0.15。主轴 Y 轴振摆速率劣化度为 0.24。

主轴 Z 轴振摆速率劣化度为 0.09。轴承温度劣化度为 0.425。

油冷却系统油温劣化度为 0.129。油冷却系统油质劣化度为 0.455。

主轴密封磨损劣化度为 0.442。供水系统水温劣化度为 0.06。

在完成越小越优型指标劣化度的计算后，进行中间最优型指标的劣化度计算，得到以下结论：

油冷却系统油位劣化度为 0。供水系统供水压力劣化度为 0。

3. 底层指标隶属度计算

完成底层指标劣化度的计算后，需要将劣化度转换成隶属度。这里以主轴 X 轴位移劣化度 X_{11} 为例，主轴 X 轴位移劣化度 X_{11} 为 0.23，求得其状态指标对应的各状态的概率：

$$\begin{cases} N_1(X_{11})=0.85 \\ N_2(X_{11})=0.15 \\ N_3(X_{11})=0 \\ N_4(X_{11})=0 \end{cases}$$

即主轴 X 轴位移劣化度 X_{11} 的隶属度集合为 $R(X_{11})=(0.85 \quad 0.15 \quad 0 \quad 0)$。同理可以求出其他底层指标量的隶属度集合，分别是

$$R(X_{12})=(0.475 \quad 0.525 \quad 0 \quad 0)$$

$$R(X_{13})=(1 \quad 0 \quad 0 \quad 0)$$

$$R(X_{14})=(0.8 \quad 0.2 \quad 0 \quad 0)$$

$$R(X_{15})=(1 \quad 0 \quad 0 \quad 0)$$

$$R(X_{21})=(0 \quad 0.875 \quad 0.125 \quad 0)$$

$$R(X_{22})=(1 \quad 0 \quad 0 \quad 0)$$

$$R(X_{23})=(1 \quad 0 \quad 0 \quad 0)$$

$$R(X_{24})=(0.725 \quad 0.275 \quad 0 \quad 0)$$

$$R(X_{31})=(0 \quad 0.79 \quad 0.21 \quad 0)$$

$$R(X_{32})=(1 \quad 0 \quad 0 \quad 0)$$

$$R(X_{33})=(1 \quad 0 \quad 0 \quad 0)$$

式中，X_{12} 为主轴 Y 轴位移劣化度；X_{13} 为主轴 X 轴振摆速率劣化度；X_{14} 为主轴 Y 轴振摆速率劣化度；X_{15} 为主轴 Z 轴振摆速率劣化度；X_{21} 为轴承温度劣化度；X_{22} 为油冷却系统油温劣化度；X_{23} 为油冷却系统油质劣化度；X_{24} 为主轴密封磨损劣化度；X_{31} 为供水系统水温劣化度；X_{32} 为油冷却系统油位劣化度；X_{33} 为供水系统供水压力劣化度。

对于是开关量的底层指标——剪断销剪断状态，其只有正常和异常两种状态，此时信号显示其处于正常状态，所以其隶属度为

$$R(X_{41})=(1 \quad 0 \quad 0 \quad 0)$$

对于水泵水轮机的运行年限和检修报告等定性分析的底层指标，通过专家打分的形式对其做出评估，然后使用统计学的方法进行处理，专家打分结果如表 3-7 所示。

表 3-7　专家打分结果表

指标层	良好/人	一般/人	注意/人	严重/人	专家人数/人
运行年限	7	3	0	0	10
检修报告	7	2	1	0	10

对专家评估结果进行隶属度计算，计算方法为

$$\mu_{ij} = \frac{指标i选择V_j等级的人数}{参与评价的专家人数}$$

求得对应的隶属度为

$$运行年限\ R(X_{51}) = (0.7 \quad 0.3 \quad 0 \quad 0)$$

$$检修报告\ R(X_{52}) = (0.7 \quad 0.2 \quad 0.1 \quad 0)$$

综上，就得到所有底层指标的隶属度，接下来需要构建对应的模糊关系矩阵，将各指标隶属度代入式(3-1)，得到

$$轴系振摆模糊关系矩阵：R(X_1) = \begin{pmatrix} 0.85 & 0.15 & 0 & 0 \\ 0.475 & 0.525 & 0 & 0 \\ 1.000 & 0 & 0 & 0 \\ 0.8 & 0.2 & 0 & 0 \\ 1.000 & 0 & 0 & 0 \end{pmatrix}$$

$$水导轴承温度模糊关系矩阵：R(X_2) = \begin{pmatrix} 0 & 0.875 & 0.125 & 0 \\ 1.000 & 0 & 0 & 0 \\ 1.000 & 0 & 0 & 0 \\ 0.725 & 0.275 & 0 & 0 \end{pmatrix}$$

$$主轴密封模糊关系矩阵：R(X_3) = \begin{pmatrix} 0 & 0.79 & 0.21 & 0 \\ 1.00 & 0 & 0 & 0 \\ 1.00 & 0 & 0 & 0 \end{pmatrix}$$

$$导水机构模糊关系矩阵：R(X_4) = (1 \quad 0 \quad 0 \quad 0)$$

$$历史状态模糊关系矩阵：R(X_5) = \begin{pmatrix} 0.7 & 0.3 & 0 & 0 \\ 0.7 & 0.2 & 0.1 & 0 \end{pmatrix}$$

4. 指标综合权重计算

在完成底层指标隶属度计算之后，需要进行指标权重的确定。下面介绍的是

综合权重法，即通过熵权法和层次分析法相结合来计算权重，详细流程如图 3-3 所示。因为导水机构只有一项底层指标，所以其权重为 1。

1）水泵水轮机中间准则层指标权重计算

水泵水轮机中间准则层指标权重的确定，即在轴系振摆、水导轴承温度、主轴密封、导水机构和历史状态之间确定每一个指标的重要性程度，计算其权重。首先由六位专业运维工程师对各项指标的重要性程度进行打分，得到打分表，见表 3-8。

表 3-8　水泵水轮机中间准则层指标重要性程度打分表

研究人员	轴系振摆	水导轴承温度	主轴密封	导水机构	历史状态
A	82	86	74	64	59
B	78	92	71	61	63
C	79	87	67	71	61
D	83	87	60	67	68
E	79	88	74	68	66
F	80	94	73	63	65
总得分	481	534	419	394	382

（1）运用熵权法求取指标权重。首先，通过表 3-8 得到水泵水轮机中间准则层指标重要性程度打分矩阵 $A(x_{ij})$：

$$A = \begin{pmatrix} 82 & 86 & 74 & 64 & 59 \\ 78 & 92 & 71 & 61 & 63 \\ 79 & 87 & 67 & 71 & 61 \\ 83 & 87 & 60 & 67 & 68 \\ 79 & 88 & 74 & 68 & 66 \\ 80 & 94 & 73 & 63 & 65 \end{pmatrix}$$

然后，对中间准则层指标重要性程度打分矩阵 A 进行标准化处理，得到如下结果：

$$Y = \begin{pmatrix} 0.800 & 0 & 1.000 & 0.300 & 0 \\ 0 & 0.750 & 0.786 & 0 & 0.444 \\ 0.200 & 0.125 & 0.500 & 1.000 & 0.222 \\ 1.000 & 0.125 & 0 & 0.600 & 1.000 \\ 0.200 & 0.250 & 0.286 & 0.700 & 0.778 \\ 0.400 & 1.000 & 0.214 & 0.200 & 0.667 \end{pmatrix}$$

计算各项指标值在整列指标值的比重，将 Y 矩阵代入式（3-18）得到如下结果：

$$f = \begin{pmatrix} 0.209 & 0.121 & 0.228 & 0.148 & 0.110 \\ 0116 & 0.212 & 0.203 & 0.114 & 0.159 \\ 0.139 & 0.136 & 0.171 & 0.227 & 0.134 \\ 0.233 & 0.136 & 0.114 & 0.182 & 0.219 \\ 0.139 & 0.152 & 0.146 & 0.193 & 0.195 \\ 0.163 & 0.242 & 0.138 & 0.136 & 0.183 \end{pmatrix}$$

计算水泵水轮机中间准则层指标的信息熵，得到水泵水轮机中间准则层指标信息熵：

$$E = (0.983 \quad 0.981 \quad 0.985 \quad 0.986 \quad 0.983)$$

进行熵权法的权重计算，得到指标权重：

$$u = (0.210 \quad 0.240 \quad 0.190 \quad 0.183 \quad 0.177)$$

(2) 层次分析法求取指标权重。将水泵水轮机中间准则层指标重要性程度打分的总分相互比较，对比九标度法重要性程度相互判别的关系，建立适用于层次分析法的判断矩阵 V：

$$V = \begin{pmatrix} 1 & 1/2 & 2 & 3 & 4 \\ 2 & 1 & 3 & 4 & 5 \\ 1/2 & 1/3 & 1 & 2 & 3 \\ 1/3 & 1/4 & 1/2 & 1 & 2 \\ 1/4 & 1/5 & 1/3 & 1/2 & 1 \end{pmatrix}$$

计算判断矩阵得到水泵水轮机中间层指标对于目标层的权重向量[1]和最大特征值：

$$\overline{W} = (0.263 \quad 0.419 \quad 0.160 \quad 0.097 \quad 0.062)$$

$$\lambda_{\max} = 5.0681$$

将最大特征值进行一致性检验，当为五阶判断矩阵时，$n=5$，RI=1.12，得到

$$CI = \frac{\lambda_{\max} - n}{n-1} = 0.017$$

$$CR = \frac{CI}{RI} = 0.0152$$

因为 CR<0.1，所以认为判断矩阵的一致性符合要求，是可以接受的。

(3) 权重综合及一致性检验。通过权重计算公式，将层次分析法和熵权法的权

---

[1] 各权重比例相加可能不为 1，这是计算时保留小数位数造成的误差。

重计算完成后，需要对两种不同评估方法的权重值进行综合，将层次分析法计算的权重向量 $\overline{W}$ 与熵权法计算得到的权重向量 u 代入综合权重公式[式(3-21)]，得到

$$T = (0.247 \quad 0.365 \quad 0.169 \quad 0.123 \quad 0.096)$$

在完成综合权重计算后，还需要对综合权重进行一致性检验，这里使用的是肯德尔和谐系数法，首先将权重大小排序，相同指标值的权重序列计算其平均值。水泵水轮机中间准则层指标重要性程度排序如表 3-9 所示。

表 3-9　水泵水轮机中间准则层指标重要性程度排序表

方法/类别	轴系振摆	水导轴承温度	主轴密封	导水机构	历史状态
熵权法	2	1	3	4	5
层次分析法	2	1	3	4	5
综合权重	2	1	3	4	5
评估指标秩序和 R_i	6	3	9	12	15
R_i^2	36	9	81	144	225

表 3-9 中有 3 种方法、5 项指标，则 $K=3$、$N=5$，评估指标秩序和 R_i 如表中所示，将其代入式(3-22)、式(3-23)可得：$S=90$、$w=1$，根据"肯德尔和谐系数(w)显著性临界值表"进行判断，可得到其显著相关，符合一致性要求。

2)轴系振摆的指标权重计算

轴系振摆指标权重的确定，即在轴系振摆的底层五项指标之间确定每一个指标的重要性程度，计算其权重。首先由四位专业运维工程师对各项指标的重要性程度进行打分，轴系振摆指标重要性程度打分表如表 3-10 所示。

表 3-10　轴系振摆指标重要性程度打分表

研究人员	主轴 X 轴位移	主轴 Y 轴位移	主轴 X 轴振摆速率	主轴 Y 轴振摆速率	主轴 Z 轴振摆速率
A	73	73	75	75	74
B	80	80	70	70	70
C	77	77	75	75	66
D	82	82	67	67	72
总得分	312	312	287	287	282

(1)运用熵权法求取指标权重。首先通过表 3-10 得到轴系振摆底层指标重要性程度打分矩阵 $A_1(x_{ij})$：

$$A_1 = \begin{pmatrix} 73 & 73 & 75 & 75 & 74 \\ 80 & 80 & 70 & 70 & 70 \\ 77 & 77 & 75 & 75 & 66 \\ 82 & 82 & 67 & 67 & 72 \end{pmatrix}$$

然后对轴系振摆底层指标重要性程度打分矩阵 A_1 进行标准化处理，将矩阵代入式(3-17)，得到

$$Y_1 = \begin{pmatrix} 0.307 & 0.307 & 1.000 & 1.000 & 1.000 \\ 0.846 & 0.846 & 0.706 & 0.706 & 0.750 \\ 0.615 & 0.615 & 1.000 & 1.000 & 0.500 \\ 1.000 & 1.000 & 0.529 & 0.529 & 0.875 \end{pmatrix}$$

然后计算各项指标值在整列指标值的比重，将 Y_1 矩阵代入式(3-18)，得到

$$f_1 = \begin{pmatrix} 0.193 & 0.193 & 0.276 & 0.276 & 0.281 \\ 0.273 & 0.273 & 0.236 & 0.236 & 0.246 \\ 0.239 & 0.239 & 0.276 & 0.276 & 0.211 \\ 0.295 & 0.295 & 0.211 & 0.211 & 0.263 \end{pmatrix}$$

计算轴系振摆指标信息熵，将矩阵 f_1 代入式(3-19)，得到轴系振摆指标信息熵：

$$E_1 = (0.991 \quad 0.991 \quad 0.995 \quad 0.995 \quad 0.996)$$

进行熵权法的权重计算，将上面得到的矩阵代入式(3-20)，得到指标权重：

$$u_1 = (0.287 \quad 0.287 \quad 0.147 \quad 0.147 \quad 0.129)$$

(2) 层次分析法求取指标权重。将轴系振摆底层指标重要性程度打分的总分相互比较，对比九标度法重要性程度相互判别的关系，建立适用于层次分析法的判断矩阵 V_1：

$$V_1 = \begin{pmatrix} 1 & 1 & 2 & 2 & 2 \\ 1 & 1 & 2 & 2 & 2 \\ 1/2 & 1/2 & 1 & 1 & 1 \\ 1/2 & 1/2 & 1 & 1 & 1 \\ 1/2 & 1/2 & 1 & 1 & 1 \end{pmatrix}$$

将判断矩阵代入式(3-11)～式(3-14)得到轴系振摆底层指标对于目标层的权重向量和最大特征值：

$$\overline{W_1} = (0.286 \quad 0.286 \quad 0143 \quad 0.143 \quad 0.143)$$

$$\lambda_{\max} = 5.0$$

将最大特征值代入式(3-15)、式(3-16)进行一致性检验，当为五阶判断矩阵时，$n=5$，RI=1.12，得到

$$CI = \frac{\lambda_{max} - n}{n - 1} = 0$$

$$CR = \frac{CI}{RI} = 0$$

由于 CR<0.1，认为判断矩阵的一致性符合要求，是可以接受的。

(3)权重综合及一致性检验。通过权重计算公式，将层次分析法和熵权法的权重计算完成后，需要对两种不同评估方法的权重值进行综合，将层次分析法计算的权重向量 $\overline{W}$ 与熵权法计算得到的权重向量 u 代入综合权重公式[式(3-21)]，得到

$$T_1 = (0.286 \quad 0.286 \quad 0.144 \quad 0.144 \quad 0.139)$$

在完成综合权重计算后，还需要对综合权重进行一致性检验，这里使用的是肯德尔和谐系数法，首先将权重大小排序，相同权重的指标值序列平均。轴系振摆指标层重要性程度排序如表 3-11。

表 3-11　轴系振摆指标层重要性程度排序表

方法/类别	主轴 X 轴位移	主轴 Y 轴位移	主轴 X 轴振摆速率	主轴 Y 轴振摆速率	主轴 Z 轴振摆速率
熵权法	1.5	1.5	3.5	3.5	5
层次分析法	1.5	1.5	4.0	4.0	4.0
综合权重	1.5	1.5	3.5	3.5	5
评估指标秩序和 R_i	4.5	4.5	11.0	11.0	14.0
R_i^2	20.25	20.25	121.00	121.00	196.00

表 3-11 中有 3 种方法、5 项指标，即 $K=3$、$N=5$，评估指标秩序和 R_i 如表中所示，将其代入式(3-22)、式(3-23)可得 $S=73.5$，$w=0.817$ 根据"肯德尔和谐系数 (w) 显著性临界值表"进行判断，可得到其显著相关，符合一致性要求。

3)水导轴承温度的指标权重计算

水导轴承温度指标权重的确定，即在轴承温度、油冷却系统油位、油冷却系统油温和油冷却系统油质之间确定每一个指标的重要性程度，计算其权重。首先由四位专业运维工程师对各项指标的重要性程度进行打分，得到表 3-12。

表 3-12　水导轴承温度指标重要性程度打分表

研究人员	轴承温度	油冷却系统油位	油冷却系统油温	油冷却系统油质
A	78	67	84	66
B	84	72	83	66
C	77	71	78	69
D	86	70	79	60
总得分	325	280	324	261

(1)运用熵权法求取指标权重。首先通过表 3-12 得到水导轴承温度指标重要性程度打分矩阵 $A_2(x_{ij})$：

$$A_2 = \begin{pmatrix} 78 & 67 & 84 & 66 \\ 84 & 72 & 83 & 66 \\ 77 & 71 & 78 & 69 \\ 86 & 70 & 79 & 60 \end{pmatrix}$$

然后对水导轴承温度指标重要性程度打分矩阵 A_2 进行标准化处理，将矩阵代入式(3-17)，得到

$$Y_2 = \begin{pmatrix} 0.111 & 0 & 1.000 & 0.667 \\ 0.778 & 1.000 & 0.833 & 0.667 \\ 0 & 0.800 & 0 & 1.000 \\ 1.000 & 0.600 & 0.167 & 0 \end{pmatrix}$$

然后计算各项指标值在整列指标值的比重，将 Y_2 矩阵代入式(3-18)，得到

$$f_2 = \begin{pmatrix} 0.189 & 0.156 & 0.333 & 0.263 \\ 0.302 & 0.313 & 0.306 & 0.263 \\ 0.170 & 0.281 & 0.167 & 0.316 \\ 0.340 & 0.25 & 0.194 & 0.158 \end{pmatrix}$$

将矩阵 f_2 代入式(3-19)，得到水导轴承温度指标信息熵：

$$E_2 = (0.970 \quad 0.979 \quad 0.971 \quad 0.980)$$

采用熵权法计算权重，将上面得到的矩阵导入式(3-20)，得到指标权重：

$$u_2 = (0.300 \quad 0.210 \quad 0.290 \quad 0.200)$$

(2)层次分析法求取指标权重。将水导轴承温度指标重要性程度得分的总分相互比较，对比九标度法重要性程度相互判别的关系，建立适用于层次分析法的判断矩阵 V_2：

$$V_2 = \begin{pmatrix} 1 & 2 & 1 & 3 \\ 1/2 & 1 & 1/2 & 2 \\ 1 & 2 & 1 & 3 \\ 1/3 & 1/2 & 1/3 & 1 \end{pmatrix}$$

将判断矩阵代入式(3-11)～式(3-14)得到水导轴承温度指标对于目标层的权

重向量和最大特征值:

$$\overline{W_2} = (0.351 \quad 0.189 \quad 0.351 \quad 0.110)$$

$$\lambda_{\max} = 4.0104$$

将最大特征值代入式(3-15)、式(3-16)进行一致性检验,当为四阶判断矩阵时,$n=4$,RI=0.89,得到

$$CI = \frac{\lambda_{\max} - n}{n - 1} = 0.0035$$

$$CR = \frac{CI}{RI} = 0.0039$$

由于 CR<0.1,认为判断矩阵的一致性符合要求,是可以接受的。

(3)权重综合及一致性检验。通过权重计算公式,将层次分析法和熵权法的权重计算完成后,需要对两种不同评估方法的权重值进行综合,将层次分析法计算的权重向量 $\overline{W}$ 与熵权法计算得到的权重向量 u 代入综合权重公式[式(3-21)],得到

$$T_2 = (0.336 \quad 0.195 \quad 0.333 \quad 0.136)$$

在完成综合权重计算后,还需要对综合权重进行一致性检验,这里使用的是肯德尔和谐系数法,首先将权重大小排序,相同权重的指标值序列平均。水导轴承温度指标重要性程度排序如表 3-13 所示。

表 3-13　水导轴承温度指标重要性程度排序表

方法/类别	轴承温度	油冷却系统油位	油冷却系统油温	油冷却系统油质
熵权法	1.0	3.0	2.0	4.0
层次分析法	1.5	3.0	1.5	4.0
综合权重	1.0	3.0	2.0	4.0
评估指标秩序和 R_i	3.5	9.0	5.5	12.0
R_i^2	12.25	81.00	30.25	144.00

表 3-13 中有 3 种方法、4 项指标,即 $K=3$、$N=4$,评估指标秩序和 R_i 如表中所示,将其代入式(3-22)、式(3-23)可得 $S=42.5$、$w=0.944$,根据“肯德尔和谐系数(w)显著性临界值表”进行判断,可得到其显著相关,符合一致性要求。

4)主轴密封指标权重计算

主轴密封指标权重的确定,即在主轴密封的底层三项指标之间确定每一个指标的重要性程度,计算其权重。首先由四位专业运维工程师对各项指标的重要性程度进行打分,得到打分表,见表 3-14。

表 3-14　主轴密封指标重要性程度打分表

研究人员	主轴密封磨损	供水系统水温	供水系统供水压力
A	76	86	78
B	65	81	74
C	67	74	79
D	71	75	74
总得分	279	316	305

（1）运用熵权法求取指标权重。首先通过表 3-14 得到主轴密封指标重要性程度打分矩阵 $A_3(x_{ij})$：

$$A_3 = \begin{pmatrix} 76 & 86 & 78 \\ 65 & 81 & 74 \\ 67 & 74 & 79 \\ 71 & 75 & 74 \end{pmatrix}$$

然后对主轴密封指标重要性程度打分矩阵 A_3 进行标准化处理，将矩阵代入式(3-17)，得到

$$Y_3 = \begin{pmatrix} 1.000 & 1.000 & 0 \\ 0 & 0.583 & 0.545 \\ 0.182 & 0 & 1.000 \\ 0.545 & 0.083 & 0.545 \end{pmatrix}$$

然后计算各项指标值在整列指标值的比重，将 Y_3 矩阵代入式(3-18)，得到

$$f_3 = \begin{pmatrix} 0.349 & 0.353 & 0.164 \\ 0.174 & 0.279 & 0.254 \\ 0.200 & 0.176 & 0.328 \\ 0.269 & 0.191 & 0.254 \end{pmatrix}$$

计算主轴密封指标信息熵，将矩阵 f_3 代入式(3-19)，得到主轴密封指标信息熵：

$$E_3 = (0.975 \quad 0.971 \quad 0.980)$$

进行熵权法的权重计算，将上面得到的矩阵导入式(3-20)，得到指标权重：

$$u_3 = (0.340 \quad 0.389 \quad 0.272).$$

（2）层次分析法求取指标权重。将主轴密封指标重要性程度得分的总分相互比较，对比九标度法重要性程度相互判别的关系，建立适用于层次分析法的判断矩

阵 V_3：

$$V_3 = \begin{pmatrix} 1 & 1/3 & 1/2 \\ 3 & 1 & 2 \\ 2 & 1/2 & 1 \end{pmatrix}$$

将判断矩阵代入式(3-11)～式(3-14)得到主轴密封指标对于目标层的权重向量和最大特征值：

$$\overline{W_3} = (0.163 \quad 0.540 \quad 0.297)$$

$$\lambda_{\max} = 3.0092$$

将最大特征值代入式(3-15)、式(3-16)进行一致性检验，当为三阶判断矩阵时，$n=3$，RI=0.52，得到

$$CI = \frac{\lambda_{\max} - n}{n-1} = 0.0046$$

$$CR = \frac{CI}{RI} = 0.0088$$

由于 CR＜0.1，认为判断矩阵的一致性符合要求，是可以接受的。

（3）权重综合及一致性检验。通过权重计算公式，将层次分析法和熵权法的权重计算完成后，需要对两种不同评估方法的权重值进行综合，将层次分析法计算的权重向量 $\overline{W_3}$ 与熵权法计算得到的权重向量 u_3 代入综合权重公式[式(3-21)]，得到

$$T_3 = (0.216 \quad 0.494 \quad 0.289)$$

在完成综合权重计算后，还需要对综合权重进行一致性检验，这里使用的是肯德尔和谐系数法，首先按权重大小排序，相同权重的指标值序列平均。主轴密封指标重要性程度排序如表 3-15 所示。

表 3-15　主轴密封指标重要性程度排序表

方法/类别	主轴密封磨损	供水系统水温	供水系统供水压力
熵权法	2	1	3
层次分析法	3	1	2
综合权重	3	1	2
评估指标秩序和 R_i	8	3	7
R_i^2	64	9	49

表 3-15 中有 3 种方法、3 项指标，即 $K=3$，$N=3$，评估指标秩序和 R_i 如表中所示，将其代入式(3-22)、式(3-23)可得 $S=14$，$w=0.778$，根据"肯德尔和谐系数

(w) 显著性临界值表"进行判断，发现表中并没有此种情况下的数值，但经过专业运维人员分析决定，此权重结果能较好地表现主轴密封指标的重要性程度，适用于主轴密封指标。

5) 历史状态指标权重计算

历史状态指标权重的确定，即在运行年限、检修报告之间确定每一个指标的重要性程度，计算其权重。首先由四位专业运维工程师对各项指标的重要性程度进行打分，统计出表3-16。

表3-16　历史状态指标重要性程度打分表

研究人员	运行年限	检修报告
A	68	81
B	72	88
C	65	75
D	70	78
总得分	275	322

(1) 运用熵权法求取指标权重。首先得到历史状态指标重要性程度打分矩阵 $A_5(x_{ij})$ ：

$$A_5 = \begin{pmatrix} 68 & 81 \\ 72 & 88 \\ 65 & 75 \\ 70 & 78 \end{pmatrix}$$

然后对历史状态指标重要性程度打分矩阵 A_5 进行标准化处理，将矩阵代入式 (3-17)，得到

$$Y_5 = \begin{pmatrix} 0.429 & 0.462 \\ 1.000 & 1.000 \\ 0 & 0 \\ 0.714 & 0.231 \end{pmatrix}$$

然后计算各项指标值在整列指标值的比重，将 Y_5 矩阵代入式 (3-18)，得到

$$f_5 = \begin{pmatrix} 0.233 & 0.257 \\ 0.326 & 0.351 \\ 0.162 & 0.176 \\ 0.280 & 0.216 \end{pmatrix}$$

计算历史状态指标信息熵，将上面得到的矩阵 f_5 代入式(3-19)，得到历史状态指标信息熵：

$$E_5 = (0.978 \quad 0.976)$$

进行熵权法的权重计算，将上面得到的矩阵导入式(3-20)，得到指标权重：

$$u_5 = (0.476 \quad 0.524)$$

(2)层次分析法求取指标权重。将历史状态指标重要性程度打分的总分相互比较，对比九标度法重要性程度相互判别的关系，建立适用于层次分析法的判断矩阵 V_5：

$$V_5 = \begin{pmatrix} 1 & 1/2 \\ 2 & 1 \end{pmatrix}$$

将判断矩阵代入式(3-11)～式(3-14)得到历史状态指标对于目标层的权重向量和最大特征值：

$$\overline{W_5} = (0.333 \quad 0.667)$$

$$\lambda_{\max} = 2.0$$

将最大特征值代入式(3-15)、式(3-16)进行一致性检验，当为五阶判断矩阵时，$n=5$，RI=1.12，得到

$$CI = \frac{\lambda_{\max} - n}{n-1} = 0$$

$$CR = \frac{CI}{RI} = 0$$

因 CR<0.1，认为判断矩阵的一致性符合要求，是可以接受的。

(3)权重综合及一致性检验。通过权重计算公式，将层次分析法和熵权法的权重计算完成后，需要对两种不同评估方法的权重值进行综合，将层次分析法计算的权重向量 $\overline{W_5}$ 与熵权法计算得到的权重向量 u_5 代入综合权重公式[式(3-21)]，得到

$$T_5 = (0.376 \quad 0.624)$$

在完成综合权重计算后，还需要对综合权重进行一致性检验，因为其为二阶权重，且权重大小排序一致，易得到其满足一致性要求。

5. 水泵水轮机综合状态评估

1) 水泵水轮机隶属度计算

在前面的计算中已经得到了各组指标的模糊关系矩阵和指标之间的权重，接下来需要将模糊关系矩阵与对应权重结合，计算出中间准则层指标的得分。每项中间准则层指标的模糊关系矩阵和权重如下。

轴系振摆：

$$R(X_1) = \begin{pmatrix} 0.850 & 0.150 & 0 & 0 \\ 0.475 & 0.525 & 0 & 0 \\ 1.000 & 0 & 0 & 0 \\ 0.800 & 0.200 & 0 & 0 \\ 1.000 & 0 & 0 & 0 \end{pmatrix}$$

$$T_1 = (0.286 \quad 0.286 \quad 0.144 \quad 0.144 \quad 0.139)$$

将模糊关系矩阵和权重代入式(3-3)计算可得，轴系振摆的隶属度为

$$B_1 = (0.777 \quad 0.222 \quad 0 \quad 0)$$

水导轴承温度：

$$R(X_2) = \begin{pmatrix} 0 & 0.875 & 0.125 & 0 \\ 1.000 & 0 & 0 & 0 \\ 1.000 & 0 & 0 & 0 \\ 0.725 & 0.275 & 0 & 0 \end{pmatrix}$$

$$T_2 = (0.336 \quad 0.195 \quad 0.333 \quad 0.136)$$

将模糊关系矩阵和权重代入式(3-3)计算可得，水导轴承温度的隶属度为

$$B_2 = (0.627 \quad 0.331 \quad 0.042 \quad 0)$$

主轴密封：

$$R(X_3) = \begin{pmatrix} 0 & 0.79 & 0.21 & 0 \\ 1.00 & 0 & 0 & 0 \\ 1.00 & 0 & 0 & 0 \end{pmatrix}$$

$$T_3 = (0.216 \quad 0.494 \quad 0.289)$$

将模糊关系矩阵和权重代入式(3-3)计算可得，主轴密封的隶属度为

$$B_3 = (0.783 \quad 0.171 \quad 0.045 \quad 0)$$

导水机构:

$$R(X_4) = (1 \quad 0 \quad 0 \quad 0)$$

$$T_4 = (1)$$

将模糊关系矩阵和权重代入式(3-3)计算可得,导水机构的隶属度为

$$B_4 = (1 \quad 0 \quad 0 \quad 0)$$

历史状态:

$$R(X_5) = \begin{pmatrix} 0.7 & 0.3 & 0 & 0 \\ 0.7 & 0.2 & 0.1 & 0 \end{pmatrix}$$

$$T_5 = (0.376 \quad 0.624)$$

将模糊关系矩阵和权重代入式(3-3)计算可得,历史状态的隶属度为

$$B_5 = (0.700 \quad 0.238 \quad 0.062 \quad 0)$$

在完成中间准则层指标的隶属度计算后,可得到了中间准则层指标的隶属度情况,构建中间准则层指标的模糊关系矩阵:

$$R = \begin{pmatrix} B_1 \\ B_2 \\ B_3 \\ B_4 \\ B_5 \end{pmatrix} = \begin{pmatrix} 0.777 & 0.222 & 0 & 0 \\ 0.627 & 0.331 & 0.042 & 0 \\ 0.783 & 0.171 & 0.045 & 0 \\ 1.000 & 0 & 0 & 0 \\ 0.700 & 0.238 & 0.062 & 0 \end{pmatrix}$$

由上面的计算得到中间准则层指标的权重为

$$T = (0.247 \quad 0.365 \quad 0.169 \quad 0.123 \quad 0.096)$$

代入式(3-3)可得水泵水轮机的隶属度为

$$B = (0.743 \quad 0.227 \quad 0.029 \quad 0)$$

2) 水泵水轮机综合状态评估得分计算

在进行完水泵水轮机隶属度计算后,确定水泵水轮机良好的权重比例为 0.743,一般的权重比例为 0.227,注意的权重比例为 0.029,严重的权重比例为 0,接下来结合抽水蓄能机组状态评估表对水泵水轮机的综合状态进行得分计算,抽水蓄能机组状态评估如表 3-17 所示。

表 3-17　抽水蓄能机组状态评估表

状态评分/分	评估结果	状态描述
85~100	正常状态	二次设备各状态量稳定且在规程规定的警示值、注意值(标准限值)以内,可以正常运行
75~85	注意状态	单项(或多项)状态量或总体评估结果的变化趋势朝接近标准限值的方向发展,但未超过标准限值,仍可以继续运行,应加强运行中的监视
65~75	异常状态	单项状态量或总体评估结果变化较大,已接近或略微超过标准限值,应监视运行,采取相应的处理措施,或适时安排停机定检
0~65	严重状态	单项状态量或总体评估结果严重超过标准限值,需要尽快安排停机定检

水泵水轮机的总得分为

$$S = B \cdot Y = \begin{pmatrix} 0.743 & 0.227 & 0.029 & 0 \end{pmatrix} \begin{pmatrix} 100 \\ 70 \\ 50 \\ 30 \end{pmatrix} = 91.64$$

从得分观察,水泵水轮机当前状态良好,能较好地运行。通过对此时监控系统的报警信号进行识别,在水泵水轮机综合状态评估时间段前后,也未出现水泵水轮机异常报警,机组运行良好。为验证模型的有效性,在监控系统出现报警信号时间段前进行状态评估,结果表明评估得分逐步降低,最后输出异常报警,模型能较好地反映水泵水轮机运行的综合状态。

3.2.3　调速系统综合状态评估指标分析

调速系统是抽水蓄能机组的主要控制设备,控制机组的启停与工况转换,起着调节机组频率和控制机组出力的重要作用,对实现抽水蓄能电站效益的最大化、保障可逆式抽水蓄能机组的高效稳定运行起到关键作用。

基于层次分析法的抽水蓄能机组调速系统综合状态评估模型中包含调速油系统性能状态、调速故障信号以及历史状态。其中,调速油系统通过调节压力油罐中压力油和压缩空气的比例,为调速系统提供操作能源;调速故障信号取电站调速监控系统能自主监测且有数字信号输出的典型故障,统计一定周期内的故障发生次数,用以表征其运行状态;调速系统的运行年限及检修次数作为历史状态对评估其现在的运行状态具有重大意义。

实现抽水蓄能机组调速系统综合状态评估所需的机组性能状态指标按子模块分列如图 3-5 所示。

(1)调速油系统性能状态:调速器冷却水流量、集油箱油位、压力油罐油位、压力油罐油压。

(2)调速故障信号:导叶剪断销剪断、液压系统故障、机组保护调机、传感器异常。

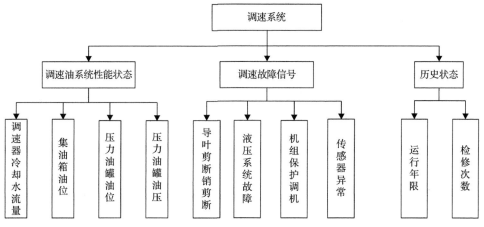

图 3-5　调速系统综合状态评估模型

（3）历史状态：运行年限、检修次数。

3.2.4　发电电动机及其励磁系统综合状态评估指标分析

发电电动机是抽水蓄能机组的主要机电转换设备，包括发电与抽水两种工作方式，是抽水蓄能电站在跨区域互联电力系统中发挥调峰、调频、调相综合作用的关键设备。励磁系统作为发电电动机的最主要辅机设备，起着维持发电机机端稳定和分配互联发电机间无功功率的重要作用，对电站乃至整个电力系统的安全稳定运行起着决定性作用。励磁系统与发电电动机联系紧密，所以将两者作为一个整体进行综合状态评估。

基于层次分析法的发电电动机及其励磁综合状态评估模型中包含励磁故障信号、机组监测电气量、温度指标和灭磁开关。其中，励磁故障信号取电站励磁监控系统能自主监测且有数字信号输出的典型故障，实现综合评估系统与电站运维设备间的信息同步；机组监测电气量、温度指标、灭磁开关为发电电动机与励磁系统共同关注的关键模拟量信号的幅值越限信息，充分表征了机组关键性能指标。

实现发电电动机及其励磁系统综合状态评估所需的机组状态数据按子模块分列如图 3-6 所示。

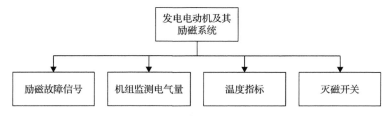

图 3-6　发电电动机及其励磁系统综合状态评估模型

(1)机组监测电气量：机端电压、机端电流(A、B、C 三相电流)、机组频率、有功功率、无功功率、励磁电流、励磁变高压侧电流，如图 3-7 所示。

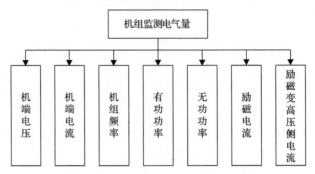

图 3-7　机组监测电气量指标分解

(2)励磁故障信号：励磁变温度高、励磁电源故障、电压/频率跳闸、调速器看门狗故障、整流桥风扇故障、励磁过电流报警，如图 3-8 所示。

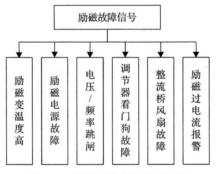

图 3-8　励磁故障信号指标分解

(3)温度指标：发电机热风温度、发电机冷风温度、空冷器出水温度、励磁变温度，如图 3-9 所示。

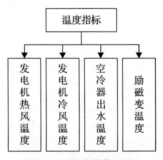

图 3-9　温度指标分解

(4)灭磁开关：励磁电流、励磁电压，如图 3-10 所示。

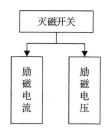

图 3-10 灭磁开关指标分解

发电电动机及其励磁系统层次分析综合状态评估模型如图 3-11 所示。

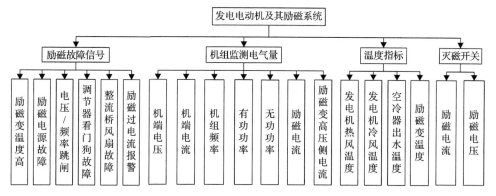

图 3-11 发电电动机及其励磁系统层次分析综合状态评估模型

3.2.5 主进水阀系统综合状态评估指标分析

主进水阀系统在抽水蓄能电站引水管路中做开关、切断阀使用，通过伺服电机驱动装置切断、分配和改变管道中水流的流动方向，为机组过渡过程控制与电站检修提供便利。

基于层次分析法的主进水阀系统综合状态评估模型中包含枢轴状态、密封状态、阀体状态和伸缩节状态四个部分，如图 3-12 所示。实现主进水阀综合状态评估所需的状态数据按子模块分列如下。

(1)密封状态包括检修密封投退腔压力、工作密封投退腔压力、工作密封内漏、检修密封内漏、工作密封投退时间，其中工作密封和检修密封投退腔压力评估标准为投入时投入腔大于 5MPa、小于 7MPa，退出腔大于–1MPa、小于 1MPa；退出时退出腔大于 5MPa、小于 7MPa，投入腔大于–1MPa、小于 1MPa；工作密封和检修密封内漏评估标准为密封环动作前会打开排水阀，此时排水管中应有较大的流量，所以在密封环不动时有较小的流量应该报警，工作密封投退时间依据通信量检修密封投退状态计算得到。

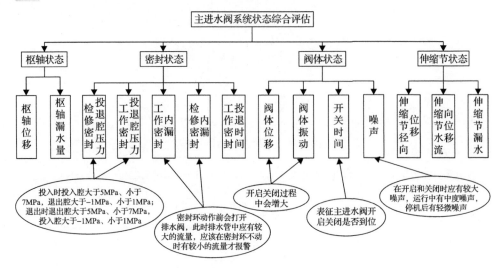

图 3-12　主进水阀系统层次分析综合状态评估模型

(2) 阀体状态包括阀体位移、阀体振动、开关时间、噪声，其中阀体位移、阀体振动在开关主进水阀、抽水/发电和停机时具有不同的运行范围，对应不同的阈值。

(3) 伸缩节状态包括伸缩节水流向位移、伸缩节径向位移、伸缩节漏水，前两者都在抽水/发电和停机时具有不同的运行范围，对应不同的阈值，伸缩节漏水量为离线导入数据。

(4) 枢轴状态包括枢轴位移、枢轴漏水量，其中枢轴位移为监测量，枢轴漏水量为离线导入数据。

本书采用 3σ 准则(莱以特准则)确定评估报警值，即报警界限值：

$$X=\overline{X}\pm3\sigma$$

式中，X 为报警界限；$\overline{X}$ 为平均值；σ 为标准偏差。

3σ 准则适用于大样本的统计分析，要求监测样本数 $n\geqslant20$，当样本数小于 20 时，可采用罗曼诺夫斯基准则来确定报警值。在处理监测数据时，预先将样本按运行条件进行分区划分，将分区划分后的监测样本进行统计分析，运行数据划分依据为机组运行工况条件，运行工况包括发电、抽水和停机，其中停机工况考虑主进水阀动作和主进水阀不动两种情况，可以得到比较理想的健康样本，以正常状态下的健康样本为依据，构建主进水阀设备状态评估模型，实现主进水阀设备的综合状态评估。

主进水阀状态评估阈值如表 3-18 所示。

表 3-18　主进水阀状态评估阈值

状态量	单位	权重	发电工况	抽水工况	停机工况		备注
					主进水阀动作	主进水阀不动	
阀体振动	m/s²	9	$[A_1=-4.2, A_2=2.8]$ $[C_1=-490, C_2=490]$		$[A_1=-8, A_2=21]$ $[C_1=-490, C_2=490]$	$[A_1=-10, A_2=15]$ $[C_1=-490, C_2=490]$	评分规则 ①当 $F<C_1$ 或 $F>C_2$ 时，判断为传感器故障； ②score=100：当 mid−0.4× len$<F<$mid+0.4×len 时； ③60≤score<100：当 $A_1<$ $F<$mid−0.4×len 或 mid+ 0.4×len$<F<A_2$ 时，score= 100−40×(mid−0.4×len−F)/ (mid−0.4×len−A_1) 或 score= 100−40×(F−mid−0.4×len)/ (A_2−mid−0.4×len)； ④score=30：当 $F≤A_1$ 或 $F≥$ A_2 时。 其中：C_1、C_2 为传感器可以测量的上下限；A_1、A_2 为评估上下限，计算方法为[X−3σ, X+3σ]，X 为监测量平均值，σ 为监测量标准差；mid 为区间中点，mid=(A_1+ A_2)/2；len 为区间长度，len=A_2−A_1；F 为评估时段内监测量幅值最大值；score 为分数
阀体位移	mm	7	$[A_1=-1.4, A_2=13.5]$ $[C_1=0, C_2=25]$		$[A_1=-1.2, A_2=15.6]$ $[C_1=0, C_2=25]$	$[A_1=1.91, A_2=12.1]$ $[C_1=0, C_2=25]$	
枢轴位移	mm	6	$[A_1=-0.4, A_2=-1.8]$ $[C_1=0, C_2=2.5]$		$[A_1=-0.4, A_2=-1.5]$ $[C_1=0, C_2=2.5]$	$[A_1=-0.2, A_2=-1.2]$ $[C_1=0, C_2=2.5]$	
开关时间	s	9	$[A_1=0, A_2=75]$				
噪声	dB	8	$[A_1=61, A_2=121][30, 150]$				
伸缩节 X 方向位移	mm	6	$[A_1=2.5, A_2=4.1]$ $[C_1=0, C_2=50]$	$[A_1=2.3, A_2=5.1]$ $[C_1=0, C_2=50]$	$[A_1=3.2, A_2=7.5]$ $[C_1=0, C_2=50]$	$[A_1=0.34, A_2=1.91]$ $[C_1=0, C_2=50]$	
伸缩节 Y、Z 方向位移	mm	6	$[A_1=-1.8, A_2=0.6]$ $[C_1=0, C_2=2.5]$		$[A_1=-2, A_2=1.1]$ $[C_1=0, C_2=2.5]$	$[A_1=-0.6, A_2=0.5]$ $[C_1=0, C_2=2.5]$	
检修密封内漏	m/s	7	$[A_1=0, A_2=0.5][0.1, 10]$ 密封动作时会有较大的水流，不进行评估				
工作密封内漏	m/s	7					
工作密封投退时间	s	7	$[A_1=0, A_2=3]$				
工作密封投退腔压力	MPa	7	①score=100：密封投入时，投入腔压力范围[5, 7]，退出腔压力范围[−1, 1]； 密封退出时，退出腔压力范围[5, 7]，投入腔压力范围[−1, 1]；②score=30：密封投入退出时，投入腔和退出腔压力不满足上述区间				
检修密封投退腔压力	MPa	7					

　　为了实现主进水阀运行状态的准确评估，本书制定了合理的评分规则，具体规则如下。

　　①根据通信量，判断机组运行工况，确定监测量对应的阈值范围。

　　②当 $F<C_1$ 或 $F>C_2$ 时，判断为传感器故障，score=0，评估模型不再评估该指标状态。

　　③score=100：当 mid−0.4×len$<F<$mid+0.4×len 时。

　　④60≤score<100：当 $A_1<F<$mid−0.4×len 或 mid+0.4×len$<F<A_2$ 时，score=100−40×(mid−0.4×len−F)/(mid−0.4×len−A_1) 或 score=100−40×(F−mid−0.4×len)/(A_2−mid−0.4×len)。

　　⑤score=30：当 $F≤A_1$ 或 $F≥A_2$ 时。

其中，C_1、C_2 为传感器量程；[A_1, A_2]为评估阈值，计算方法为[$\bar{X}$−3σ, $\bar{X}$+3σ]，$\bar{X}$ 为监测量平均值，σ 为监测量标准差；mid 为区间中点，mid=(A_1+A_2)/2；len 为区

间长度，len=$A_2 - A_1$；F 为评估时段内监测量幅值的最大值。

3.2.6 主变综合状态评估指标分析

主变压器是抽水蓄能机组与电网的接口。基于层次分析法的主变综合状态评估模型中包括电气试验、油中气体含量、绝缘油成分分析、运行巡检情况四个子部分，如图 3-13 所示。

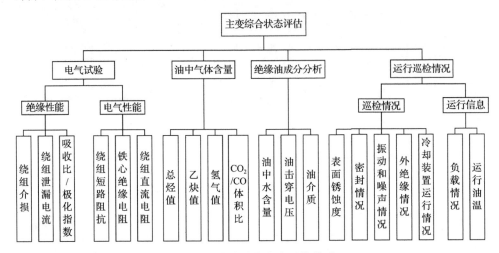

图 3-13 主变综合状态评估模型

其中，电气试验模块包含绝缘性能和电气性能两个评估方面；运行巡检情况评估模块包含巡检情况和运行信息两个方面。

实现主变综合状态评估所需的机组状态数据按子模块分列如下。

(1)电气试验：绝缘性能(绕组介质、绕组泄漏电流、吸收比/极化指数)、电气性能(绕组短路阻抗、铁心绝缘电阻、绕组直流电阻)。

(2)油中气体含量：总烃值、乙炔值、氢气值、CO_2/CO 体积比。

(3)绝缘油成分分析：油中水含量、油击穿电压、油介质。

(4)运行巡检情况：巡检情况(表面锈蚀度、密封情况、振动和噪声情况、外绝缘情况、冷却装置运行情况)、运行信息(负载情况、运行油温)。

参 考 文 献

[1] 陈宗器. 电网调峰亟需抽水蓄能电站[J]. 电气技术, 2008(7)：13-16.

[2] 邓雪, 李家铭, 曾浩健, 等. 层次分析法权重计算方法分析及其应用研究[J]. 数学的实践与认识, 2012, 42(7)：93-100.

[3] 朱文龙. 水轮发电机组故障诊断及预测与状态评估方法研究[D]. 武汉：华中科技大学, 2016.

[4] Zhou J. SPA-fuzzy method based real-time risk assessment for major hazard installations storing flammable gas[J]. Safety Science, 2010, 48(6)：819-822.

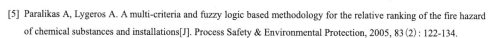

[5] Paralikas A, Lygeros A. A multi-criteria and fuzzy logic based methodology for the relative ranking of the fire hazard of chemical substances and installations[J]. Process Safety & Environmental Protection, 2005, 83(2): 122-134.

[6] 李辉, 胡姚刚, 唐显虎, 等. 并网风电机组在线运行状态评估方法[J]. 中国电机工程学报, 2010, 30(33): 103-109.

[7] 许辉, 刘建坤, 周前, 等. 基于改进层次分析法和模糊综合评价法的黑启动方案评估[J]. 电力学报, 2015(5): 419-425.

[8] 聂宏展, 吕盼, 乔怡, 等. 基于熵权法的输电网规划方案模糊综合评价[J]. 电网技术, 2009(11): 60-64.

[9] Saaty T. Modeling unstructured decision problems: The theory of analytical hierarchies[J]. Mathematics & Computers in Simulation, 1978, 20(3): 147-158.

[10] Stam A, Silva A. On multiplicative priority rating methods for the AHP[J]. European Journal of Operational Research, 2003, 145(1): 92-108.

[11] 欧阳森, 石怡理. 改进熵权法及其在电能质量评估中的应用[J]. 电力系统自动化, 2013, 37(21): 156-159.

[12] 汪应洛. 系统工程理论、方法与应用[M]. 2 版. 北京: 高等教育出版社, 1998.

[13] 万俊毅. 水泵水轮机综合状态评估研究与应用[D]. 武汉: 华中科技大学, 2018.

第4章 抽水蓄能机组主辅设备典型故障汇编与诊断

为实现由传统的计划维护和事后维护到预知维护的转变，本章采用理论研究与工程实际相结合的方法，在抽水蓄能机组多源异构信息相关性分析成果的基础上，收集分析抽水蓄能机组典型故障，为探究抽水蓄能机组典型故障机理提供必要的数据支撑和科学依据。进一步，本章提出基于快速集成经验模态分解(fast ensemble empirical mode decomposition，FEEMD)能量熵及混合集成自编码器的机组主辅设备状态特征提取方法，构建了基于能量熵判别与深度特征约简的抽水蓄能机组混合故障诊断策略，建立了抽水蓄能机组主辅设备多源信息融合诊断、无监督故障聚类和故障树诊断模型，实现对水泵水轮机系统、调速系统、发电电动机及其励磁系统、主变、主进水阀系统典型故障的准确定位，降低了故障或事故的发生概率，为电站机组预知维护决策提供数据支持，对电站的安全、稳定运行具有重要意义。

4.1 抽水蓄能机组主辅设备典型故障汇编

抽水蓄能机组运行过程中受到水力、机械、电磁因素耦合作用的影响，故障机理复杂，传统故障诊断方法难以有效地对机组故障进行准确定位，因此，急需针对抽水蓄能机组典型故障开展机理研究。本节以某抽水蓄能电站为例，结合前期调研资料，对抽水蓄能电站典型故障进行汇编，为研究分析抽水蓄能机组典型故障机理提供必要的资料支持，分别列出了水泵水轮机系统、发电电动机及其励磁系统、调速系统、主变和主进水阀系统的典型故障及故障原因分析汇总。

4.1.1 水泵水轮机系统故障汇编

水泵水轮机系统典型故障汇编如表 4-1 所示。

表 4-1 水泵水轮机系统典型故障汇编

子系统/子部件	工况	故障名称	故障原因	故障时间
2 号水泵水轮机	抽水启动	压水流程超时致抽水启动失败	转轮下部水位高信号开关故障	2011.12.09
3 号水泵水轮机顶盖排水泵	全工况	顶盖排水泵水位低浮子接点故障	浮子密封性差	2011.12.06
3 号、4 号水导轴承	全工况	冷却水流量低报警	流量传感器定值偏移或未调整到位	2012.01.31

续表

子系统/子部件	工况	故障名称	故障原因	故障时间
3 号水导轴承	全工况	冷却水流量低报警	流量计整定值漂移	2012.02.02
2 号机组主轴	全工况	主轴密封压差低	主轴密封弹簧松动引起供水压力下降	2012.03.29
1 号机组下导轴承	抽水调相运行停机	油位未达到正常油位,不满足开机条件	C 级检修后下导轴承加油不到位	2012.04.17
1 号机组肘管	全工况	进出口压力表压力无读数	压力表测压软管堵塞造成压力表无读数	2012.04.20
3 号机组主轴密封1#过滤器	全工况	气动排污电磁阀故障	排污电磁阀本体损坏	2012.02.26
3#水导轴承	机组备用	油位异常	停泵后管路中的油缓慢流入水导油槽引起油位变高	2012.07.04
1 号及 2 号机组下迷宫环	全工况	流量和压力异常	下迷宫环供水回路逆止阀活门侧耳柄在长期振动后断裂	2012.07.17
3 号机组 2#技术供水泵	全工况	出口压力低报警	压力开关工艺不良	2013.02.01
4 号机组主轴	全工况	主轴密封1#过滤器故障,无法自动停止	水中含有杂物,过滤器滤芯堵塞	2013.12.23
4 号机组水导轴承	抽水	水导 X/Y 方向摆度值高跳机	尾水盘型阀格栅脱落	2011.07.25
4 号机组导叶	发电	导叶开启超时致机械故障停机	主进水阀开启位置开关卡塞	2011.07.04
4 号机组顶盖	停机	顶盖水位高与水位低报警同时存在	水位低位置开关损坏致使常闭接点粘连	2011.08.07
1 号机组水导轴承	全工况	冷却水流量传感器流量低故障报警	流量计整定值漂移	2011.11.02
2 号机组	抽水	抽水过程中机械停机	顶盖排水系统所用水位开关出现短时卡涩	2011.11.25
4 号机组下导/推力轴承	开机	油位低故障报警	机组甩油	2011.11.13
4 号机组 2#技术供水泵	旋转备用	压力低报警	出口压力开关内部故障,节点无法动作	2012.09.01
4 号机组上导轴承		油位偏高	冷却器渗水	2012.09.04
3 号机组 SFC 冷却水阀	抽水调相	SFC 系统冷却水阀无法开启,导致调相自动流程无法正常进行,机组启动失败	SFC 系统冷却水电动阀控制电源回路跳开	2014.03.26
2 号机组主轴	发电启动	主轴密封进出口压差过低致机组机械停机	主轴密封进口压力侧堵塞	2014.04.09
4 号机组导叶剪断销	发电	导叶剪断销故障报警致机组发电工况机械停机	金属疲劳损伤	2014.07.30
2 号机组主轴	全工况	主轴密封1#过滤器冲洗异常	气动排污阀本体内部复位弹簧长时间运行后弹性失效导致阀体无法关闭	2015.05.07
1 号机组主进水阀油罐	抽水	主进水阀油罐油位低致机组抽水工况停机失败	油泵出口空载电磁阀未失磁,导致油泵不能正常负载,无法向压力油罐打油	2015.05.11

续表

子系统/子部件	工况	故障名称	故障原因	故障时间
3 号机组	发电启动	机组发电工况启动过程中 SS->TS 流程超时,导致机组启动失败	3 号机组主进水阀系统液压锁锭电磁阀本体卡塞故障	2015.11.15
1 号机组尾水锥管	停机	尾水锥管水位位置开关故障	尾水压水水位开关损坏导致信号异常	2015.12.02
3 号机组主轴	发电	主轴密封压差低导致机组跳机	主轴密封传感器管路进气导致压力异常	2015.12.11
3 号机组主轴	全工况	主轴密封 1#过滤器排污电动阀故障	阀内部卡塞	2016.02.18
2 号机组剪断销	全工况	3#剪断销故障	导叶剪断销断裂	2016.03.01
4 号机组剪断销	全工况	导叶拐臂剪断销故障报警	导叶拐臂剪断销信号回路故障	2016.03.01
1 号机组	抽水停机	抽水停机过程中 90%转速信号反馈延时导致机组停机失败	机组监控系统未接收到来自调速系统的转速<90%的反馈信号,导致停机流程卡住,高压注油泵未正常启动	2016.03.12
4 号机组充气压水保持阀	全工况	充气压水保持阀全开位置传感器信号异常	传感器信号电缆损坏	2016.04.19
2 号机组调速器集油箱	抽水启动	抽水启动过程中调速器集油箱油位低导致启动失败	2 号调速器集油箱油位过低浮子开关输出信号端子因振动出现松动,触发油位过低继电器失磁动作,导致机组机械停机	2016.05.12
2 号机组	抽水调相	SFC 装置停运导致机组抽水调相启动失败	功率柜冷却水流量计损坏	2016.05.13
4 号机组水导轴承	发电启机	水导油位低导致机组启动失败	水导外循环管路逆止阀失效	2016.06.16
3 号机组剪断销	全工况	导叶拐臂剪断销故障报警	信号控制电缆疲劳折断	2016.07.04
1 号机组剪断销	全工况	导叶拐臂剪断销故障报警	6#导叶剪断销断裂	2016.07.06
3 号机组	抽水启动	抽水工况启机流程超时致机组启机失败	(SFC 请求励磁系统置 SFC 模式,励磁响应超时)超时导致机组启机失败	2016.07.08
1 号机组大轴	全工况	大轴摆度异常报警	摆度变送器故障	2016.07.26
3 号机组水导轴承	抽水工况启机	2 号机组由 3 号机组拖动抽水工况启机过程中, 3 号机组水导摆度超限导致启机失败	3 号机组低水头下拖动工况启机运行不稳定	2016.08.03
2 号机组主轴	抽水工况启机	2 号机组由 1 号机组拖动抽水工况启机过程中, 2 号机组主轴密封压差与流量同时报警致启机失败	2 号机组主轴密封进水减压阀压紧弹簧多层断裂失效	2016.08.04
3 号机组调相压水水位传感器	抽水工况启机	3 号机组由 4 号机组拖动抽水调相工况启机测试过程中 3 号机组调相压水水位传感器故障导致启机失败	水位传感器故障	2016.08.04
1 号机组	抽水稳态运行	抽水稳态运行过程中,换相刀位置不匹配导致机组跳机	中间继电器故障,出现换相刀位置不匹配信号,机组跳机	2016.08.16
1 号机组尾水锥管	全工况	水位位置开关异常	位置开关探头长时间运行,水垢过多影响设备稳定	2016.08.24

续表

子系统/子部件	工况	故障名称	故障原因	故障时间
4 号机组调相压水水位传感器	全工况	调相压水水位传感器信号异常	调相压水水位开关故障	2016.09.26
2 号机组主轴	全工况	主轴密封流量低报警	流量变送器内部故障	2016.11.09
3 号机组主轴	全工况	主轴密封过滤器排污阀供气减压阀故障	供气减压阀密封垫圈破损	2016.12.23
1 号、2 号机组水导油循环泵	全工况	水导油循环泵故障	水导油循环泵电机轴承卡塞	2017.02.08
4 号机组主轴	全工况	主轴密封流量低报警	主轴密封供水减压阀定值漂移	2017.04.11
4 号机组	全工况	1#调相压水气罐泄压阀损坏	泄压阀损坏	2017.06.08
2 号机组水导轴承	全工况	水导轴承 2#循环油泵故障	水导油循环泵电机轴承卡阻导致电机故障	2017.07.16

4.1.2　发电电动机及其励磁系统故障汇编

发电电动机及其励磁系统典型故障汇编如表 4-2 所示。

表 4-2　发电电动机及其励磁系统典型故障汇编

子系统/子部件	工况	故障名称	故障原因	故障时间
3 号机组调速器	背靠背启动	3 号机组由 4 号机组拖动抽水工况启机过程中，3 号机组同期并网超时报警导致启机失败	机组调速器参数不匹配	2016.08.10
3 号机组励磁系统	抽水工况	抽水工况启机过程中，第 13 步流程超时导致机组启机失败	励磁变温度高一级报警	2016.07.08
4 号发电(电动)机及其辅助设备	发电工况	4 号机组在发电工况带负荷稳态运行中，95%定子接地保护动作导致机组跳机	发电机出口绝缘击穿	2015.06.09
1 号机组励磁系统	抽水工况	1 号机组抽水工况启动过程中失磁保护动作导致启动失败	失磁保护动作	2015.04.13
3 号水轮发电(电动)机组	抽水工况	3 号机组抽水工况启机失败	分闸线圈动作连杆卡扣故障	2014.01.24
励磁变压器	抽水工况	励磁变压器内部故障跳闸	励磁变压器内部高压线圈短路	
发电机转子	BTB 泵工况试验	转子磁极引出线铜排熔断及磁极接地故障	磁极接地、转子磁极引出线铜排熔断	
发电机转子	发电工况	机组磁极连接烧断	磁极烧断	
励磁系统	发电工况	机组停机时灭磁开关故障	灭磁开关未分开	
励磁系统	发电工况	风机故障导致励磁系统总故障	风机故障	
励磁系统	抽水工况	励磁变内部故障跳闸	接地短路	

续表

子系统/子部件	工况	故障名称	故障原因	故障时间
励磁系统	抽水工况	励磁交流开关跳闸导致抽水工况跳机	交流开关跳闸	
励磁系统	抽水工况	励磁系统电源模块故障导致机组低压记忆过流保护动作	励磁系统电源模块故障	
励磁系统	发电工况	励磁变过流保护动作导致 500kV 开关跳闸	1号机组抽水停机过程中低频保护动作,机组电气跳机,灭磁开关跳开。手动合上1号机灭磁开关,励磁自动投入,但励磁处于起励阶段,励磁电流不受强励限制,从而导致励磁电流迅速上升,达到励磁变过流保护定值,励磁变过流保护动作,张廉线5002开关跳闸	
发电机	发电工况	发电机集电装置固定螺栓接地故障	转子一点接地保护报警	
励磁系统	发电启动	励磁系统直流起励接触器故障	励磁系统直流起励接触器故障	
励磁系统	开机过程	非线性电阻受潮导致转子一点接地保护动作	2号机组励磁系统非线性电阻受潮引起绝缘下降,导致2号机组转子一点接地保护动作	

4.1.3　调速系统故障汇编

调速系统典型故障汇编如表 4-3 所示。

表 4-3　调速系统典型故障汇编

子系统/子部件	工况	故障名称	故障原因	故障时间
2号机组调速器	停机	3号剪断销	异物卡塞导叶,致使导叶在关闭过程中剪切力过大,造成剪断销剪断;金属疲劳损伤导致剪断销剪断;导叶连杆尺寸调整不当或螺母松动;导叶拐臂剪断销间串接信号线断线	2016.03.01
2号机组调速器	抽水启动	抽水启动过程中调速器故障导致启动失败	2号调速器集油箱油位过低浮子开关输出信号端子因振动出现松动,触发油位过低继电器失磁动作,导致2号机组机械停机	2016.05.12
1号机组调速器	停机	导叶拐臂剪断销故障报警	异物卡塞导叶,致使导叶在关闭过程中剪切力过大,造成剪断销剪断;金属疲劳损伤导致剪断销剪裂;各导叶连杆尺寸调整不当或螺母松动	2016.07.06
2号机组调速器	发电	抽水工况低水头下水轮机进入反水泵区引起逆功率保护动作导致启动失败	调速器液压回路异常;调速器控制回路异常;监控系统至调速器通信异常;低水头工况下水轮机进入反水泵区(S曲线不稳定区域),调速器无法正常调节	2015.04.10

续表

子系统/子部件	工况	故障名称	故障原因	故障时间
4 号机组调速器	发电	导叶剪断销剪断致发电工况机械停机	异物卡塞导叶，致使导叶在关闭过程中剪切力过大，造成剪断销剪断；金属疲劳损伤致剪断销断裂；导叶连杆尺寸调整不当或螺母松动	2014.07.30
1 号机组调速器	全工况	水车室调速器注油管处渗油	接力器压力管路与接力器缸体接头部位有轻微渗油，为长期运行后松动引起	2012.01.17
1 号机组调速器	全工况	调速器冷却器出油管渗油	冷却器与管路接头加工精度不高在机组运行时渗油	2012.01.17
3 号机组调速器	全工况	调速器油冷却渗油	长期运行导致法兰松动	2013.04.18
4 号机组调速器	全工况	2 号油泵软起装置故障报警	4 号机组调速器 2 号油泵软起装置内部故障	2016.02.06
3 号机组调速器	全工况	调速器主管路法兰连接处渗油	法兰密封老化	2017.08.16
4 号机组调速器	全工况	2 号调速器故障	软起动器内部故障	2014.03.28
4 号机组调速器	停机	调速器集油箱油位高，机组不具备开机条件	集油箱冷却器内部管道破裂致油水回路混合，冷却水通过冷却器进入集油箱	2011.08.12
1 号机组调速器	全工况	油位异常	机组压力油罐降低后未调整补气装置致集油箱油位偏高	2011.11.26
3 号机组调速器	全工况	调速器间歇出现小故障报警信号	接力器输出电流传感器损坏	2011.12.05
3 号机组调速器	全工况	调速器集油箱油位低故障报警	油位浮子开关动作不灵敏	2016.07.05
4 号机组调速器	全工况	调速器集油箱油位低故障报警	集油箱油位低继电器 152SN 故障	2016.09.29
3 号机组调速器	全工况	调速器冷却器渗油	长期运行导致管道与冷却器连接部位松动密封不严密	2013.05.08
4 号机组调速器	全工况	调速器集油箱油位低报警	集油箱漏油	2012.12.11
4 号机组调速器	全工况	调速器 1 号油泵空载回路测压孔轻微渗油	连接处为机械密封，长时间运行后松动	2014.02.18
4 号机组调速器	全工况	调速器 1 号油泵出口主引导阀与主油路连接处渗油	密封圈损坏	2014.01.09
4 号机组调速器	全工况	调速器集油箱供油阀轻微渗油	法兰密封垫损坏	2014.05.30
4 号机组调速器	全工况	调速器集油箱油循环冷却器漏油	压力表接头处略有松动	2011.12.07

4.1.4　主变故障汇编

主变典型故障汇编如表 4-4 所示。

表 4-4 主变典型故障汇编

子系统/子部件	工况	故障名称	故障原因	故障时间
1 号主变 2 号冷却器	全工况	投入时故障报警	冷却水流量开关发生定值漂移	2014.12.29
1 号主变 2 号冷却器	空载运行	空载进水电动阀在开机过程中关闭不到位	进水电动阀关闭过程中,停电机信号较位置反馈信号先行到达,导致该电动阀关闭不到位	2012.12.28
1 号主变 2 号冷却器	全工况	进水电动阀全关信号不到位	进水电动阀关闭过程中,停电机信号较位置反馈信号先行到达,导致该电动阀关闭不到位	2015.01.23
1 号主变 1 号冷却器	全工况	冷却器退出故障报警	冷却器水流量开关发生漂移	2014.12.15
1 号主变	发电运行	差动保护动作导致 2 号机组电气跳机	壁挂式 CT 外绝缘受潮导致的外绝缘相间短路引起 CT 的三相短路故障	2016.08.02
1 号主变	发电运行	差动保护动作导致 3 号机组电气跳机	壁挂式 CT 的三相短路故障,同时 2 号事故闸门系统 UPS 模块故障,触发 3 号机组机械停机命令	2016.08.02
1 号主变冷却系统	全工况	冷却水供水压力开关压力低报警	进水压力表定值漂移,导致压力正常时误发压力低报警	2014.03.24
1 号主变冷却器	全工况	交流电源故障报警	交流电源监视继电器 KV2 损坏	2015.04.06
1 号主变冷却器	全工况	交流电源故障报警	交流电源监视继电器 KV2 设定值在临界点,当电源电压发生轻微波动时,发出故障报警	2014.07.14
2 号主变 1 号、2 号、3 号冷却器	全工况	进水电动阀状态显示异常	2 号机组监控系统盘柜逻辑量输入板卡插把松动	2012.06.02
2 号主变 1 号冷却器	发电运行	故障报警	进水流量开关本身存在偏移现象	2016.06.27
2 号主变 1 号冷却器	全工况	故障报警	冷却器流量开关定值漂移	2016.09.28
2 号主变 2 号冷却器	全工况	故障报警	进水电动阀全关位置接点不到位	2016.10.10
2 号主变 4 号冷却器	启机发电	故障报警	冷却器油流量开关接线松动	2012.05.17
2 号主变 1 号冷却器	全工况	冷却器油泵动力电源跳闸自动重合闸失败	电动阀线圈内部短路	2010.12.17
2 号主变 2 号冷却器	全工况	进水电动阀故障	电动阀机械转动部件卡塞	2016.09.01
2 号主变 4 号冷却器	全工况	进水电动阀故障	冷却器冷却水流量开关定值漂移	2016.06.09
2 号主变 4 号冷却器	全工况	进水电动阀故障	冷却器本体机构卡涩导致电动阀电机无法带动阀门全关	2017.01.01
2 号主变 4 号冷却器	全工况	进水电动阀故障	进水电动阀全关位置接点不到位,导致故障报警	2016.06.17
2 号主变冷却系统	空载运行	空载排水电动阀故障	排水电动阀内部电动执行机构电气回路故障	2015.04.01
2 号主变冷却器	空载运行	冷却器在主变空载状态全停	冷却系统控制开关触点受潮及电腐蚀,引发控制信号不稳定	2011.07.18

续表

子系统/子部件	工况	故障名称	故障原因	故障时间
2 号主变冷却器	空载运行	冷却器无法自动启动	冷却系统手动、自动切换开关机构老化失灵	2011.07.27
2 号主变冷却器	全工况	交流电源故障报警	交流电源监视继电器 KV1 老化，定值漂移	2015.06.18
2 号主变冷却器	开机过程	进水电动阀无法关闭到位报警	进水电动阀全关位置接点不到位	2012.01.18
2 号主变冷却器	开机过程	进水电动阀无法关闭到位报警	进水电动阀关闭位置节点偏移导致力矩过大	2011.12.21
2 号主变	旋转备用	主变纵联差动保护动作导致启动失败	主变高压侧 CT 至 2 号主变 B 套保护盘柜 B 相绝缘受损接地	2016.09.29
3 号主变 2 号冷却器	全工况	进口电动阀位置故障	位置接点未调整到位	2013.01.10
3 号主变 2 号冷却器	全工况	进口电动阀位置故障	该阀门全关信号位置接点损坏	2017.01.01
3 号主变 2 号冷却器	全工况	进口电动阀位置故障	进水电动阀关闭过程中，停电机信号较位置反馈信号先行到达，导致该电动阀关闭不到位	2014.09.03
3 号主变 3 号冷却器	全工况	进水电动阀故障	阀门本体机构出现卡塞导致阀门电机过负荷，最终导致电机温度升高，电机烧毁	2015.11.24
3 号主变 2 号直流电源	全工况	直流电源烧坏	直流转换装置 ZD 烧坏	2011.06.18
3 号主变冷却系统	全工况	1 号交流电源故障闪烁报警	交流进线电源相序电压保护继电器老化，过压保护定值漂移	2011.07.04
3 号主变冷却系统	全工况	1 号交流电源故障	继电器 KV1 接点故障	2011.09.28
3 号主变	全工况	空载供水电动阀和排水电动阀关闭故障	主变空载排水电动阀关闭位置初始值产生漂移导致无法关到位	2012.09.03
3 号主变	空载运行	空载供水电动阀	执行机构电机损坏	2012.09.06
3 号主变高压绕组	全工况	高压绕组温度显示异常	隔离变送器损坏	2012.07.08
4 号主变冷却系统	全工况	交流电源故障报警	交流电源电压监视继电器 KV2 故障	2015.07.14
4 号主变冷却系统	全工况	故障报警	负载排水电动阀体内全开信号端子接触不良，导致 PLC 未接收全关信号	2014.09.03
4 号主变冷却系统	全工况	故障报警	主变冷却器 220V 直流变 24V 直流电源变送模块 S-250-24 损坏	2012.07.03
4 号主变 3 号冷却器	全工况	泄漏报警	冷却器长期投运，形成少许冷凝水导致泄漏开关动作	2014.02.09
4 号主变 3 号冷却器	全工况	进口电动阀位置故障	冷却器全关信号送监控系统电缆芯受损	2013.03.31
4 号主变冷却系统	全工况	排水电动阀故障	排水电动阀电机故障	2012.08.30

4.1.5 主进水阀系统典型故障汇编

主进水阀系统典型故障汇编如表 4-5 所示。

表 4-5　主进水阀系统典型故障汇编

子系统/子部件	工况	故障名称	故障原因	故障时间
压力油罐	全工况	压力油罐油位高	油位传感器信号回路故障； 压力油罐有漏气现象； 油泵长时间运行	
主油路	全工况	主油路油压低	压力油罐有漏气现象； 压力油罐有漏油现象； 安全阀保持不正常开启状态； 压力油泵不能正常打压； 压力传感器信号回路故障	2013.12.04
压力油罐	全工况	压力油罐油压高	压力传感器信号回路故障； 压力油泵长时间运行； 压力油罐补气回路不正常	
集油箱	全工况	集油箱油温高	油温开关信号回路故障； 油泵长时间空载运行； 油泵出口安全阀频繁动作	
集油箱	全工况	集油箱油位高	油位开关信号回路故障； 压力油罐油位低	
集油箱	全工况	集油箱油位低	油位传感器信号回路故障； 油压装置漏油； 压力罐油位高	
压力油泵	全工况	压力油泵长时间运行	压力传感器信号回路故障； 油泵空转； 油泵出口安全阀频繁动作； 有大量漏油现象	
主进水阀油站	全工况	主进水阀油站未能正常开启导致机组开机过程中机械停机	机组 LCU、主进水阀现地控制柜、油站控制柜之间信号传输出现中断，主进水阀油站控制柜未收到油站启动的信号，或主进水阀油站实际已正常启动，但信号未能正常反馈到主进水阀现地控制柜或机组 LCU； 主进水阀现地控制柜、油站控制柜、油泵控制柜控制方式不在远方； 主进水阀现地控制柜、油站控制柜、油泵控制柜内电源开关跳闸或电气元件故障； 液压回路阀门位置不正确，液压阀或电磁阀未正确动作； 控制回路接线端子松动或受潮导致信号中断	
主进水阀	全工况	主进水阀工作密封不能正常投退	工作密封操作腔压力开关或位置开关故障； PLC 没有发出主进水阀工作密封投退命令； 工作密封没有正常投退	
主进水阀液压锁锭	全工况	在停机过程中主进水阀液压锁锭不能自动投入	主进水阀接力器液压锁锭投退控制回路故障，如端子松动、控制板卡保险损坏、板卡损坏、主进水阀 PLC 程序混乱； 主进水阀接力器液压锁锭投退控制电磁阀 513EM 损坏，无法正常动作； 位置开关故障，无法正常动作； 油回路堵塞； 电磁阀油回路堵塞或阀芯卡死，无法正常动作； 接力器液压锁锭本体故障，如卡塞、内漏导致本体无法正常动作	

续表

子系统/子部件	工况	故障名称	故障原因	故障时间
主进水阀	全工况	主进水阀工作密封异常	由于水泵工况时会将下水库的污物带入输水系统，并进入工作密封用的自动滤水器，如遇自动滤水器堵塞或其出水管上的止回阀卡塞会引起工作密封操作水压力降低； 工作密封损坏漏水； 以上两种故障均可造成停机时工作密封不能完全关闭到位而使工作密封局部漏水。若此时压力钢管内有水压波动，则可能引发压力钢管的水力自激振动，从而使工作密封处于压紧—松开—压紧—松开往复不息的异常状态	
主进水阀液压旁通阀	全工况	机组在开机过程中，主进水阀液压旁通阀无法开启	液压旁通阀反馈回路故障，如位置开关故障、中间继电器烧坏、端子松动等； 主进水阀液压旁通阀开启控制回路故障，如端子松动、控制板卡保险损坏、板卡损坏、主进水阀PLC 程序混乱； 主进水阀液压旁通阀控制电磁阀 512EM 电气回路故障，无法正常励磁； 电磁阀阀芯卡塞，液压旁通阀开启腔压力油无法接通； 油管路过量渗油，导致压力不够，或者液压旁通阀供排油管路渗油或堵塞导致无法开启或关闭； 液压旁通阀本体故障，导致无法正常动作	
主进水阀	全工况	主进水阀在开启过程中不正常关闭	尾闸全开信号丢失； 机组出现其他停机信号； 主进水阀开启自动执行过程中，某单步长时间不能执行； 主进水阀控制柜 PLC 程序混乱	
主进水阀	全工况	主进水阀无法打开	主进水阀限位开关信号回路故障； 主进水阀打开命令没有发出； 尾闸全开信号丢失； 机组出现其他停机信号没有复归； 油压回路故障	
主进水阀系统	全工况	机组在发电停机过程中，主进水阀全开信号和全关信号同时存在	主进水阀全开限位开关未动作或主进水阀全开位置信号反馈继电器 106XR 故障	
主进水阀液压旁通阀	发电工况启机过程	2 号机组主进水阀液压旁通阀开启超时启机失败故障	液压旁通阀全开位置节点不到位； 液压旁通阀电磁阀故障； 液压旁通阀液压回路堵塞； 液压旁通阀阀体机构卡塞，无法正常开启	2016.07.12
主进水阀系统	发电工况启机过程	主进水阀不正常关闭	主进水阀液压控制阀组 VP202 内逆止阀故障导致主进水阀不正常关闭	2002.06.09
主进水阀油罐	抽水工况停机	1 号机组抽水停机过程中主进水阀油罐油位低导致停机失败	油泵出口空载电磁阀未失磁，导致油泵不能正常负载，无法向压力油罐打油。仅 2 号油泵打油无法平衡主进水阀关闭时所消耗的压力油，导致压力油罐油位低，1 号机组停机失败	2015.05.11

子系统/子部件	工况	故障名称	故障原因	故障时间
主进水阀系统	发电工况负载运行	主进水阀紧急关闭导致逆功率保护动作跳机	机组在发电运行过程中尾闸液压锁锭投入信号行程开关接点松脱导致锁锭投入信号丢失，主进水阀中间继电器 045XR 失磁，从而其常闭接点闭合，出现主进水阀紧急关闭命令，引发主进水阀紧急关闭，机组有功降至逆功率保护动作值导致电气停机	2015.11.26

4.2　基于 FEEMD 能量熵及混合集成自编码器的抽水蓄能机组运行状态特征提取方法

　　针对单纯的时、频域特征难以对抽水蓄能机组故障振动信号中反映的动力学突变行为进行有效的表征的问题，本节综合 FEEMD 和能量熵方法的优势，提出了一种基于 FEEMD 固有模态函数能量熵的健康状态特征提取方法。该方法将 FEEMD 用于信号分解以获取其本征模态函数(intrinsic model function，IMF)分量，进而计算能量熵特征，极大地提升了健康状态特征提取的执行效率及有效特征的获取能力；进一步，为解决故障状态下单一能量熵特征难以对具体故障类型进行有效的识别的难题，提出了一种基于混合集成自编码器(hybrid ensemble autoencoder，HEAE)的故障状态特征提取方法，突破了传统浅层学习模型依赖于专家经验与先验知识的局限，有效地提升了模型特征学习的泛化能力。构建的 HEAE 可以自动、自适应地从故障样本中获取有效特征，进而判别故障类型。最后，将所提出的基于 FEEMD 固有模态函数能量熵的健康状态特征提取方法和基于 HEAE 的故障状态特征提取方法分别用抽水蓄能机组的状态特征提取实例进行验证，结果表明，所提方法可有效提取出设备运行过程中的能量熵特征和故障状态特征，相关特征能够准确反映设备的健康及故障状态，对设备的有效维护具有重要的指导意义。

4.2.1　基于 FEEMD 固有模态函数能量熵的健康状态特征提取

　　考虑到抽水蓄能机组发生异常或故障时，振动信号能量特征及其动力学行为会发生相应的变化，本节将 FEEMD 方法与能量熵理论进行结合，提出了一种基于 FEEMD 固有模态函数能量熵的健康状态特征提取方法，利用 FEEMD 方法快速分解采集到的振动信号，进而计算其对应的模态分量能量熵，以能量熵值作为健康状态特征，实现机组正常或故障状态的在线识别，在避免不必要停机的前提下为机组持续稳定运行提供有力的保障。

FEEMD 固有模态函数能量熵作为非线性非平稳信号在不同频带内的能量特征度量指标，可有效揭示异常状态发生时系统的动态特性变化行为。相比于传统基于经验模态分解(empirical mode decomposition，EMD)的固有模态函数能量熵方法，所提方法充分融合了 FEEMD 算法的优势，在计算效率、能量集中性及抗噪性能方面均得到了较大的提升[1]。FEEMD 固有模态函数能量熵计算方法如下。

对于原始振动信号 $x(t)$，首先利用 FEEMD 算法将其分解为 n 个 IMF 分量和 1 个残余分量 $r_n(t)$，其包含了各自频域范围内对应的频率成分[2]。第 i 个 IMF 分量的能量 E_i 可依据式(4-1)进行计算：

$$E_i = \int_{-\infty}^{\infty} \left| c_i(t) \right|^2 \mathrm{d}t, \qquad i = 1, 2, \cdots, n \tag{4-1}$$

式中，$c_i(t)$ 为 FEEMD 分解后得到的第 i 个 IMF 分量。E_i 揭示了原始信号在频域内的能量特征分布情况。

由于 FEEMD 方法的正交性[3]，忽略残余分量的影响(残余分量信号极其微弱，分量能量近似为 0，可不计)，所有 IMF 分量的能量总和为原始振动信号的总能量。因此，FEEMD 固有模态函数能量熵的计算方式定义如下：

$$H_{\mathrm{EN}} = -\sum_{i=1}^{n} p_i \log_2 p_i \tag{4-2}$$

$$p_i = \frac{E_i}{E} \tag{4-3}$$

$$E = \sum_{i=1}^{n} E_i \tag{4-4}$$

式中，p_i 为第 i 个 IMF 分量 $c_i(t)$ 的能量 E_i 在原始信号总能量 E 中所占的比例。

4.2.2　HEAE 设计及其在故障状态特征提取中的应用

针对设备故障状态，需采取相应的手段从原始信号中提取包含有效故障信息的特征，以确定故障类型，为运维策略的制定提供参考。本节在栈式自编码器的基础之上，综合考虑 DAE 和收缩自编码器(contractive autoencoder，CAE)在特征学习方面的优势，构建了一种新型的 HEAE，设计了基于 HEAE 的深度故障状态特征自适应提取流程。通过构建的 HEAE，可自动从原始信号中获取更具鲁棒性的特征表征，指导故障诊断过程的开展，有效地增强了模型对于特征学习的泛化能力。

通常，自编码器(autoencoder，AE)可直接利用原始输入数据进行建模[4]。然而，由于 AE 的训练目标为输入数据本身，易出现训练结果恒等于原始输入的现象。为避免上述问题，多种改进型 AE 被逐步提出并在不同领域取得了成功应用。DAE 和 CAE 是两种较为常见的改进型 AE，分别通过在原始输入与目标函数中附加扰动项及收缩惩罚项的方式对 AE 进行改进，有效提升了编码器的性能，进而通过模型训练获取更具鲁棒性的隐含层表征[5]。

1. DAE

DAE 通过在原始输入数据中增加扰动项以完成加噪，将加噪后的样本重新输入 DAE，经编码和解码过程后得到原始输入的重构表示[6,7]。DAE 结构如图 4-1 所示，K 为隐含层表征的个数，N 为样本数量。原始输入可通过如下映射进行加噪：

$$X \sim q_{\mathrm{D}}(\tilde{X} \mid X) \tag{4-5}$$

式中，X 为原始输入；$\tilde{X}$ 为加噪后的样本；q_{D} 为二项随机隐藏噪声。训练使原始输入样本与重构样本间的误差达到最小，以获取最优的模型参数。DAE 的重构误差可表示如下：

$$L_{\mathrm{DAE}}(X, \tilde{Z}) = -\sum_{i=1}^{N} [x_i \log_2 \tilde{z}_i + (1 - x_i) \log_2 (1 - \tilde{z}_i)] \tag{4-6}$$

$$\tilde{Z} = h(W'\tilde{Y} + b') \tag{4-7}$$

$$\tilde{Y} = f(W\tilde{X} + b) \tag{4-8}$$

式中，W' 和 W 分别为编码和解码过程的权值矩阵；b' 和 b 分别为编码和解码过程中的偏置；f 和 h 分别为编码和解码过程的激活函数。

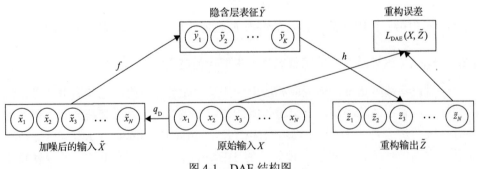

图 4-1　DAE 结构图

2. CAE

CAE 通过在模型目标函数中加入雅可比矩阵作为收缩惩罚项，促使特征空间在训练样本的邻域内具有收缩性，有效地抑制信息在所有方向上的扰动，进一步增强编码器对特征学习的泛化能力[8,9]。CAE 的目标函数可表示如下：

$$L_{CAE}(X,Z) = L(X,Z) + \lambda \left\| J_h(X) \right\|^2 \tag{4-9}$$

$$\left\| J_h(X) \right\|^2 = \left\| \frac{\partial h}{\partial X} \right\|^2 = \sum_{j=1}^{M} \sum_{i=1}^{N} \left(\frac{\partial h_j}{\partial x_i} \right)^2 \tag{4-10}$$

$$J_h(X) = \begin{bmatrix} \dfrac{\partial h_1}{\partial x_1} & \dfrac{\partial h_1}{\partial x_2} & \cdots & \dfrac{\partial h_1}{\partial x_N} \\ \dfrac{\partial h_2}{\partial x_1} & \dfrac{\partial h_2}{\partial x_2} & \cdots & \dfrac{\partial h_2}{\partial x_N} \\ \vdots & \vdots & & \vdots \\ \dfrac{\partial h_M}{\partial x_1} & \dfrac{\partial h_M}{\partial x_2} & \cdots & \dfrac{\partial h_M}{\partial x_N} \end{bmatrix} \tag{4-11}$$

式中，Z 为输出数据；$J_h(X)$ 为雅可比矩阵；$\left\| J_h(X) \right\|^2$ 为附加的收缩惩罚项；λ 为正则化系数；M 为隐含层节点个数；h_j 为隐含层第 j 个节点的激活值。

3. HEAE

尽管改进型 AE 有助于获得蕴含有效故障信息的状态特征，但目前针对 AE 的改进主要采取单一化的模式，尚未考虑多角度、多方式的综合化 AE 改进模式，未达到充分提升编码器特征学习泛化能力的目的。为此，本节融合 DAE 和 CAE 在自动获取特征时的优点，设计构造了一种新型的 HEAE，实现对故障状态本质信息的有效提取。从结构上看，构造的 HEAE 由单个 DAE 和若干个 CAE 有序堆叠而成，其中，DAE 作为底层 AE，通过训练从原始输入中获取底层表征；上层的若干个 CAE 以获取到的底层表征作为输入，通过逐层训练，最终获得原始输入数据的深度特征。构建的 HEAE 结构如图 4-2 所示。

根据图 4-2 中的结构，采用自下而上、逐层学习的方式对所提 HEAE 进行训练，最终实现深度特征的获取。基于 HEAE 的深度特征提取流程如图 4-3 所示，具体计算步骤如下。

步骤 1：通过数据采集系统，收集设备运行过程中的原始信号作为分析样本。

步骤 2：依据原始信号的复杂程度，通过试验设计 HEAE 的结构，即确定 HEAE 中的 CAE 个数及各隐含层节点数。

步骤 3：将原始信号作为底层 DAE 的输入，通过自动学习获取第一隐含层特征。

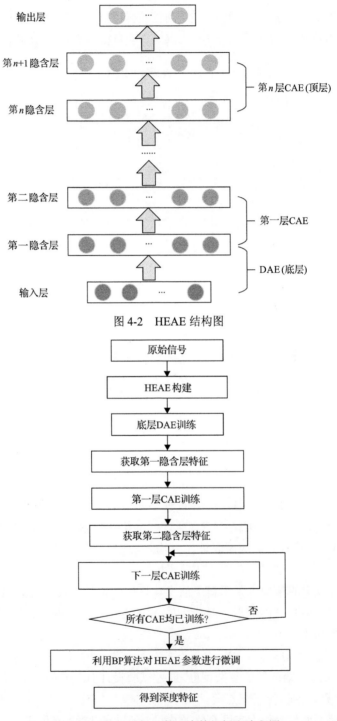

图 4-2 HEAE 结构图

图 4-3 基于 HEAE 的深度特征提取流程图

步骤 4：将获取到的第一隐含层特征作为第一层 CAE 的输入，通过训练得到第二隐含层特征。

步骤 5：将得到的前一隐含层特征作为输入，对下一层 CAE 进行训练，直至 HEAE 中的所有 CAE 均训练完毕。

步骤 6：使用 BP（back propagation）算法对 HEAE 参数进行微调，以进一步增强其特征学习能力。

步骤 7：提取顶层 CAE 的隐含层特征，作为通过 HEAE 学习得到的原始信号深度特征。

4.2.3 抽水蓄能机组状态特征提取实例分析

本节将上述方法分别应用于抽水蓄能机组健康状态及空蚀故障状态特征提取中，通过实际工程案例对所提方法的实用性进行检验。

1. 抽水蓄能机组健康状态特征提取

本节以空蚀信号作为典型案例，对所提基于 FEEMD 固有模态函数能量熵的机组健康状态特征提取方法的实用性进行验证。通过安装于导叶连杆、顶盖 X 与 Y 方向和尾水门四个部位的声发射传感器进行空蚀信号采集，传感器频响范围为 $50\sim400\mathrm{kHz}$，采样频率为 1MHz。试验数据包含机组正常运行状态下采集到的信号以及空转、导叶 30%开度、满负荷三种工况下采集到的空蚀信号，详细数据信息如表 4-6 所示。其中，每种运行状态下的信号被均分为 10 个样本片段，每个样本片段包含 1000 个采样点，则共有 10×4=40 个样本。图 4-4 展示了四种不同运行状态下相应信号的时域波形。

从图 4-4 中可以看到，不同运行工况下的信号时域波形幅值无过大差异，各波形从整体上看无明显的变化规律，难以直接从中获取有效的能够表征机组健康状态的信息。因此，采用健康状态特征提取方法对上述四种工况下的信号样本进行处理，获取样本对应的能量熵值。首先，依次对样本信号进行 FEEMD。图 4-5 展示了导叶 30%开度下机组空蚀信号样本经 FEEMD 后得到的各 IMF 分量和残余分量的时域波形。

表 4-6 机组空蚀信号详细信息

	信号类型	样本维度/维	样本个数/个	标签
	正常信号	1000	10	Normal
空蚀信号	空转工况	1000	10	Cav_0
	导叶 30%开度工况	1000	10	Cav_30%
	满负荷工况	1000	10	Cav_100%

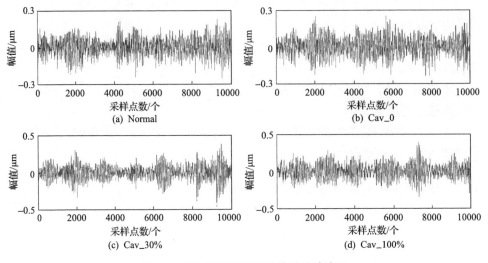

图 4-4   不同运行工况下的信号时域波形

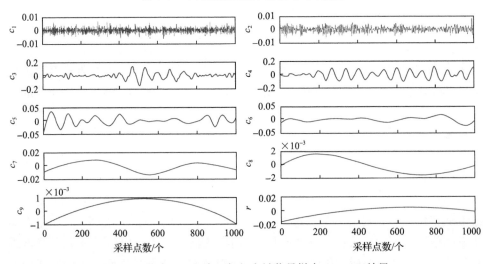

图 4-5   导叶 30%开度下机组空蚀信号样本 FEEMD 结果

信号样本经 FEEMD 之后，求取其对应的能量熵值，作为机组健康状态特征指标。图 4-6 绘制出了所有样本信号的 FEEMD 固有模态函数能量熵分布情况，其中，四种工况下的样本分别用不同颜色和形状的符号表示，虚线的能量熵取值为 1.49。从图中可以看到，所有正常样本的能量熵值均大于 1.49，而所有空蚀故障样本的能量熵值均小于 1.49。因此，依据所提取的样本 FEEMD 固有模态函数能量熵特征，可准确区分正常样本与故障样本，识别准确率达到 100%。因此，利用所提健康状态特征提取方法可高效获取机组能量熵特征，实现机组健康状态的准确识别，具有显著的工程应用价值。

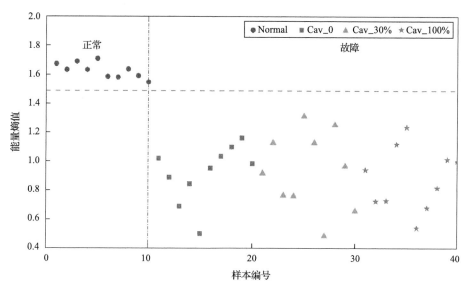

图 4-6　所有样本的 FEEMD 固有模态函数能量熵分布

2. 抽水蓄能机组空蚀故障状态特征提取

从图 4-6 中可以看到，三种不同运行工况下的空蚀故障样本在能量熵数值上存在明显的重叠，仅依靠能量熵特征无法有效辨别具体故障类型，需要采用适宜的特征提取方法从故障样本中获取能够揭示其故障类型归属的状态特征。本章采用基于 HEAE 的故障状态特征提取方法，从表 4-6 所示的三种不同运行工况下的空蚀信号样本中提取相应的故障特征，进而实现对机组空蚀强度的量化分析与有效诊断。针对此空蚀故障状态特征提取案例，经过重复验证，设计 HEAE 最优模型结构如下：1000（原始输入）-300（DAE）-300（CAE）-300（CAE）-3（输出工况），其他参数设置如下：学习率为 0.1，动量为 0.5，迭代次数为 500，白噪声强度水平为 0.5，正则化系数为 0.7。

依据构建的 HEAE 及相应特征提取流程，从空蚀信号样本中获得对应的故障状态特征。为直观展示所提取的状态特征量，利用主成分分析（principal components analysis，PCA）方法对三种不同运行工况下机组空蚀信号样本的特征向量进行降维处理，获取前三阶主成分分量，将所得结果绘制在图 4-7 中，三种空蚀故障样本分别用不同颜色与形状的符号表示。从图中可以看到，基于 HEAE 提取出的故障状态特征可将不同工况下的机组空蚀故障样本完全区分开来，进一步验证了所提故障状态特征提取方法的有效性与实用性。

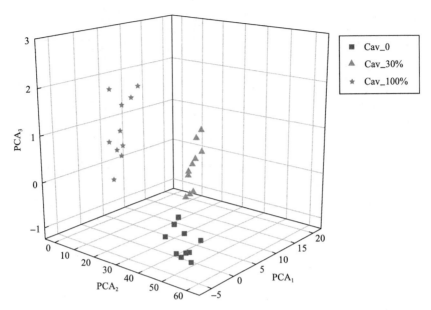

图 4-7 不同运行工况下空蚀信号样本故障特征向量的三维空间分布

4.3 基于能量熵判别与深度特征约简的抽水蓄能机组混合故障诊断策略

  针对抽水蓄能机组实时健康状态难以有效检测的问题，本节提出了一种基于能量熵统计分析的健康状态判别体系。首先，该体系以能量熵方法与数理统计理论为基础，通过能量熵阈值确定健康状态的判别边界。其次，针对原始特征空间存在的信息冗余和维度过高等问题，设计了一种基于参数化线性映射模式的改进型 t-SNE(modified t-distributed stochastic neighbor embedding, M-tSNE)特征约简方法，利用构建的参数化线性映射模型，巧妙地将二次复杂性问题转化为一次线性求解形式，同时快速获取新进样本的低维表征，提高了算法的执行效率[1]。利用抽水蓄能机组故障实例对 M-tSNE、t-SNE(t-distributed stochastic neighbor embedding)、PCA 及局部保留投影(locality preserving projection，LPP)的特征约简效果进行对比，结果表明，依据 M-tSNE 获取的低维空间表征能够清晰地区分五种故障类型，且相比于 t-SNE，所提 M-tSNE 算法具有更高的计算效率。最后，通过工程诊断实例进行分析，结果表明，所提诊断策略具有更高的故障诊断精度，同时更适合实际工程应用。

4.3.1 基于能量熵统计分析的健康状态判别体系

通常，工程现场所能收集到并用于分析的正常样本数量远多于故障样本。同时，对于现场工作人员而言，设备实时健康状态(正常或故障)是影响其制定生产计划及运维策略的主要因素。因此，从得到的大量正常样本中挖掘出有效信息，进而实现设备健康状态的在线判别，对保障设备的持续可靠运行、降低生产成本具有重要意义。本节将统计分析方法与能量熵理论进行融合，构建基于能量熵统计分析的设备健康状态判别体系，完成设备正常或故障状态的准确识别。

作为一种经典的统计度量指标，能量熵已被证明可有效检测到故障发生时振动信号在不同频带内的动态能量特征变化。由于正常状态下的振动信号在每个频带内的能量分布具有更强的不确定性，正常样本的能量熵值通常大于故障样本。此属性可被应用于设备健康状态的在线判别[10,11]。在此基础上，如何充分利用收集到的正常样本，确定状态划分边界的能量熵阈值，成为设备健康状态判别中急需解决的问题。

假设存在 m 个正常样本，$(H_{\mathrm{EN}_1}, H_{\mathrm{EN}_2}, \cdots, H_{\mathrm{EN}_m})$ 对应其能量熵序列。对于一个具有确定样本个数的未知分布，由统计学方法可知，其置信区间表示了样本参数的区间估计，用于展现此参数真实值以一定概率落在测量结果周围的程度[12]。对已知的能量熵分布 $(H_{\mathrm{EN}_1}, H_{\mathrm{EN}_2}, \cdots, H_{\mathrm{EN}_m})$，假定其置信区间为 interval $(H_{\mathrm{EN}_{\mathrm{lower}}}, H_{\mathrm{EN}_{\mathrm{upper}}})$，则置信度为 $1-\alpha$ 的置信区间可通过式(4-12)进行计算：

$$P_{\mathrm{r}}(H_{\mathrm{EN}_{\mathrm{lower}}} \leqslant H_{\mathrm{EN}} \leqslant H_{\mathrm{EN}_{\mathrm{upper}}}) = 1-\alpha \tag{4-12}$$

式中，α 为显著性水平，$1-\alpha$ 表示置信水平；P_{r} 为参数真实值落在置信区间内的概率。依据中心极限定理[13]与式(4-12)，对于一组给定的样本数据 $(H_{\mathrm{EN}_1}, H_{\mathrm{EN}_2}, \cdots, H_{\mathrm{EN}_m})$，若已知其平均值 $\bar{H}_{\mathrm{EN}}$ 和标准偏差 S_{H}，则其置信水平为 $1-\alpha$ 的置信区间为

$$\left[\bar{H}_{\mathrm{EN}} - S_{\mathrm{H}}\delta, \bar{H}_{\mathrm{EN}} + S_{\mathrm{H}}\delta\right] \tag{4-13}$$

式中，δ 为与置信水平 $1-\alpha$ 相对应的标准值。

基于样本能量熵属性即正常样本能量熵值大于故障样本能量熵值，此处选取置信区间的下边界作为能量熵阈值 EE，用于判别设备的健康状态，即 $\mathrm{EE} = \bar{H}_{\mathrm{EN}} - S_{\mathrm{H}}\delta$。若 $H'_{\mathrm{EN}_i} \geqslant \mathrm{EE}$（$H'_{\mathrm{EN}_i}$ 表示任意一个同类样本的能量熵值），则表明此样本采自设备的正常运行工况，反之则表示样本采自设备的故障工况。基于能量熵统计分析的健康状态判别体系可表示为如图 4-8 所示的形式。

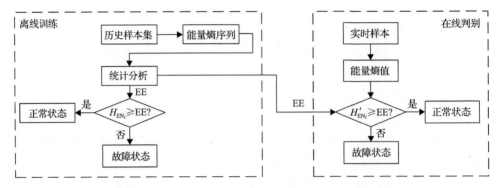

图 4-8　基于能量熵统计分析的健康状态判别体系框图

4.3.2　M-tSNE 映射机制的深度故障特征约简方法

　　大量研究表明，用于故障识别的原始特征通常具有高维度、结构复杂、包含大量冗余信息等特点，直接将其作为分类器输入会导致模型训练时间的增加以及识别精度的下降。因此，利用有效的维度约简方法，获取高维特征的低维表征，对于提高故障识别准确性、提升方法执行效率具有重要意义。因此，本节研究分析 t-SNE 的映射机制，提出了一种基于参数化线性映射模式的 M-tSNE 方法，通过构建的参数化映射模型，有效获取新进样本的低维表征，同时将二次复杂性问题巧妙地转化为一次线性模式，提升了算法的计算效率，将提出的 M-tSNE 方法应用于抽水蓄能机组故障特征约简，所得结果进一步证明了方法的有效性。

　　1. 基于参数化线性映射模式的 M-tSNE 算法设计

　　t-SNE 因其优异的高维数据约简性能而被广泛应用于特征约简及数据可视化领域。然而，就 t-SNE 算法本身而言，仍存在两个主要的缺陷，在一定程度上限制了算法的应用与发展：①t-SNE 在数据点的数量上具有时间和空间的二次复杂性，显著降低了模型的计算效率；②由于 t-SNE 是非参数化的降维模型，算法缺乏有效处理新进数据点的能力，即具有样本外扩展问题[14,15]。针对上述问题，本节提出了一种基于参数化线性映射模式的 M-tSNE 算法，用于实现高维特征的约简。M-tSNE 的核心思想为：通过构造一种参数化线性函数模式，有效表达高维空间数据与低维空间表征间的映射机制，并利用已有样本对此函数进行训练，进而快速获取新进样本点的低维嵌入坐标，从而避免了因新样本加入而导致的模型重复训练过程，有效提升了算法的执行效率。M-tSNE 算法的计算流程如图 4-9 所示。

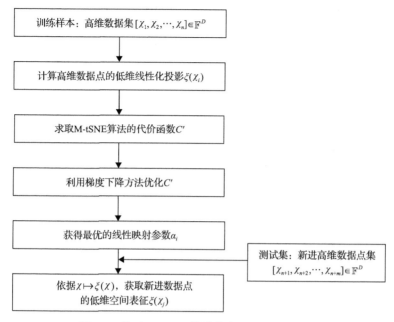

图 4-9　基于 M-tSNE 算法的高维数据约简流程

对于给定的高维数据集 $[\chi_1, \chi_2, \ldots, \chi_n] \in \mathbb{F}^D$，可假设存在一个具有如下形式的参数化线性映射模式：

$$\chi \mapsto \xi(\chi) = \sum_i \alpha_i \frac{k(\chi, \chi_i)}{\sum_i k(\chi, \chi_i)} \tag{4-14}$$

式中，$\alpha_i \in \mathbb{F}^D$ 为低维投射空间中与数据点相对应的参数；χ_i 为一个随机固定的样本点；$k(\chi, \chi_i)$ 为高斯核函数，其可通过式（4-15）计算得到

$$k(\chi, \chi_i) = \exp\left(\frac{-\|\chi - \chi_i\|^2}{2\sigma_i^2}\right) \tag{4-15}$$

式中，σ_i 为核函数的宽度参数。

式（4-14）定义了一种新的参数化线性映射模型，可实现由原始高维空间到低维嵌入空间的转换。基于创建的参数化映射模式，样本外扩展问题可以通过具有确定数学表达形式的模型化描述方式得到解决；线性化形式的设计进一步提高了算法的计算效率。式（4-14）需要利用历史样本进行训练，以确定参数 α_i 的最优取值。从本质上而言，上述过程可归纳为对 t-SNE 的代价函数 C 进行参数优化的问题。因此，可依据梯度下降方法求取最优的参数 α_i。代价函数 C 相对于参数 α_i 的梯度可表示如下：

$$4\sum_i \sum_j (p_{ij} - q_{ij})\left(1 + \left\| \xi_i - \xi_j \right\|^2\right)^{-1}(\xi_i - \xi_j)k(\chi_i, \chi_j) \qquad (4\text{-}16)$$

式中，p_{ij}、q_{ij} 为概率分布。

将训练后得到的参数化线性映射模型应用于同类型新进样本数据，可得到其在低维嵌入空间中对应的投影坐标。因此，所提出的 M-tSNE 算法有效解决了 t-SNE 中存在的样本外扩展问题，同时将新进样本在数量上的二次复杂性巧妙地转换为一次线性模式，一定程度上简化了算法的执行流程，提高了算法的处理效率。通过 M-tSNE 所得到的低维空间表征 $(\xi_1, \xi_2, \cdots, \xi_n)$ 保留了原始高维数据中的局部重要信息，可作为分类器的输入进行模式识别，有效提升了分类的准确性与计算效率。

2. 基于 M-tSNE 的抽水蓄能机组故障诊断

这里将提出的 M-tSNE 降维方法应用于抽水蓄能机组 5 种常见故障的高维特征约简，并将约简后的特征输入 SVM 模型，用于识别故障类型。5 种常见故障包括：转子不平衡、转子不对中、动静碰摩、尾水管涡带偏心、水力不平衡，分别用 L_1、L_2、L_3、L_4、L_5 标记上述故障类型。针对采集到的振动信号，提取如下 9 种特征作为故障识别信息：$(0.18 \sim 0.2)f_0$、$(1/6 \sim 1/2)f_0$、f_0、$2f_0$、$3f_0$ 和大于 50Hz 频谱特征，其中 f_0 为转频；机组振动与转速 (W_1)、负荷 (W_2)、流量 (W_3) 幅值的关系特征。将上述 9 种特征作为 M-tSNE-SVM 模型输入，将 5 种故障类型作为模型输出，进而验证所提方法的性能。表 4-7 和表 4-8 分别列出了训练样本和测试样本的详细信息，为减小不同特征的量纲影响，表中对样本特征进行了归一化处理。

表 4-7　训练样本详细信息描述

故障类型	$(0.18 \sim 0.2)f_0$	$(1/6 \sim 1/2)f_0$	f_0	$2f_0$	$3f_0$	大于 50Hz	W_1	W_2	W_3
L_1	0.01	0.08	0.98	0.09	0.02	0.02	0.98	0.08	0.02
L_1	0.02	0.03	0.92	0.02	0.02	0.05	0.90	0.07	0.06
L_1	0.05	0.06	1.00	0.05	0.04	0.02	0.93	0.10	0.03
L_2	0.01	0.02	0.80	0.98	0.80	0.02	0.98	0.98	0.35
L_2	0.02	0.04	0.88	0.92	0.82	0.03	0.98	0.89	0.52
L_2	0.05	0.04	0.89	0.94	0.84	0.05	0.94	0.96	0.46
L_3	0.05	0.09	0.97	0.47	0.49	0.04	0.89	0.07	0.05
L_3	0.06	0.08	0.98	0.50	0.50	0.05	0.96	0.08	0.03
L_3	0.08	0.10	0.98	0.49	0.54	0.07	0.95	0.14	0.07
L_4	0.06	0.80	0.15	0.06	0.09	0.97	0.06	0.89	0.08
L_4	0.08	0.82	0.10	0.07	0.05	0.98	0.08	0.98	0.05
L_4	0.13	0.81	0.14	0.05	0.06	0.98	0.12	0.97	0.06
L_5	0.05	0.12	0.10	0.08	0.29	0.07	0.15	0.19	0.89
L_5	0.05	0.13	0.09	0.11	0.25	0.05	0.17	0.22	0.93
L_5	0.08	0.09	0.15	0.05	0.22	0.05	0.20	0.20	0.98

表 4-8　测试样本详细信息描述

故障类型	$(0.18\sim0.2)f_0$	$(1/6\sim1/2)f_0$	f_0	$2f_0$	$3f_0$	大于 50Hz	W_1	W_2	W_3
L_1	0.05	0.02	0.91	0.08	0.01	0.05	0.01	0.10	0.03
L_2	0.01	0.05	0.83	0.98	0.79	0.03	0.98	0.89	0.35
L_2	0.03	0.01	0.68	0.83	0.79	0.26	0.82	0.08	0.27
L_3	0.07	0.20	0.89	0.45	0.48	0.01	0.13	0.06	0.07
L_4	0.05	0.95	0.11	0.02	0.01	0.08	0.02	0.93	0.15
L_4	0.08	0.80	0.15	0.05	0.05	0.96	0.12	0.98	0.08
L_5	0.03	0.03	0.02	0.04	0.12	0.05	0.21	0.97	0.94

从表 4-7 中可以看到，训练样本共 15 个，用于训练 M-tSNE-SVM 模型；测试样本共 7 个，用于测试模型性能。每个样本的特征向量维度为 9。为直观反映 M-tSNE 方法在特征约简方面的优越性，试验分别采用 M-tSNE、t-SNE、PCA、LPP 方法对所有原始样本特征向量进行降维处理，将原始 9 维特征约简至 3 维，并将所得低维特征进行可视化。图 4-10 展示了使用 4 种方法进行特征降维后的结果，表 4-9 列出了 4 种方法的计算时耗。从图 4-10 中可以看到，经 M-tSNE 及 t-SNE 降维后的特征可清晰地标识 5 种故障，PCA 降维后的特征存在少量重叠，而利用 LPP 方法得到的低维特征直观上不具备故障区分能力。同时对比各方法的计算时耗，可以看到，M-tSNE 的计算时间明显少于 t-SNE。综上所述，所提 M-tSNE 方法在高维特征约简方面具有优良的性能，可快速获取具有良好表征能力的低维特征映射。

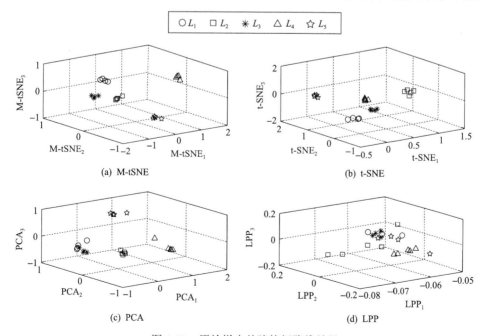

图 4-10　原始样本故障特征降维效果

表 4-9 不同特征降维方法计算时耗

降维方法	M-tSNE	t-SNE	PCA	LPP
计算时耗/s	0.63	1.36	0.07	0.12

进一步，基于降维后得到的特征，构建 SVM 分类模型实现故障识别。表 4-10 列出了训练样本及测试样本分别在 M-tSNE-SVM、t-SNE-SVM、PCA-SVM、LPP-SVM、SVM 模型运算下的故障识别精度。从表中可以看到，针对训练样本及测试样本，M-tSNE-SVM 模型的故障识别精度均为 100%。因此，基于 M-tSNE 得到的低维特征具有优异的模式区分能力，有效保留了原始数据中能够揭示故障本质的重要信息。

表 4-10 不同方法故障识别精度对比

模型	训练样本故障识别精度/%	测试样本故障识别精度/%
M-tSNE-SVM	100.00	100.00
t-SNE-SVM	100.00	100.00
PCA-SVM	93.33	85.71
LPP-SVM	86.67	71.43
SVM	93.33	85.71

4.3.3 基于能量熵判别与深度特征约简的多步递进式混合故障诊断策略

本节在能量熵统计分析与深度故障特征约简的基础之上，提出了一种多步递进混合故障诊断策略。所提策略系统化地融合了统计分析原理和深度学习技术，准确有效地实现了设备健康状态的在线判别与故障工况的分类诊断。

1. 多步递进式混合故障诊断策略系统框架

为便于从整体上对所提出的诊断策略进行理解，本节首先介绍多步递进式混合故障诊断策略的系统框架，整体系统框架如图 4-11 所示。从图中可以看到，该系统融合了能量熵理论、统计分析原理、深度学习技术和高维特征约简方法，多阶段、层进式地实现了设备混合智能故障诊断。为使复杂工程问题得到简化，依据诊断方法的实施过程与目的，将整个诊断过程递进地划分为两个主要阶段，即健康状态检测(正常或故障)与故障类型识别，其中，故障类型识别包含故障特征提取、深度特征约简和故障工况诊断 3 个步骤。显而易见地，多步递进式的诊断策略更符合人类认知规律，且更易满足工程实施的需求。

2. 多步递进式混合故障诊断流程

多步递进式混合故障诊断策略系统融合了统计分析方法和基于深度学习的诊断模式，其具体实施步骤如下。

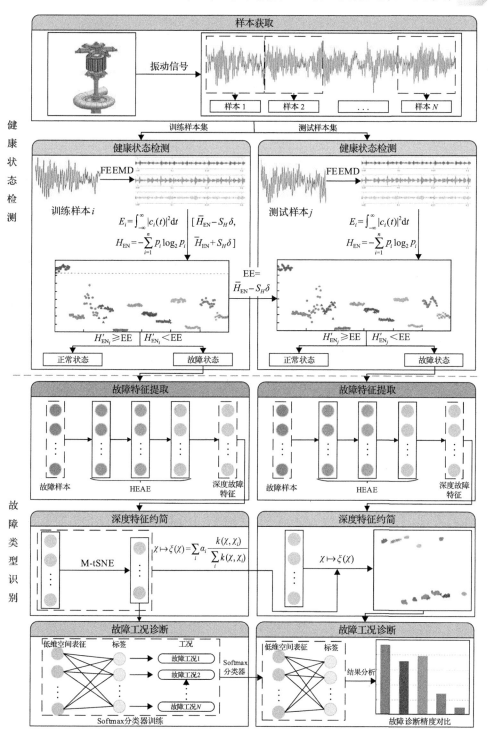

图 4-11　多步递进式混合故障诊断策略系统框图

步骤 1：利用传感器信号采集系统，收集不同运行工况下(包含正常工况与各种故障工况)的设备振动数据。

步骤 2：将历史振动数据作为训练样本集，将实时采集到的振动数据作为测试样本集。

步骤 3：对于训练样本集，确定能量熵阈值 EE，执行健康状态检测过程；若存在故障，则继续执行以下步骤以判断故障类型。

步骤 4：基于 HEAE 最优结构构建故障特征提取模型，从故障样本中提取蕴含故障本质信息的高维深度故障特征。

步骤 5：利用 M-tSNE 降维算法，对步骤 4 中得到的深度故障特征进行维度约简，获取与高维特征对应的低维空间表征。

步骤 6：将低维空间表征作为 Softmax 分类器的输入向量，完成故障类型的识别。

步骤 7：针对测试样本集，利用能量熵计算方法与步骤 3 中确定的阈值 EE，可实现设备健康状态的在线检测；若设备处于正常状态，则其可保持较好的性能稳定运行；若设备存在故障，需执行步骤 4、5、6，利用训练好的 HEAE、M-tSNE 和 Softmax 模型，确定具体的故障类型，便于及时制定相应的运维决策，保障设备及现场人员的安全。

综上所述，本节所提多步递进式混合故障诊断策略包括健康状态检测与故障类型识别两个阶段。执行过程中，两个阶段并非独立存在，前者的检测误差将会直接影响后续故障类型识别的准确率，即存在误差累积效应。用 R_1 表示第一阶段健康状态检测的错误率，R_2 表示第二阶段故障类型识别的错误率。故障类型识别精度是在健康状态检测精度达到 100% 的假设前提下获得的。因此，考虑两个阶段下的误差累积因素，所提多步递进式故障诊断策略的最终诊断精度 η 可通过式(4-17)进行计算：

$$\eta = \left(1 - \frac{R_1 \cdot m_1 + R_2 \cdot m_2}{M}\right) \times 100\% \tag{4-17}$$

式中，m_1 为测试样本集在第一阶段的样本个数；m_2 为测试样本集在第二阶段的样本个数；M 为测试样本集中的样本总个数。

3. 抽水蓄能机组混合故障诊断应用

1)试验条件设置

下面将所提多步递进式混合故障诊断方法应用于抽水蓄能机组故障诊断中，对该方法在工程实际中的有效性及实用性进行检验。试验选取 4.2 节介绍的机组空蚀故障诊断样本作为原始数据集，随机选取每种运行工况下 50% 的样本作为训练样本集，剩余 50% 作为测试样本集。同等条件下重复执行试验 10 次，根据其平均诊断精度对试验结果进行量化评价。

2)试验结果与分析

在所提诊断策略的系统框架中，首先进行机组健康状态的初步检测。选取置信水平为 99%，依据训练样本集的固有模态函数能量熵特征的分布情况，可得到作为健康状态划分边界的能量熵阈值 EE 为 1.478。对测试样本集，其能量熵分布情况如图 4-12 所示，图中虚线表示由训练样本集确定的能量熵阈值 EE。可以看到，依据 EE 可将测试样本集中的正常样本与空蚀故障样本完全区分开。因此，信号样本的能量熵特征可有效识别机组健康状态，对现场设备的运行与维护具有一定的指导价值。

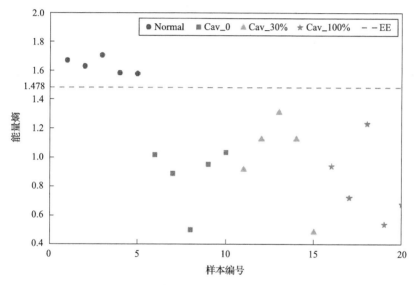

图 4-12　机组测试样本集能量熵分布

其次，对 3 种不同运行工况下的机组空蚀故障样本类型进行有效识别。针对经健康状态检测后筛选出的机组空蚀故障样本，需要设计合理的 HEAE 结构，实现从原始信号样本中提取出有效故障状态特征的目的，同时确定 M-tSNE 算法对深度故障特征的约简维度，从而提升故障识别的效率及准确性。经过重复试验，可设计 HEAE 的最优模型结构为：1000（原始输入）-300（DAE）-300（CAE）-300（CAE）-3（输出工况）。其他参数为：学习率为 0.1，动量为 0.5，迭代次数为 500，白噪声强度水平为 0.5，正则化系数为 0.7。使用 M-tSNE 算法后的特征约简维度为 5。利用设计的 HEAE 从机组空蚀故障样本中提取相应故障特征，并通过 M-tSNE 算法对提取的特征进行约简，将约简后的低维表征输入训练好的 Softmax 分类器中，完成机组空蚀工况的诊断。经分析，通过上述过程所得到的平均诊断精度可达到 100%，即每次试验均可完全识别出空蚀工况类型，充分证明了所提方法在实际工程中的实用性。

为直观表现所提方法对有效故障特征的获取能力及 M-tSNE 算法对高维特征的约简效果,这里采用 M-tSNE 对经 HEAE 提取出的高维特征进行可视化处理。图 4-13 展示了 3 种不同运行工况下的空蚀故障测试样本及其对应的深度故障特征经 M-tSNE 算法降维后的低维空间分布情况。从图中可以看到,依据提取的故障特征可有效辨别机组不同运行工况下的空蚀故障,同时,图中所示结果直接印证了 M-tSNE 算法在高维特征约简及复杂数据可视化方面所具备的优异性能。此外,利用 M-tSNE 将高维复杂特征映射至低维嵌入空间,将低维表征作为分类模型输入进而实现故障类型的识别,有效降低了分类模型的训练复杂程度,有利于整个诊断过程计算效率的提升。

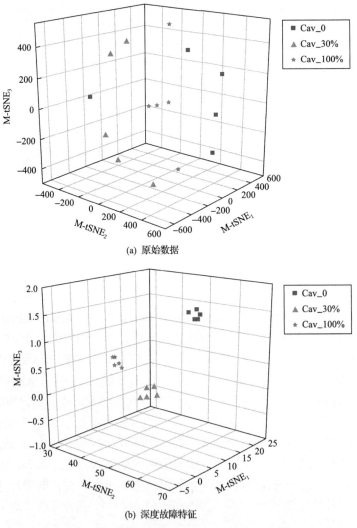

(a) 原始数据

(b) 深度故障特征

图 4-13 空蚀故障测试样本及经 M-tSNE 降维后的低维空间分布

综合第一阶段的机组健康状态检测及第二阶段的机组空蚀故障类型识别结果，通过式(4-11)计算可得，利用所提基于能量熵判别与深度特征约简的多步递进式方法对机组实施混合故障诊断的精度可达 100%，即可准确检测机组运行状态的正常与否，同时对于故障状态，能够准确识别故障工况类型，充分体现了所提方法在工程实际中的应用价值。

4.4　抽水蓄能机组多源信息融合故障诊断方法

抽水蓄能机组是复杂非线性高维耦合系统，单一的信号来源无法有效诊断出机组运行过程中的故障状态，因此，针对传统故障诊断方法无法有效利用多源信息间的关联特征，且忽略了振动数据自身的时序关系这一问题，本节在循环神经网络(recurrent neural network，RNN)架构的基础上提出基于门限循环单元的非线性预测降噪自编码器(gate recurrent unit-based non-linear predictive denoising autoencoder，GRU-NP-DAE)的多源故障诊断方法，借助 RNN 的独特环状结构，将多源数据在同一时间步下统一输入，避免了数据间的信息丢失，通过深度神经网络强大的非线性拟合与时间序列处理能力，有效提取原始输入时序信号的故障特征,提升模型的故障诊断精度;同时，提出了变步长输入的处理方法,结合 DAE,进一步提高了诊断模型的泛化能力;最后，将所提方法应用于抽水蓄能机组运行数据中，与传统诊断模型对比分析，结果表明所提方法能够有效提取不同运行状态下的故障特征，在不同环境噪声与复杂工况下取得了较高的诊断精度与抗干扰性，为抽水蓄能机组智能故障诊断的工程应用提供了一种有效的解决思路。

4.4.1　循环 DAE 原理

1. RNN

RNN 是一种具有特殊环状结构的人工神经网络[16]。该网络通过具有闭合回路的隐含层递归处理序列数据，隐含层的激活值由上一时间步的隐含层与当前输入共同决定，因此，能有效地针对时间序列数据进行学习与建模。借助强大的非线性拟合能力，RNN 已在文本生成、手写字体识别及故障诊断等领域得到了成功应用[17,18]。典型的 RNN 架构如图 4-14 所示，X 为输入，Y 为输出，t 表示时间。

然而，传统的 RNN 训练过程中存在着梯度消失与梯度爆炸的问题，当输入时间序列较长时，RNN 的训练损失函数难以下降或不易收敛。为此，学者提出了一种门限循环单元(gated recurrent unit，GRU)[19]。与传统的 RNN 架构不同的是，GRU 提出用门限单元控制时间步上的信息流动，从而能更有针对性地存储或遗忘状态信息。GRU 网络的前向传播过程如下：

$$\text{net}_z^t = x^t W_z + h^{t-1} U_z + b_z \qquad (4-18)$$

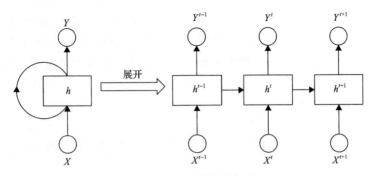

图 4-14　RNN 的典型架构

$$z^t = \sigma(\text{net}_z^z) \tag{4-19}$$

$$\text{net}_i^t = x^t W + (r^t \cdot h^{t-1})U + \text{bias} \tag{4-20}$$

$$\tilde{h}^t = \tanh(\text{net}_{\tilde{h}}^t) \tag{4-21}$$

$$\text{net}_r^t = x' W_r + h^{t-1} U_r + b_r \tag{4-22}$$

$$r^t = \sigma(\text{net}_r^t) \tag{4-23}$$

$$h^t = (1 - z^t) \cdot h^{t-1} + z^t \cdot \tilde{h}^t \tag{4-24}$$

$$\text{net}_r^t \in \mathbf{R}^{1 \times l} \tag{4-25}$$

$$y^t = f(\text{net}_y^t) \tag{4-26}$$

式中，x^t，$h^t \in \mathbf{R}^{1 \times l}$，$y^t \in \mathbf{R}^{1 \times b}$，$z^t \in \mathbf{R}^{1 \times l}$，$\tilde{h}^t \in \mathbf{R}^{1 \times l}$ 和 $r^t \in \mathbf{R}^{1 \times l}$ 分别为输入层、隐含层、输出层、更新门、隐含层状态和遗忘门在时刻 t 下的激活值；$\text{net}_y^t \in \mathbf{R}^{1 \times b}$；$\text{net}_z^t \in \mathbf{R}^{1 \times l}$，$\text{net}_{\tilde{h}}^t \in \mathbf{R}^{1 \times l}$ 及 $\text{net}_r^t \in \mathbf{R}^{1 \times l}$ 为各个节点对应的未激活值；$W_z \in \mathbf{R}^{d \times l}$，$U_z \in \mathbf{R}^{1 \times l}$，$b_z \in \mathbf{R}^{1 \times l}$，$W \in \mathbf{R}^{d \times l}$，$U \in \mathbf{R}^{1 \times l}$，$\text{bias} \in \mathbf{R}^{1 \times l}$，$W_r \in \mathbf{R}^{d \times l}$，$U_r \in \mathbf{R}^{1 \times l}$，$b_r \in \mathbf{R}^{1 \times l}$ 为 GRU 的各层节点间的权重及偏置参数；σ 和 $\tanh$ 分别为 S 型和双曲正切激活函数；$f(\cdot)$ 为输出层的激活函数；符号·代表向量间的点积；l 和 b 为维度；x' 为 t 时刻下神经元的输入。GRU 隐含层的基本架构如图 4-15 所示。

2. AE 及相关原理简介

1) AE

抽水蓄能机组运行监测数据具有高维复杂非线性的特点，为了能从原始数据

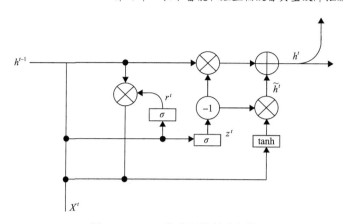

图 4-15　GRU 隐含层的基本架构

中提取故障特征，需要对输入数据进行有效降维。AE 是具有单个隐含层的神经网络，网络的输出维度与输入维度相同，利用反向传播算法学习恒等映射，使网络输出尽可能逼近输入，进而达到数据特征提取的目的[20]。网络的隐含层节点数通常少于输入维度，因此 AE 的隐含层输出结果可看成输入数据的低维特征。对于给定的 d 维输入 $X \in \mathbf{R}^{1 \times d}$，网络隐含层表达式 $h(X)$ 如式 (4-27) 所示：

$$h(X) = f'(XW_1 + b_1) \tag{4-27}$$

式中，$f'(\cdot)$ 为隐含层的激活函数；$W_1 \in \mathbf{R}^{d \times l}$ 为权重矩阵；$b_1 \in \mathbf{R}^{1 \times l}$ 为偏置向量。AE 的输出层则将隐含层映射至与输入数据具有相同维度的重构输出 $Y \in \mathbf{R}^{1 \times d}$ 上。输出 Y 的表达式如式 4-28 所示：

$$Y = f'(h(X)W_2 + b_2) \tag{4-28}$$

式中，$W_2 \in \mathbf{R}^{l \times d}$ 为权重矩阵；$b_2 \in \mathbf{R}^{1 \times d}$ 为偏置向量。

为了使输出尽可能逼近输入，AE 的损失函数 J 为最小化重构误差，具体如式 (4-29) 所示：

$$J(\theta) = \sum_i \frac{1}{2} \|y_i - x_i\|^2 \tag{4-29}$$

式中，θ 为网络中的各个参数；y_i 为输出值；x_i 为输入值。同时，为了避免网络过拟合，在目标函数中加入正则项，则式 (4-29) 变为

$$J(\theta) = \sum_i \frac{1}{2} \|y_i - x_i\|^2 + \frac{\lambda}{2} \sum (w_{ij})^2 \tag{4-30}$$

式中，w_{ij} 为权重值；λ 为正则化系数。

2) DAE

在抽水蓄能机组实际运行过程中，不同的监测传感器采集到的数据含有大量背景噪声，对机组故障诊断精度产生了重要影响。为此，在 AE 基础上，采用 DAE 的方法[21]，通过在机组特征提取过程中人为地将输入随机置零，能有效提高诊断方法的鲁棒性。具体来讲，对给定输入 $X \in \mathbf{R}^{1 \times d}$，DAE 与 AE 类似，期望输出 Y 尽可能逼近输入，但不同的是 DAE 的输入 $\tilde{X}$ 服从于随机分布 $q_D(\tilde{X} \mid X)$。在本节中，对输入的每一维 x_i^t，其中 $i = 1, 2, \cdots, d$，x_i^t 都以一定概率 R_{P} 被重置为 0，称 R_{P} 为输入重置概率。

3) 非线性预测 AE

对抽水蓄能机组监测时间序列信号而言，非线性预测 AE 可以通过预测输入的下一时间段的状态提高特征提取的鲁棒性。对给定的时间序列输入 $X = (x^1, x^2, \cdots, x^t, \cdots, x^T)$，期望的输出 Y 能够重构出输入的下一时间段数据 $X_k = (x^{1+k}, x^{2+k}, \cdots, x^{t+k}, \cdots, x^{T+k})$，其中 k 为预测延迟参数，x^t 和 x^{t+k} 均是 d 维向量。类似地，非线性预测 AE 的训练目标仍然是最小化式(4-30)，不同的是用 X_k 代替 X。

4) 变步长输入

在处理抽水蓄能机组振摆等监测数据时，输入的时间序列被分割成固定长度的片段作为一个训练样本供诊断模型学习。不同的数据分割长度对诊断效果具有不同的影响。当数据分割长度过小时，大量的数据信息丢失，容易混淆不同故障类别下的数据；当数据分割长度过大时，模型复杂度及训练时间随之增加，也容易导致过拟合问题。由于具有环状的网络结构，RNN 对处理时间序列数据具有天然独特的优势，能够有针对性地结合数据历史信息处理当前输入，同时考虑到 RNN 中不同时间步下的权值共享，这里提出一种变步长输入的循环 AE，具体处理过程如下[22]。记 X 为时间序列的输入数据：

$$X = (x^1, x^2, \cdots, x^t, \cdots, x^T), \qquad x^t \in \mathbf{R}^{d \times 1} \tag{4-31}$$

式中，x^t 为在时刻 t 下的输入向量；d 为输入维度；T 为最大的输入时间步长。在每个训练迭代过程中，X 被重采样为

$$X' = [x^{q+1}, x^{q+2}, \cdots, x^{q+t}] \tag{4-32}$$

式中，$l = \mathrm{randi}(l_{\min}, T)$，$l_{\min}$ 为最小的输入时间步长；$q = \mathrm{randi}(0, T - l)$，$\mathrm{randi}(a, b)$ 表示随机返回一个 a 和 b 之间的整数。定义长度损失参数 β 如下：

$$\beta = 1 - l_{\min} / T \tag{4-33}$$

　　显然,当 $\beta = 0$ 时,输入数据长度不变,当 $\beta > 0$ 时,即使对于同一训练样本,网络每次训练接收的输入数据长度也在 $l_{\min}$ 与 T 之间变化。通过该采样方法,在不改变诊断模型的前提下,增加训练样本的数量,同时在每次采样时参数 q 也在变化,意味着对于同一样本而言,RNN 的初始状态也会变化。为了能拟合输出目标,此时 RNN 更加注重输入数据的时序关系,具有更强的泛化特性,因此诊断模型在训练过程中提取到的低维表达更能表征故障特征。当引入变步长输入后,RNN 的损失函数应在式(4-30)的基础上改写为在时间步长上的平均值:

$$J(\theta) = \frac{1}{d}\sum_i \frac{1}{2l}\|y_i - x_i\|^2 + \frac{\lambda}{2}\sum(w_{ij})^2 \tag{4-34}$$

3. GRU-NP-DAE 及其优化方法

GRU-NP-DAE 的基本架构如图 4-16 所示。

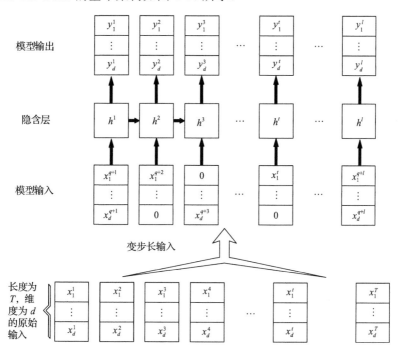

图 4-16　GRU-NP-DAE 的基本架构

$$Y = f(\tilde{X};\theta),\theta = \{W_z,U_z,b_z,W,U,\text{bias},W_r,U_r,b_r\} \tag{4-35}$$

式中, $\tilde{X}$ 为变步长采样后的输入; θ 为模型中的各个参数; Y 为模型的输出。

　　模型的训练目标仍然是最小化原始输入 X_k 与输出 Y 间的均方误差,因此训练目标函数可写为

$$J(\theta) = \frac{1}{d}\sum_i \frac{1}{2l}\left\| y_i^t - x_{ki}^t \right\|^2 + \frac{\lambda}{2}\sum (w_{ij})^2 \tag{4-36}$$

式中，x_{ki}^t 和 y_i^t 为原始输入数据及网络输出结果在 t 时刻下的第 d 维数值。

为了最小化目标函数，梯度下降算法，如随机梯度下降(SGD)、基于动量的优化算法——均方根传播(RMSprop)等可用来训练网络中的参数。考虑到抽水蓄能机组监测信号(如振摆信号)的非平稳特性，为了更快地使网络损失函数下降至合理值，同时尽量避免陷入局部最小值，研究采用基于动量的 RMSprop 算法优化 GRU-NP-DAE。具体的优化流程如下。

步骤 1：从时间 $t=T$ 到 $t=1$，计算网络中每个单元对损失函数的偏导：

$$\delta_y^t = \frac{\partial J}{\partial \mathrm{net}_y^t} = \frac{\partial J}{\partial y^t} \cdot f'(\mathrm{net}_y^t) \tag{4-37}$$

$$\delta_h^t = \frac{\partial J}{\partial h^t} = \delta_y^t W_y^r + \delta_z^{t+1} U_z'^{\mathrm{T}} + \delta^{t+1} U^{\mathrm{T}} \cdot r^{t+1} + \delta_r^{t+1} U_r^{\mathrm{T}} + \delta_h^{t+1} \cdot (1 - z^{t+1}) \tag{4-38}$$

$$\delta_z^t = \frac{\partial J}{\partial \mathrm{net}_z^t} = \delta_h^t \cdot (\tilde{h}^t - h^{t-1}) \cdot \sigma'(\mathrm{net}_z^t) \tag{4-39}$$

$$\delta_r^t = \frac{\partial J}{\partial \mathrm{net}_r^t} = \delta_h^t \cdot z^t \cdot \tanh'(\mathrm{net}_{\tilde{h}}^t) \tag{4-40}$$

$$\delta_r^t = \frac{\partial J}{\partial \mathrm{net}_r^t} = h^{t-1} \cdot \left(\left(\delta_h^t \cdot z^t \cdot \tanh'(\mathrm{net}_{\tilde{h}}^t) \right) U^{\mathrm{T}} \right) \cdot \sigma'(\mathrm{net}_r^t) \tag{4-41}$$

式中，δ_y^t、δ_h^t、δ_z^t、δ_r^t 分别为输出层、隐含层、更新门、遗忘门对损失函数的偏导；J 为损失函数；net_y^t、$\partial \mathrm{net}_z^t$、$\partial \mathrm{net}_r^t$ 分别为输出层、更新门、遗忘门在 t 时刻下的未激活值。

步骤 2：依次计算每个单元中的参数对损失函数的梯度：

$$g_{W_y} = \frac{\partial J}{\partial W_y} = \sum_t (h^t)^{\mathrm{T}} \delta_y^t + \lambda W_y \tag{4-42}$$

$$g_{b_y} = \frac{\partial J}{\partial b_y} = \sum_t \delta_y^t \tag{4-43}$$

$$g_{W_r} = \frac{\partial J}{\partial W_r} = \sum_t (x^t)^{\mathrm{T}} \delta_r^t + \lambda W_r \tag{4-44}$$

$$g_{U_r} = \frac{\partial J}{\partial U_r} = \sum_t (h^{t-1})^{\mathrm{T}} \delta_r^t \tag{4-45}$$

$$g_{b_r} = \frac{\partial J}{\partial b_r} = \sum_t \delta_r^t \tag{4-46}$$

$$g_W = \frac{\partial J}{\partial W} = \sum_t (x^t)^\mathrm{T} \delta^t + \lambda W \tag{4-47}$$

$$g_U = \frac{\partial J}{\partial U} = \sum_t (r^t \cdot h^{t-1})^\mathrm{T} \delta^t \tag{4-48}$$

$$g_b = \frac{\partial J}{\partial b} = \sum_t \delta^t \tag{4-49}$$

$$g_{W_z} = \frac{\partial J}{\partial W_z} = \sum_t (x^t)^\mathrm{T} \delta_z^{\;t} + \lambda W_z \tag{4-50}$$

$$g_{U_z} = \frac{\partial J}{\partial U_z} = \sum_t (h^{t-1})^\mathrm{T} \delta_z^{\;t} \tag{4-51}$$

$$g_{b_z} = \frac{\partial J}{\partial b_z} = \sum_t \delta_z^t \tag{4-52}$$

式中，W_z、U_z、b_z 分别为模型中各节点间的权重及偏置参数；δ 和 tanh 分别为 S 型和双曲正切激活函数，$f(\ )$ 为输出层的激活函数；g_{W_y}、g_{W_r}、g_{U_r}、g_{b_r}、g_W、g_b、g_{W_z}、g_{U_z}、g_{b_z} 分别表示输出层、隐含层、更新门、遗忘门对损失函数的梯度。

步骤 3：记 ε 为优化算法中的学习率，依据式 (4-53) 和式 (4-54) 可自适应地更新每个参数：

$$r = \rho r + (1-\rho) g \cdot g \tag{4-53}$$

$$\varphi = \varphi - \frac{\varepsilon}{\gamma + \sqrt{r}} \cdot g \tag{4-54}$$

式中，每个参数对应的 r 初始化为 0；ρ 设置为 0.99，考虑到 $r=0$ 的情况；γ 设置为 10^{-8}，g 为步骤 2 中计算的每个参数的梯度；φ 为 g 对应的参数。

步骤 4：计算损失函数，然后重复步骤 1～3 直到迭代次数达到设置的最大值。

4.4.2　基于 GRU-NP-DAE 的抽水蓄能机组多源故障诊断方法

本节提出一种基于 GRU-NP-DAE 的抽水蓄能机组多源故障诊断方法。针对不同故障状态的机组监测数据，训练每种故障下的 GRU-NP-DAE，AE 训练完成后将具备重构输入数据的能力。通过不同的训练数据得到的 AE 具有不同的网络参数与特性，因此，当有异常数据输入时，不同的 AE 的重构误差将发生较大变化，通过对比分析获得最小重构误差对应的网络类型，从而确定当前输入数据隶属于哪种具体故障。具体的故障诊断流程图如图 4-17 所示。

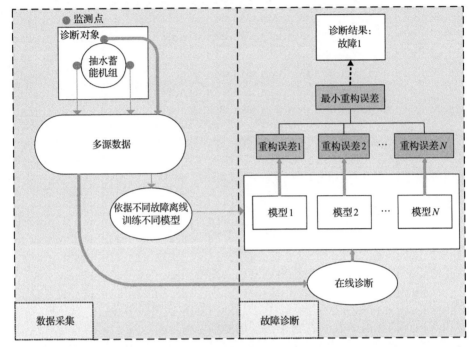

图 4-17　基于 GRU-NP-DAE 的抽水蓄能机组多源故障诊断方法流程图

　　本节提出的 GRU-NP-DAE 抽水蓄能机组多源故障诊断方法能够有效利用多个传感器采集到的监测数据。相较于一些传统的故障诊断模型依据单一信号源数据，该模型能充分利用多源数据进行诊断，能够提取更多的故障信息，分析每个时间步下的不同信号来源数据间的关联关系，也考虑到信号数据本身的时序关系，能有效提高故障诊断精度；通过引入降噪非线性预测与变步长输入，模型的泛化特性也得到了较大提升。

4.4.3　抽水蓄能机组运行数据试验分析

　　为全面地刻画机组运行状态，实现精确的抽水蓄能机组故障诊断，本节将 GRU-NP-DAE 方法应用于抽水蓄能机组振动信号故障诊断与识别中，验证其有效性。由于缺少足够多的抽水蓄能机组故障状态下的振动数据，本节对机组三种不同运行工况下的振动数据进行分类。通常，电站实际监测系统中振动信号监测点包括：①上导、下导、水导处的主轴径向振动及主轴连接法兰的径向振动；②上、下机架水平、垂直振动；③顶盖水平、垂直振动。为简化分析，结合第 2 章中关联关系分析的结果，发现机组顶盖径向位移与机组尾水管压力脉动为频繁项集，蕴含了故障征兆信息。因此，选取机组顶盖 X 向水平振动、机组顶盖 Y 向水平振动和机组顶盖垂直振动作为振动源信号。此外，选取机组蜗壳进口压力脉动及机组尾水管进口压力脉动共同作为多源输入数据。机组满负荷正常运行时各监测点数据如图 4-18 所示。

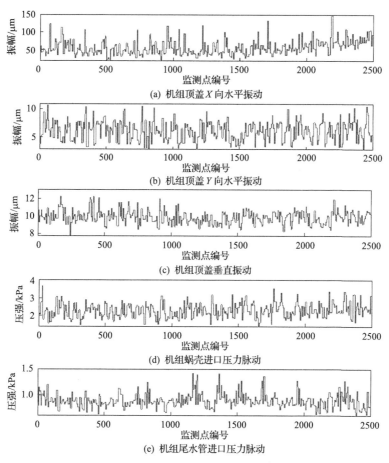

图 4-18　机组满负荷正常运行时各监测点数据

　　由于输入数据来源不同，其幅值变化范围差异巨大，需对不同输入源的数据进行归一化处理。经模型参数优化选取后，确定机组运行数据诊断模型隐含层节点数量为 100 个，长度损失参数为 0.8，输入重置概率为 0.2。本节中选取 SVM 与堆栈降噪自编码器深度神经网络(stacked denoised autoencoder deep neural network，SDA-DNN)两种模型作为对比进行分析，均采用网格搜索确定两种模型的最优参数。随机选取 2000 组数据作为训练样本，300 组数据作为测试样本。最终结果如表 4-11 所示。由于本实验数据源较多，模型在利用部分信号源进行分类时，仅展示其最佳结果，如使用 4 种输入源的 GRU-NP-DAE 表示模型从任意 4 种可能的信号源组合中得到的最佳分类精度。

表 4-11　不同模型对抽水蓄能机组运行数据的分类结果

模型	训练集/%	测试集/%	信噪比为 20dB 的测试集/%
GRU-NP-DAE(使用 5 种输入源)	100.00	98.33	96.33
GRU-NP-DAE(使用 4 种输入源)	91.58	91.33	89.33
GRU-NP-DAE(使用 3 种输入源)	82.75	81.33	79.67
GRU-NP-DAE(使用 2 种输入源)	79.75	77.66	76.00
SVM	90.33	84.83	80.33
SDA-DNN	91.67	87.16	85.91

从表 4-11 中可知，SVM 和 SDA-DNN 虽然在训练集上分类效果较好，但在测试集上的分类准确率迅速下降，表明二者容易存在训练过拟合、泛化能力差的特点。而对于 GRU-NP-DAE 模型，随着输入源数量的提高，各个数据集上的精度也在不断提高，验证了多源数据的有效性，模型能够从中挖掘出有效故障特征，降低误诊断率。同时注意到虽然在输入源较少时 GRU-NP-DAE 模型分类精度较低，但所有的 GRU-NP-DAE 模型在训练集、测试集与加入噪声的测试集上的表现相差较小，证明了所提模型具有较强的鲁棒性。而采用全部输入信号的 GRU-NP-DAE 模型在训练集上取得了 100%的分类精度，在测试集与加入噪声的测试集上均取得了较理想的结果，分类效果稳定，表明其具有一定的工程实际应用潜力。

4.5　抽水蓄能机组无监督故障聚类方法

与 4.4 节中所提故障诊断方法不同，本节针对抽水蓄能机组运行过程中大量监测数据缺乏标签的问题，结合多分类生成式对抗网络(categorical generative adversarial networks，CatGAN)的多分类特性和 AAE 的降维能力，提出了一种基于分类对抗自编码器(categorical adversarial autoencoders，CatAAE)的抽水蓄能机组无监督故障聚类方法。通过先验分布与隐含层分布的对抗学习，获得了便于分类的隐含层空间，同时编码器与分类器的对抗训练使得多分类器能够分辨来自不同空间的样本。在训练完成后，属于同一故障类型的样本被分类器分配至同一输出下，避免了不同样本之间的混叠现象。通过隐含层空间分布的可视化，进一步验证了所提模型在特征降维上的优异表现。相较于传统的 K-means 聚类算法和基于深度学习的 CatGAN 而言，所提模型在无监督聚类上具有更好的稳定性。通过对比实验分析，在不同的噪声强度与工况变化情况下，CatAAE 模型提取的故障特征与多分类器分类效果具有更强的鲁棒性与泛化能力。因此，本节所提模型更适合抽水蓄能机组无监督故障聚类的工程实际应用，避免了大量无标签运行监测数据的浪费，为抽水蓄能机组智能化运维提供了一定的指导意义。

4.5.1　生成式对抗网络相关原理介绍

由于本节中出现符号较多,为方便起见,将本节中的符号及其定义列于表 4-12。

表 4-12　本节中相关符号及其定义

符号	定义
M	训练样本数量
K	聚类个数
G	GAN 的生成器
D	GAN 的判别器
C	多分类 GAN 的分类器
En	编码器
De	解码器
θ_G	G 的相关参数,如权重、偏置等。类似地,θ_D、θ_C、θ_{En} 分别是 D、C、En 和 De 的参数
x	网络的输入,$x^{(i)}$ 为第 i 个输入
z	先验分布的随机采样,$z^{(i)}$ 为采样的第 i 个样本
h	隐含层向量,在本章所提出的模型中,也是 En 的输出,$h^{(i)}$ 为输入 $x^{(i)}$ 对应的隐含层向量
s	AE 的输出,$s^{(i)}$ 代表 $x^{(i)}$ 的重构输出
y	分类器 C 预测出的对应类别,$y \in \{1, 2, \cdots, K\}$

1. AAE

Grattarola 等通过将 AE 中隐含层的联合后验概率分布与其他任意先验概率分布进行对抗训练,提出了一种变分推理的 AAE[4]。与其他分类模型相比,AAE 在半监督分类任务上具有优异的表现。

假设输入为 x,其对应的数据分布为 $p_{data}(x)$,h 为深层自编码器的隐含层向量,记 $q(h|x)$ 为编码器的条件概率分布,则隐含层向量的联合后验概率分布为

$$q(h) = \int_x q(h \mid x) p_{data}(x) \mathrm{d}x \qquad (4\text{-}55)$$

AAE 期望通过对抗训练,使得联合后验概率分布 $q(h)$ 与先验分布 $p(z)$ 一致,也使网络的重构误差最小。AAE 的基本架构如图 4-19 所示。其中的编码器与解码器构成一个标准的 AE,将输入 x 映射至隐含层向量 h,并获得重构输出 s。判别器的任务是分辨出其输入样本来自于隐含层层分布 $q(h)$ 还是先验分布 $p(z)$。对来自先验分布 $p(z)$ 的"真"样本,判别器输出为 1,对来自隐含层分布 $q(h)$ 的"假样本",判别器输出为 0。同时,编码器与 GAN 中的生成器类似,通过训练自身

参数进而迷惑判别器。

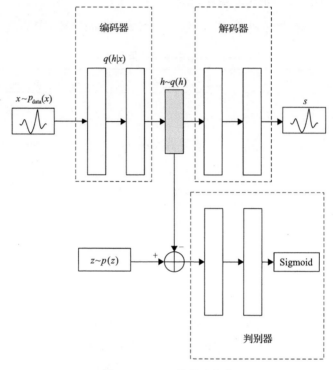

图 4-19　AAE 的基本架构

在每次迭代过程中，AAE 的训练过程主要包含以下两阶段。

1）重构阶段

编码器和解码器视作常规 AE 训练从而降低整体的重构误差。对给定的输入 x，编码器输出的隐含层向量 h 为

$$h = \mathrm{En}(x) = f(x; \theta_{\mathrm{En}}) \tag{4-56}$$

式中，$\mathrm{En}(\cdot)$ 为编码器的非线性变换；$f(x; \theta_{\mathrm{En}})$ 为在编码器参数下的输入 x 与隐含层向量 h 间的变换关系。

解码器将隐含层向量 h 映射至重构输出 s 上：

$$s = \mathrm{De}(h) = \mathrm{De}(\mathrm{En}(x)) = f(x; \theta_{\mathrm{En}}, \theta_{\mathrm{De}}) \tag{4-57}$$

式中，$\mathrm{De}(\cdot)$ 为解码器的非线性变换；$f(x; \theta_{\mathrm{En}}, \theta_{\mathrm{De}})$ 为通过编码器与解码器的输入 x 和输出 s 间的映射关系。

为实现重构误差最小化，该阶段的损失函数如下：

$$J_1(\theta_{En}, \theta_{De}) = \frac{1}{M} \sum_{i=1}^{M} \frac{1}{2} \left\| s^{(i)} - x^{(i)} \right\|^2 = \frac{1}{M} \sum_{i=1}^{M} \frac{1}{2} \left\| De(En(x^{(i)})) - x^{(i)} \right\|^2 \tag{4-58}$$

2）正则阶段

首先训练 AAE 中的判别器区分来自先验分布的"真"样本 z 与来自 AE 的"假"样本 h。AAE 通过训练判别器的参数来提升式(4-59)的随机梯度：

$$\nabla_{\theta_{De}} \frac{1}{M} \sum_{i=1}^{M} \left\{ \log_2 D(z^{(i)}) + \log_2 \left[1 - D(h^{(i)}) \right] \right\} \tag{4-59}$$

编码器为了迷惑判别器，通过降低式(4-60)的随机梯度来更新自身的参数：

$$\nabla_{\theta_{En}} \frac{1}{M} \sum_{i=1}^{M} \left\{ \log_2 \left[1 - D(h^{(i)}) \right] \right\} \tag{4-60}$$

2. CatGAN

在故障诊断领域中，由于缺乏足够的先验知识或人力标注成本过高等，故障数据的标签往往不完整，同样存在大量不完备数据。针对这一问题，Springenberg 提出 CatGAN，该网络能从未标记或部分标记的数据中学习一个判别式的多分类器，从而有效利用不完备数据，完成无监督或半监督分类任务[23]。

假定无监督学习的任务是获得一个多分类器 C 将输入数据分类至某一种类（假设最大类别数为 K），那么 C 需要给出在给定输入下，每个类别的条件概率分布。因此，多分类器 C 的最后输出层的激活函数应为 softmax 函数。CatGAN 的基本架构如图 4-20 所示。CatGAN 将原始数据 x 视作"真"样本，CatGAN 中的生成器通过随机噪声生成一个与 x 具有相同维度的输出向量，而分类器则希望尽可能判断出其输入是来自原始数据集还是来自生成器的输出。

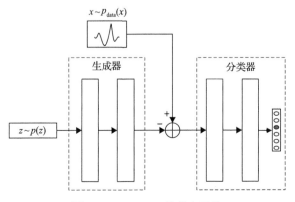

图 4-20　CatGAN 的基本架构

由于多分类器的输出是多维的，与 GAN 中的判别方法不同，对单个的"真"样本 x，多分类器应该给出一个类别的确定归属。对 M 个"真"样本，多分类器的条件熵的经验估计如下：

$$E_{x \sim p_{\text{data}}(x)}(H(p(y \mid x, \text{C}))) = \frac{1}{M}\sum_{i=1}^{M} H\Big[p(y \mid x^{(i)}, \text{C})\Big]$$

$$= -\frac{1}{M}\sum_{i=1}^{M}\sum_{k=1}^{K} p(y=k \mid x^{(i)}, \text{C})\log_2\Big[p(y=k \mid x^{(i)}, \text{C})\Big]$$

(4-61)

式中，$p(y=k \mid x^{(i)}, \text{C})$ 为多分类器 C 认为输入 $x^{(i)}$ 属于类别 k 的条件概率；H 为条件熵。对于"真"样本，其概率分布为确定性分布，则条件熵应最小。另外，对于生成器生成的"假"样本，由于其不属于"真"样本数据集，多分类器无法确信其是否属于某一类，因此"假"样本对应的条件熵应最大，即其条件概率分布为均匀分布。

对于 M 个样本数据，$x^{(1)}$，$\cdots$，$x^{(M)}$，为了避免多分类器将这所有的样本分类至同一类别下，多分类器还应满足式(4-62)：

$$\forall k, k' \in \{1, 2, \cdots, K\}, p(y=k \mid \text{C}) = p(y=k' \mid \text{C})$$

(4-62)

式(4-62)意味着多分类器输出的任一类别下的样本数量一致，不应存在不同类别间的样本失衡(假设原始数据中所有类别为均匀分布)。为了满足该条件，式(4-63)给出的多分类器的边缘概率分布熵应最大：

$$H_{p_{\text{data}}(x)}[p(y \mid \text{C})] = H\left[\frac{1}{M}\sum_{i=1}^{M} p(y \mid x^{(i)}, \text{C})\right]$$

(4-63)

同样地，生成器期望通过更新参数从而误导多分类器的判断。因此，结合式(4-61)～式(4-63)，CatGAN 的多分类器的训练目标函数 L_{C} 与生成器的训练目标函数 L_{G} 分别为

$$L_{\text{C}} = \max_{\text{C}} H_z[p(y \mid \text{C})] - E_{x \sim p_{\text{data}}(x)}\{H[p(y \mid x, \text{C})]\} + E_{z \sim p(z)}(H\{p[y \mid G(z), \text{C}]\})$$

(4-64)

$$L_{\text{G}} = \min_{\text{G}} - H_{\text{G}}[p(y \mid \text{C})] + E_{z \sim p(z)}(H\{p[y \mid G(z), \text{C}]\})$$

(4-65)

4.5.2 基于 CatAAE 的抽水蓄能机组无监督故障聚类

1. CatAAE 网络模型及其训练过程

虽然 CatGAN 能够从一些无标签的数据中学习到一个多分类器，但是对于一

些故障特征混叠在一起的信号而言，CatGAN 仍然无法较好地完成无监督聚类的任务，因此，本节结合 AAE 与 CatGAN 各自的特点，提出了 CatAAE 无监督故障诊断模型。该模型利用 AAE 将原始数据特征映射至利于聚类的先验分布上，再通过 CatGAN 对隐含层的特征向量进行无监督学习，获得较好的聚类结果。CatAAE 的基本架构如图 4-21 所示。

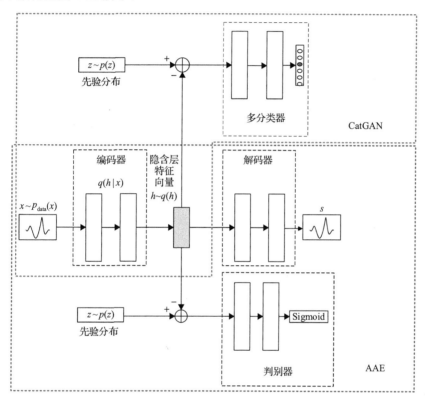

图 4-21 CatAAE 的基本架构

从图 4-21 中可以看到，编码器、解码器、判别器共同构成了一个 AAE，期望能从输入数据中获得一个服从先验分布 $p(z)$ 的低维特征向量。编码器也扮演着生成器的角色，与多分类器共同组成了一个 CatGAN，不同的是编码器的输出，即隐含层特征向量被视为"假"样本，而来自先验分布的样本被视为"真"样本。在经过不断地交替对抗训练后，隐含层特征向量将逐渐服从先验分布，属于同一类别的隐含层向量也能够轻易地被多分类器聚类至同一簇中。所提 CatAAE 模型的无监督训练过程如算法 4-1 所示。

算法 4-1 所提 CatAAE 模型的训练过程

在每一次训练循环中：

随机从无标签数据中采样 M 个样本 $x^{(1)}, \cdots, x^{(M)}$；

冻结判别器和多分类器参数，通过降低下式梯度更新编码器与解码器的参数：

$$\nabla_{\theta_{En}\theta_{De}} \frac{1}{M} \sum_{i=1}^{M} \frac{1}{2} \left\| De(En(x^{(i)})) - x^{(i)} \right\|^2$$

下列步骤循环 d 次：

随机从先验分布中采样 M 个样本 $z^{(1)}, \cdots, z^{(M)}$；

冻结编码器、解码器和多分类器参数，通过增加下式梯度只更新判别器参数：

$$\nabla_{\theta_{D}} \frac{1}{M} \sum_{i=1}^{M} \left(\log_2 D(z^{(i)}) + \log_2 \{1 - D[En(x^{(i)})]\} \right)$$

冻结编码器、解码器和判别器参数，通过增加下式梯度只更新多分类器参数：

$$\nabla_{\theta_{C}} \left(H\left[\frac{1}{M} \sum_{i=1}^{M} p(y \mid z^{(i)}, C) \right] - \frac{1}{M} \sum_{i=1}^{M} H[p(y \mid z^{(i)}, C)] + \frac{1}{M} \sum_{i=1}^{M} H\left\{ p\left[y \mid En(x^{(i)}), C \right] \right\} \right)$$

冻结解码器、多分类器和判别器参数；

通过降低下式梯度更新编码器参数：

$$\nabla_{\theta_{En}} \frac{1}{M} \sum_{i=1}^{M} \left(\log_2 \{1 - D[En(x^{(i)})]\} \right)$$

通过降低下式梯度更新编码器参数：

$$\nabla_{\theta_{En}} \left(-H\left[\frac{1}{M} \sum_{i=1}^{M} p(y \mid En^{(i)}, C) \right] + \frac{1}{M} \sum_{i=1}^{M} H\left\{ p\left[y \mid En(x^{(i)}), C \right] \right\} \right)$$

在每个随机梯度步骤更新后，解冻被冻结的部分。

可用任意的基于梯度的参数学习算法进行上述参数的更新，在本节中，采用 RMSprop 进行参数更新。

由于以下两点，GAN 的训练过程较为困难：一是当判别器训练过快时，式(4-65)将变得极不稳定；二是在训练过程中，判别器训练得过好将导致生成器的梯度过低而无法训练。所以，本书引入模块冻结技术来防止以上情况的发生，即在训练一个模块的参数时，其余模块的参数停止更新。此外，还引入批量正则化来限制编码器的参数更新范围，进而得到一个更稳定的结果。

2. 基于 CatAAE 的无监督故障聚类方法

基于上述模型与训练方法，本书提出一种抽水蓄能机组无监督故障聚类方法，整体框架如图 4-22 所示。原始数据集被划分成训练集与测试集，数据集经特征提取后，训练集数据的特征被用来训练 CatAAE 网络，测试集样本数据用于对训练模型进行评价[24]。

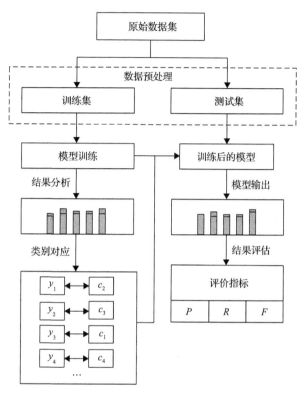

图 4-22　基于 CatAAE 的抽水蓄能机组无监督故障聚类方法

1）CatAAE 模型参数设置

理论上，GAN 中各个模块的架构可依照不同的输入数据与数据特征而变化，为了方便起见，CatAAE 中每个模块，包括编码器、解码器、判别器、生成器，均为两层架构，激活函数为受限线性单元（rectified linear units，ReLU）：

$$f(x) = \max(0, x) \tag{4-66}$$

ReLU 激活函数能够从输入中获取非线性特征，同时使网络更易训练。编码器的最后一层激活函数为线性函数（linear）。由于输入数据最终将进行归一化，解码器输出层的激活函数为双曲正切函数（tanh）。模型详细信息如表 4-13 所示。所有的模型权重通过标准差为 0.01 的高斯分布进行初始化。

表 4-13　CatAAE 模型详细参数

模块	层	节点数量/个	激活函数
编码器	特征输入层	特征维度	/
	编码器第一层	100	ReLU
	编码器第二层	100	ReLU
	编码器输出层(隐含层)	2	linear
解码器	解码器第一层	100	ReLU
	解码器第二层	100	ReLU
	解码器输出层	特征维度	tanh
判别器	判别器第一层	100	ReLU
	判别器第二层	100	ReLU
	判别器输出层	1	Sigmoid
多分类器	判别器第一层	100	ReLU
	判别器第二层	100	ReLU
	判别器输出层	K	softmax

同时，选取含有 K 个簇的二维高斯混合分布作为先验分布 $p(z)$。先验分布的采样过程如算法 4-2 所示。其中的参数 a_{var} 和 b_{var} 分别为两个高斯分布的方差，它们的值决定了高斯混合分布中每一个簇的形状。方差越接近，簇的分布形状越接近于圆形。参数 shift 控制着不同高斯成分之间的间距，为避免不同成分之间的混叠现象，该参数应尽可能大。在本章接下来的实验中，取 a_{var}=0.5、b_{var}=0.05 和 shift=1.4。虽然参数的取值不同对结果有不同的影响，但在合理范围内的参数对结果影响较小。

算法 4-2　从先验分布 $p(z)$ 中采样 M 个样本 $z^{(1)},\cdots,z^{(M)}$

对 m=1 到 m=M：

从均值为 0，方差为 a_{var} 的高斯分布中随机采样一个样本 $a^{(m)}$；

从均值为 0，方差为 b_{var} 的高斯分布中随机采样一个样本 $b^{(m)}$；

从 1 到 K 中随机取一个整数 label；

通过下式计算 rd，其中 pi 为圆周率：

$$rd = 2 \cdot pi/K \cdot label$$

通过下式更新 $a^{(m)}$ 和 $b^{(m)}$，其中 cos 为余弦函数，sin 为正弦函数：

$$a^{(m)}, b^{(m)} = a^{(m)} \cdot \cos(rd) - b^{(m)} \cdot \sin(rd) + shift \cdot \cos(rd),\ a^{(m)} \cdot \sin(rd) + b^{(m)} \cdot \cos(rd) + shift \cdot \sin(rd)$$

将 $(a^{(m)}, b^{(m)})$ 作为一个新样本 $z^{(m)}$，完成一次采样。

---

2) 无监督聚类学习的评价指标

在无监督学习模型训练完成后，需要对分类结果进行正确的评估。若所有样本的真实类别为 $c_1, c_2, \cdots, c_K$，则选取少量已知标签的真实样本，如每个类别下均选取 100 个样本，通过 CatGAN 的多分类器分类后，多分类器将这些样本聚类至 K 个类别下，设 n_{ij} 为被分类器分类至类别 i 的真实类别为 c_i 的样本数量，i=1, 2, $\cdots$, K, j=1, 2, $\cdots$, K。则认为满足 $\arg\max(n_{ij})$ 的分类器类别 i 为对应的原始真实类别 j。

不失一般性，在将分类器分类类别与原始真实类别一一对应后，假定原始真实类别 j 对应的多分类器输出为 i，为了多角度对模型聚类效果进行评价，计算多分类准确率与多分类召回率：

$$P = \frac{1}{K} \sum_{i=1}^{K} \frac{n_{ii}}{n_i} \tag{4-67}$$

$$R = \frac{1}{K} \sum_{j=1}^{K} \frac{n_{ij}}{\sum\limits_{i=1}^{K} n_{ij}} \tag{4-68}$$

式中，n_i 为多分类器输出的类别 i 下的样本数量；n_{ii} 为被正确分类的属于类别 i 的样本数量。

为了平衡多分类准确率与多分类召回率的不同影响，这里采用了多分类的 F 均值作为无监督聚类的综合评价指标。F 均值定义如下：

$$F = \frac{(\alpha^2 + 1)P \cdot R}{\alpha^2 (P + R)} \tag{4-69}$$

式中，α 为参数。当 α =1 时，F 均值又称为多分类准确率与多分类召回率的调和均值。

4.5.3 抽水蓄能机组无监督故障诊断实例验证

本节所提的无监督故障诊断方法为抽水蓄能机组运行过程中海量数据缺乏标注的问题提供了一种解决方法和思路，为验证所提模型的有效性，采用抽水蓄能机组振动数据进行实例测试。

在抽水蓄能机组故障聚类的数据预处理阶段，选取基于振动信号不同频段下的能量与其他相关关联特征作为融合输入特征，输入特征具体含义如表 4-14 所示。样本数据共包含 5 种常见故障，其编号及对应含义如表 4-15 所示。每种故障 3 个样本，共计 15 个样本为训练样本集，9 个样本为测试样本集，如表 4-16 及表 4-17 所示。

表 4-14　CatAAE 输入特征及其含义

编号	符号	含义
F_1	$(0.18\sim0.2)f$	$(0.18\sim0.2)$倍频
F_2	$(1/6\sim1/2)f$	$(1/6\sim1/2)$倍频
F_3	f	基频
F_4	$2f$	2 倍频
F_5	$\geq3f$	大于等于 3 倍频
F_6	50Hz 或 100Hz	50Hz 或 100Hz
F_7	振动与转速的关系	振动与转速的相关系数
F_8	振动与负荷的关系	振动与负荷的相关系数
F_9	振动与流量的关系	振动与流量的相关系数

表 4-15　待聚类故障名称及其含义

编号	故障名称	故障描述
D_1	轴系不对中	振动工频分量幅值过大，振幅随负荷的增大而增大
D_2	转子质量不平衡	振动工频分量幅值过大，振幅与转速的平方成正比
D_3	动静碰摩	振动较强烈，振动频率为转频
D_4	水力不平衡	振幅随负荷的增大而增大，且水导轴承处振幅变化更明显
D_5	尾水管涡带偏心	压力钢管、尾水管顶板处振动明显，蜗壳水压波动较大

表 4-16　CatAAE 训练样本集

序号	F_1	F_2	F_3	F_4	F_5	F_6	F_7	F_8	F_9	故障编号
1	0.01	0.02	0.8	0.98	0.80	0.02	0.98	0.98	0.35	D_1
2	0.02	0.04	0.88	0.92	0.82	0.03	0.98	0.89	0.52	D_1
3	0.05	0.04	0.89	0.94	0.84	0.05	0.94	0.96	0.46	D_1
4	0.01	0.08	0.98	0.09	0.02	0.02	0.98	0.08	0.02	D_2
5	0.05	0.06	1.00	0.05	0.04	0.02	0.93	0.10	0.03	D_2
6	0.02	0.03	0.92	0.02	0.02	0.05	0.90	0.07	0.06	D_2
7	0.06	0.08	0.98	0.50	0.50	0.30	0.96	0.08	0.03	D_3
8	0.05	0.09	0.97	0.47	0.49	0.04	0.89	0.07	0.05	D_3
9	0.08	0.10	0.98	0.49	0.54	0.07	0.95	0.14	0.07	D_3
10	0.05	0.13	0.09	0.11	0.25	0.05	0.17	0.22	0.93	D_4
11	0.08	0.09	0.15	0.05	0.22	0.05	0.20	0.20	0.98	D_4
12	0.05	0.12	0.10	0.08	0.29	0.07	0.15	0.19	0.89	D_4
13	0.08	0.82	0.10	0.07	0.05	0.98	0.08	0.98	0.05	D_5
14	0.06	0.80	0.15	0.04	0.09	0.97	0.06	0.89	0.08	D_5
15	0.13	0.81	0.14	0.05	0.06	0.98	0.12	0.97	0.06	D_5

表 4-17　CatAAE 测试样本集

序号	特征编号									故障编号
	F_1	F_2	F_3	F_4	F_5	F_6	F_7	F_8	F_9	
1	0.01	0.03	0.68	0.96	0.82	0.06	0.97	0.95	0.45	D_1
2	0.01	0.05	0.83	0.98	0.79	0.03	0.98	0.89	0.35	D_1
3	0.05	0.02	0.91	0.08	0.01	0.05	0.01	0.10	0.03	D_2
4	0.01	0.12	0.93	0.02	0.20	0.07	0.97	0.17	0.01	D_2
5	0.07	0.20	0.89	0.45	0.48	0.01	0.13	0.06	0.07	D_3
6	0.06	0.05	0.92	0.52	0.48	0.03	0.96	0.01	0.16	D_3
7	0.03	0.03	0.02	0.04	0.12	0.05	0.21	0.97	0.94	D_4
8	0.08	0.80	0.15	0.05	0.05	0.96	0.12	0.98	0.08	D_5
9	0.08	0.07	0.10	0.07	0.05	0.98	0.08	0.98	0.05	D_5

采用 CatAAE 模型在抽水蓄能机组故障训练样本集上进行训练,网络架构如图 4-21 所示,其中特征维度为 9,聚类数量 $K=5$,经过 1000 代训练后,网络损失值到达稳定,所有样本在隐含层上的分布如图 4-23 所示,对应的分割面如图 4-24 所示。结果显示,对所有数据集,降维效果优异,无混叠现象,且多分类器的分割平面能有效分离不同故障样本,多分类准确率与召回率均为 100%,即故障诊断准确率达到了 100%,验证了 CatAAE 在抽水蓄能机组无监督故障聚类上的有效性。

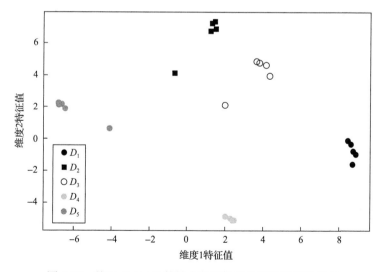

图 4-23　基于 CatAAE 的抽水蓄能机组故障数据聚类结果

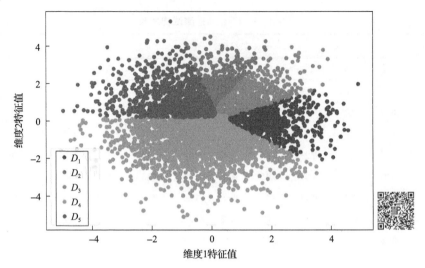

图 4-24　基于 CatAAE 的抽水蓄能机组故障数据分割面(彩图扫二维码)

4.6　基于模型推理的故障树诊断模型

　　故障树诊断模型是一种将系统故障形成原因按树状逐级细化的图形演绎方法,该方法先选定系统的典型故障事件作为顶事件,随后分析可能导致顶事件发生的各种因素或因素组合,并确定各因素出现的直接原因,遵循此方法逐级向下演绎,一直追溯出引起故障的全部原因,然后把各级事件用相应的符号和适合它们之间逻辑关系的逻辑门与顶事件相连接,建成一棵以顶事件为根,中间事件为节,底事件为叶的若干级倒置故障树。对构建的故障树模型进行计算获得机组发生的故障及其概率的大小,有效地指导机组的安全稳定运行。

　　为满足抽水蓄能电站安全运行的需求,本节构建了水泵水轮机系统、调速系统、发电电动机及其励磁系统、主变与主进水阀系统的故障树诊断模型,直观形象地呈现出复杂多样的机组故障与系统及组成部件之间的逻辑关系,并依据典型故障汇编,选择各系统易发故障作为典型故障进行全面的分析与诊断,为机组的安全稳定运行提供技术保障。

4.6.1　抽水蓄能机组主辅设备故障树结构

　　故障树构建的过程是对整个设备进行深层次分析的过程,需要对设备的设计、安装、生产运行和技术资料等进行深入的研究分析,熟悉设备的内部构造、不同元件故障对整体的影响程度,找出各元件之间的逻辑关系并分析故障和故障原因之间的逻辑关系,将其以图形的方式表示出来。故障树的建立步骤如下:

步骤 1：全面、准确地了解设备结构及原理。对设备进行故障分析首先要对设备的结构、功能、原理等方面做深刻的了解，分析设备设计、运行的相关技术资料。

步骤 2：确定故障树顶事件。顶事件为设备不希望发生的事件。

步骤 3：确定故障边界条件。

步骤 4：建造故障树。首先查找出各种可能引起顶事件故障发生的因素，分析各因素的直接原因，并按此方法继续进行分析查找直至找出导致设备产生故障的全部根源，顶事件和各级事件之间对应的逻辑关系以相应的符号及逻辑门连接起来形成设备的故障树。

步骤 5：简化故障树。故障树构建完成后，从最底层故障事件开始，逐步写出各层事件之间的逻辑关系式，直至顶事件，运用逻辑运算法则进行分析运算以删减多余事件。

本节对抽水蓄能机组五个主要子系统分别构建故障树诊断模型，包括水泵水轮机系统、调速系统、发电电动机及其励磁系统、主进水阀系统和主变。

1. 水泵水轮机系统故障树诊断模型

水泵水轮机系统故障树结构图如图 4-25 所示。

2. 调速系统故障树诊断模型

调速系统故障树结构图如图 4-26 所示。

3. 发电电动机及其励磁系统故障诊断模型

发电电动机及其励磁系统故障树结构图如图 4-27 所示。

4. 主进水阀系统故障诊断模型

主进水阀系统故障树结构图如图 4-28 所示。

5. 主变故障诊断模型

主变故障树结构图如图 4-29 所示。

4.6.2 抽水蓄能机组主辅设备典型故障树模型

为确保诊断模型的准确性与高效性，本节依据抽水蓄能电站典型故障汇编，选取各个子系统易发故障作为典型故障，全面分析各典型故障发生的原因，绘制出相应故障树，针对各典型故障利用故障树诊断方法进行诊断分析。

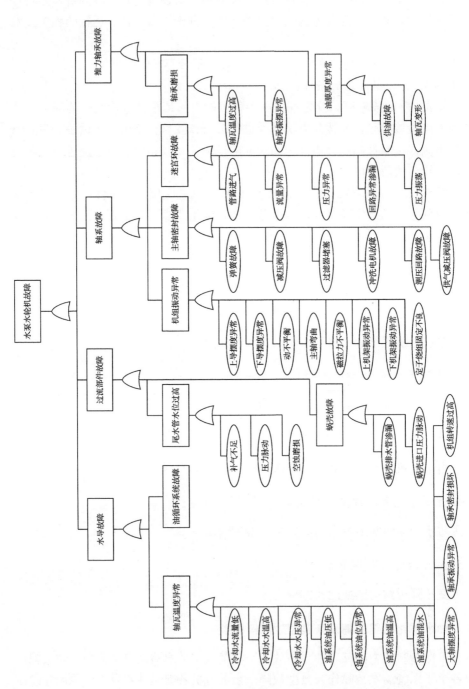

图 4-25 水泵水轮机系统故障树结构图

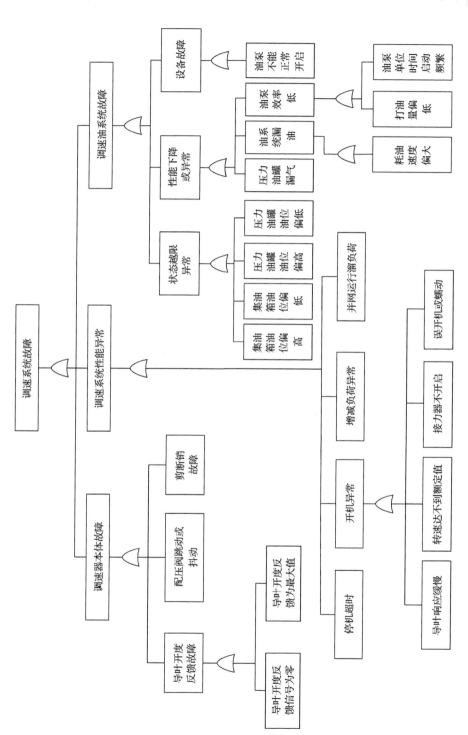

图 4-26　调速系统故障树结构图

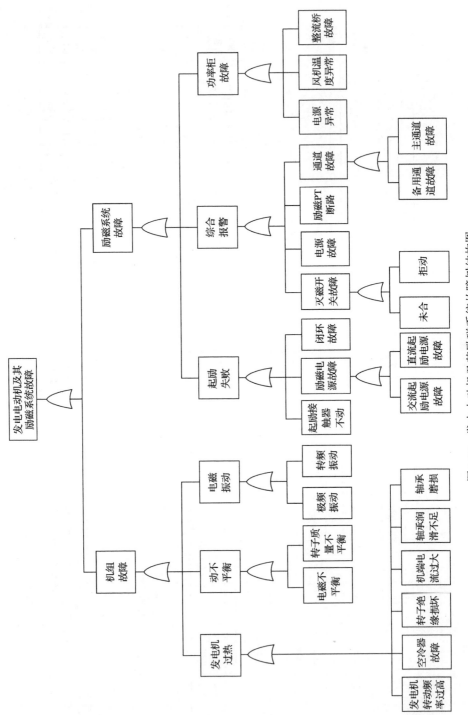

图 4-27 发电电动机及其励磁系统故障树结构图

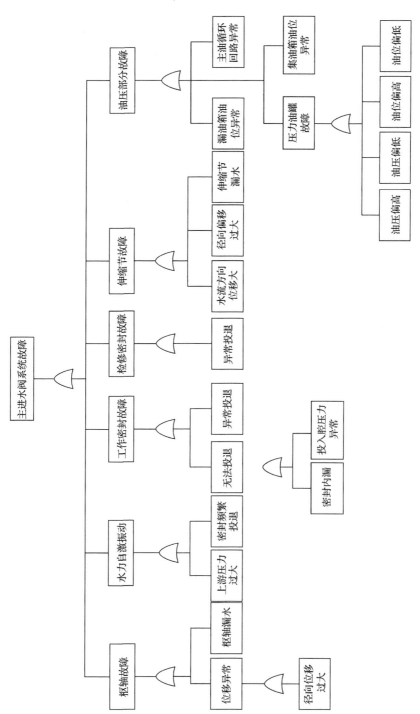

图 4-28　主进水阀系统故障树结构图

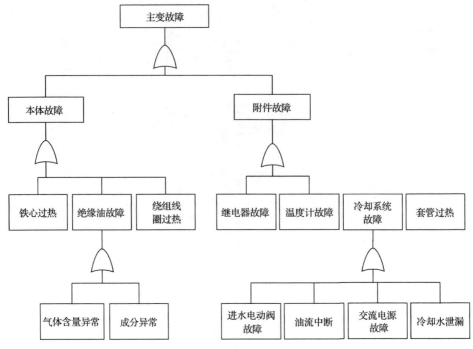

图 4-29　主变故障树结构图

1. 水泵水轮机系统典型故障

结合故障汇编与水泵水轮机系统结构特点，选择轴瓦温度异常和机组振动异常作为机组典型故障，其中轴瓦温度异常底事件包括油系统油温高、油系统油混水、大轴摆度异常、轴承振动异常、轴承密封损坏、机组转速过高、冷却水流量低、冷却水水温高、冷却水水压异常、油系统油压低、油系统油位异常，如图 4-30 所示；机组振动异常底事件包括磁拉力不平衡、上机架振动异常、下机架振动异常、定子绕组固定不良、上导摆度异常、下导摆度异常、动不平衡、主轴弯曲，如图 4-31 所示。

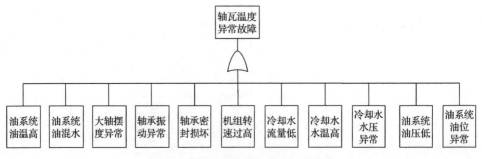

图 4-30　轴瓦温度异常故障树结构图

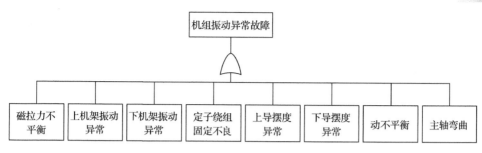

图 4-31　机组振动异常故障树结构图

2. 调速系统典型故障

调速油系统是抽水蓄能机组主要的辅助设备之一，是调速器操作机组实现工作状态转换(如机组开、停机等)的动力源，调速油系统也是故障的高发区，本节选择调速油系统故障作为典型故障，调速油系统故障主要包括状态越限异常(如压力油罐油位偏高、偏低等)、性能下降或异常(如油泵效率降低等)及设备故障(如油泵不能正常开启)等，具体故障树如图 4-32 所示。

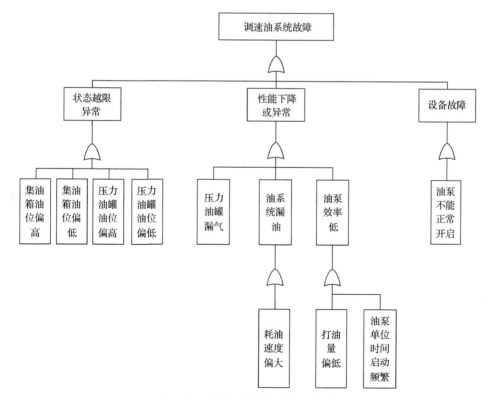

图 4-32　调速油系统故障树结构图

3. 发电电动机及其励磁系统典型故障

针对发电电动机及其励磁系统，选择发电机过热作为典型故障，主要底事件包括发电机转动频率过高、空冷器故障、转子绝缘损坏、机端电流过大、轴承润滑不足、轴承磨损，具体故障树如图 4-33 所示。

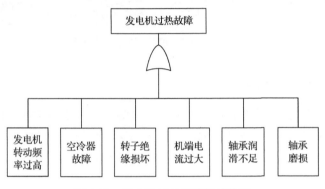

图 4-33 发电机过热故障树结构图

4. 主进水阀系统典型故障

主进水阀系统典型故障为压力油罐故障，主要底事件包括油压偏高、油压偏低、油位偏低、油位偏高，具体故障树如图 4-34 所示。

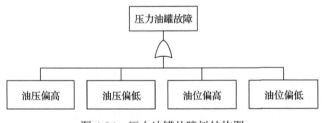

图 4-34 压力油罐故障树结构图

5. 主变典型故障

主变典型故障选择为冷却系统故障，底事件主要包括油流中断、进水电动阀故障、交流电源故障、冷却水泄漏，具体故障树如图 4-35 所示。

4.6.3 基于故障树诊断的抽水蓄能机组典型故障诊断

本节结合所构建的抽水蓄能机组主辅设备故障树结构，采用正向搜索方法，综合使用阈值比较与模糊识别，自顶向下依次搜索树中各个节点。故障树诊断的流程图如图 4-36 所示。

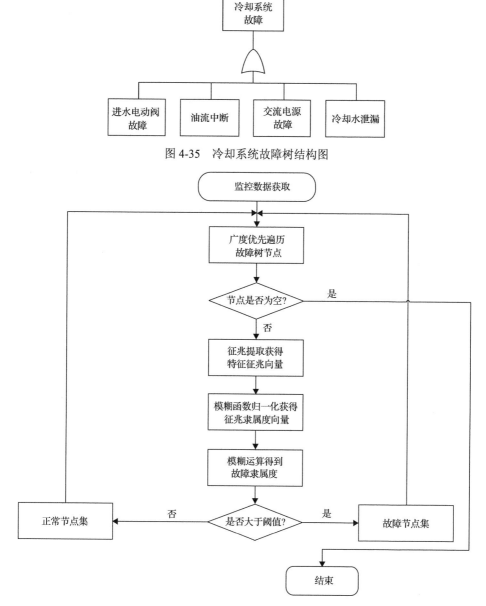

图 4-35　冷却系统故障树结构图

图 4-36　故障树诊断流程图

正向推理的过程通过对诊断推理树自上而下地遍历，对当前诊断推理树中包含的征兆提取函数进行功能调用，从而获取与当前故障树推理判定所有相关的征兆，并通过模式匹配选用判定规则，计算出可信度(CF)与决策阈值进行比较，判定当前诊断推理树中各节点包含的故障事件是否发生，存储计算得到的相应故障征兆向量和相应的阈值信息，为诊断过程提供依据。

1. 水泵水轮机系统典型故障诊断

针对典型故障中的不同底事件，需要从已构建的机组运行状态分析数据库中读取相应的历史数据，实现征兆矩阵的获取，相应底事件指标如表4-18及表4-19所示。

表 4-18　轴瓦温度异常查询表

相关状态量	1 号机组	2 号机组	3 号机组	4 号机组
油系统油温高	float311、530	float760、966	float1087、1101	float1115、1129
油系统油混水	float310	float529	float759	float965
大轴摆度异常	—	bool441、442	bool766、767	bool1094、1095
轴承振动异常	float328	float547	float777	float983
机组转速过高	float156	float375	float594	float812
冷却水流量低	float303	float522	float752	float958
冷却水水温高	float307	float526	float756	float962
冷却水水压异常	float304、305	float523、524	float753、754	float959、960
油系统油压低	float308	float527	float757	float963
油系统油位异常	float309	float528	float758	float964

表 4-19　机组振动异常查询表

相关状态量	1 号机组	2 号机组	3 号机组	4 号机组
磁拉力不平衡	bool284	bool604	bool929	bool1247
上机架振动异常	—	bool338、339、340	bool661、662、663	bool984、985、986
下机架振动异常	—	bool341、342、343	bool664、665、666	bool987、988、989
定子绕组固定不良	—	bool335、336、337	bool658、659、660	bool981、982、983
上导摆度异常	bool2180	bool331、332	bool656、657	bool977、978
下导摆度异常	bool2204	bool333、334	bool651、652	bool979、980

依据获取的数据进行征兆获取，其中 float 为模拟量，计算依据为电站设定模拟量的上下限，以此判断模拟量是否在正常范围内，bool 为开关量，依据开关量变化来判断相应监测量是否发生故障，其中 float、bool 字符后的数字为测点在电站监控系统中的编号，将获取的故障征兆与故障规则表中的规则进行运算，得到 CF 后与决策阈值进行比较，当 CF 大于决策阈值时，判定故障发生，记录相应的故障信息，进行故障信息的保存。

这里以水泵水轮机系统中 3 种典型故障为例进行故障树诊断与分析。

1)主轴密封 1#过滤器故障，无法自动停止

通过查询典型故障汇编表，得到了故障发生的时间为 2013 年 12 月 23 日

21:09:53，故障发生的原因为过滤器水中含有杂物，过滤器滤芯堵塞，同时，利用数据挖掘和典型故障关联分析方法，得到故障关联参数为 4 号机组水泵水轮机主轴密封过滤器前后压力值，即故障查询表中的 float959 和 float960。典型故障历史信息如图 4-37 所示。

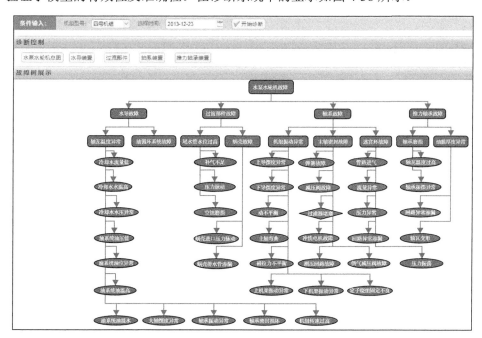

图 4-37　水泵水轮机系统 1#过滤器故障历史信息

将该故障发生时段的监测数据输入水泵水轮机系统故障树诊断模型中，经过水泵水轮机系统故障树模型运算，最终诊断结果为过滤器堵塞，故障被成功识别，验证了模型的有效性及准确性。在诊断系统中的显示如图 4-38 所示。

图 4-38　水泵水轮机系统 1#过滤器故障诊断结果

2）2 号机组由 3 号机组拖动抽水工况时启机失败

通过典型故障汇编表，查明故障发生的时间为 2016 年 08 月 03 日 03:29:29，引起故障发生的原因为 3 号机组低水头下拖动工况启机运行不稳定，同时，利用数据挖掘和典型故障关联分析方法，得到故障关联参数为 3 号机组水轮机主轴 Y 轴摆度跳闸，即故障查询表中的 bool767。典型故障历史信息如图 4-39 所示。

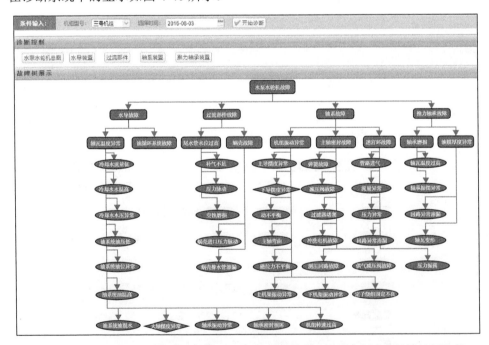

图 4-39　水泵水轮机系统 2 号机组由 3 号机组拖动抽水工况时启机失败故障历史信息

　　将该故障发生时段的监测数据输入水泵水轮机系统故障树诊断模型中，经过水泵水轮机系统故障树模型运算，最终诊断结果为大轴摆度异常或下导摆度异常。在诊断系统中的显示如图 4-40 所示。

图 4-40　水泵水轮机系统 2 号机组由 3 号机组拖动抽水工况时启机失败故障诊断结果

　　3)2 号机组由 1 号机组拖动抽水工况时启机失败

　　通过典型故障汇编表，查明了故障发生的时间为 2016 年 08 月 04 日 03:44:35，引起故障发生的原因为 2 号机组主轴密封进水减压阀压紧弹簧多层断裂失效，同时，利用数据挖掘和典型故障关联分析方法，得到故障关联参数为 2 号机组水轮机主轴密封压差低，即故障查询表中的 bool435。典型故障历史信息如图 4-41 所示。

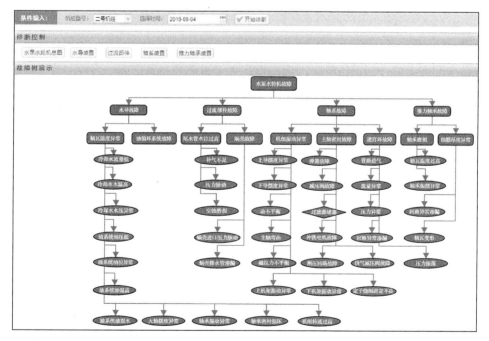

图 4-41　水泵水轮机系统 2 号机组由 1 号机组拖动抽水工况时启机失败故障历史信息

将该故障发生时段的监测数据输入水泵水轮机系统故障树诊断模型中，经过水泵水轮机系统故障树模型运算，最终诊断结果为减压阀故障，故障被成功诊断，验证了模型的有效性及准确性。在诊断系统中的显示如图 4-42 所示。

图 4-42　水泵水轮机系统 2 号机组由 1 号机组拖动抽水工况时启机失败故障诊断结果

以上水泵水轮机系统 3 种不同类型历史故障的诊断与分析，验证了水泵水轮机系统故障树诊断模型的有效性，其较高的诊断精度使得结果具有很高的工程实用价值。

2. 调速系统故障诊断

针对抽水蓄能机组调速系统典型故障中各底事件，从机组运行状态分析数据库中读取相应的历史数据，如表 4-20 所示。

表 4-20 调速系统故障查询表

相关状态量		1 号机组	2 号机组	3 号机组	4 号机组
调速器油槽油温	—	float 343	float 562	float 781	float 998
调速器供油管油压	—	float 344	float 563	float 782	float 999
调速器压力油罐油位	—	float 345	float 564	float 783	float 1000
调速器调速油箱油位	油位高	bool 215	bool 536	bool 861	bool 1180
	油位低	bool 216	bool 537	bool 862	bool 1181
补气系统压力罐压力	压力高	bool 207	bool 526	bool 852	bool 1172
	压力低	bool 208	bool 527	bool 853	bool 1173

对于状态越限异常与设备故障，监控系统能及时地进行检测，并给出报警信号或启动保护装置。然而，监控系统不能对调速系统的运行性能进行分析与评价，并且不能对由设备性能降级引发的漏油、漏气等故障进行检测。为此，需要对油系统漏油、漏气等故障进行相关计算与分析。

油系统漏油计算依据为压力油罐耗油速度，压力油罐耗油速度 V_c 可定义为压油泵不工作时压力油罐油位的下降速度，假设在时间段 (t_1, t_2) 内，压油泵处于不工作状态，且 t_1、t_2 时刻对应的压力油罐油位分别为 H_{Y1}、H_{Y2}，则压力油罐耗油速度 V_c 的计算公式为

$$V_c = \frac{H_{Y2} - H_{Y1}}{t_2 - t_1} \tag{4-70}$$

设 (t_1, t_2) 时间段内压力油罐正常用油量为 H_{tt}，则正常用油的耗油速度 V_{nc} 计算如下：

$$V_{nc} = \frac{H_{tt}}{t_2 - t_1} \tag{4-71}$$

令 $V_{nl} = V_c - V_{nc}$，当 V_{nl} 较大时，可判断调速系统发生了漏油故障。

油系统漏油计算比较连续两次压油泵停止时刻压力油罐油位，若停泵时刻压力油罐油位持续上升且超过预先定义的阈值，则能基本判断压力油罐存在漏气故障。

油泵效率低的判据为检测的打油速度以及单位时间内油泵开启次数，当打油

速度偏低并小于事先设定的阈值且单位时间内油泵开启次数较高时，可以确定为油泵效率低故障。依据获取的数据进行征兆获取，将获取的故障征兆与故障规则表中的规则进行运算，得到 CF 后与决策阈值进行比较，当 CF 大于决策阈值时，判定为故障发生，记录相应的故障信息，进行故障信息的保存。

利用历史实测数据对故障树诊断模型进行有效性及准确性验证，用于验证的调速系统典型故障 1 为 2011 年 8 月 22 日发生的 4 号机组集油箱油位高导致机组无法开机故障，该故障可在系统内查询到如图 4-43 所示的故障历史信息。

图 4-43　调速系统集油箱油位高故障历史信息

将该故障发生时段的监测数据输入调速系统故障树诊断模型中，经过模型运算，最终诊断结果为集油箱油位偏高和压力油罐油位偏低。诊断结果如图 4-44 所示。

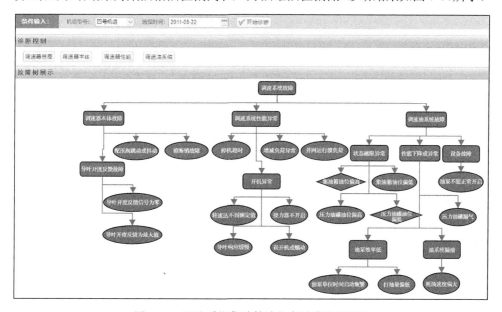

图 4-44　调速系统集油箱油位高故障诊断结果

用于验证调速系统故障树诊断模型的典型故障 2 为 2016 年 7 月 4 日由信号控

制电缆疲劳折断导致的导叶拐臂剪断销故障报警记录，在系统内存储的该故障信息如图 4-45 所示。

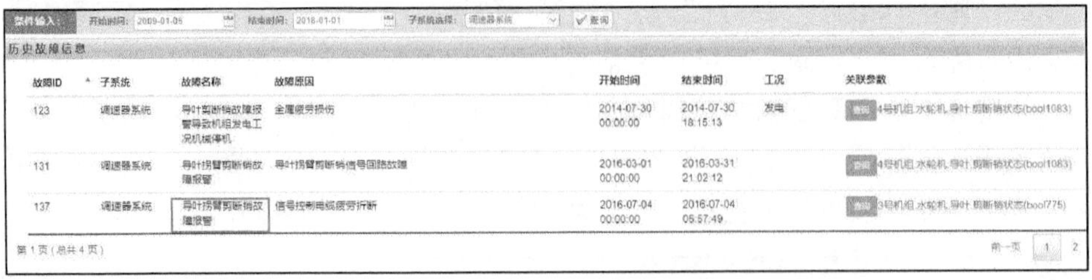

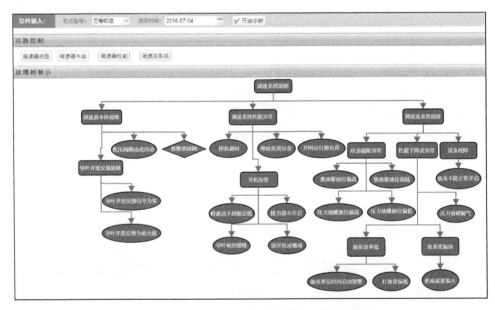

图 4-45　调速系统导叶拐臂剪断销故障历史信息

将该故障发生时段的监测数据输入调速系统故障树诊断模型中，经过模型运算，最终诊断结果如图 4-46 所示。可以看到故障被成功诊断。

图 4-46　调速系统导叶拐臂剪断销故障诊断结果

以上两个调速系统不同类型历史故障的诊断，验证了调速系统故障树诊断模型的有效性，其较高的诊断精度使诊断结果具有很高的工程实用价值。

3. 发电电动机及其励磁系统故障诊断

针对抽水蓄能机组发电电动机及其励磁系统典型故障中的底事件，从机组运行状态分析数据库中读取相应的历史数据，如表 4-21 所示。

表 4-21　发电电动机及其励磁系统故障查询表

相关状态量	1 号机组	2 号机组	3 号机组	4 号机组
发电机转频过高	bool87	bool404	bool727	bool1049
空冷器故障	bool307	bool634	bool953	bool1279
转子绝缘损坏	bool85	bool402	bool725	bool1047
极频振动	bool26	bool338、339	bool661、662	bool984 、985
转频振动	—	bool340	bool663	bool986

依据获取的数据进行故障征兆获取，将获取的故障征兆与故障规则表中的规则进行运算，得到 CF 后与决策阈值进行比较，当 CF 大于决策阈值时，判定故障发生，记录相应的故障信息，进行故障信息的保存。

4. 主进水阀系统故障诊断

针对典型故障中各底事件，从机组运行状态分析数据库中读取相应的历史数据，如表 4-22 所示。

表 4-22　主进水阀系统故障查询表

相关状态量	1 号机组	2 号机组	3 号机组	4 号机组
油压低	bool222	bool545	bool868	bool1187
油位低	bool224	bool547	bool870	bool1189
油位高	bool225	bool548	bool871	bool1190

依据获取的数据进行故障征兆获取，将获取的故障征兆与故障规则表中的规则进行运算，得到 CF 后与决策阈值进行比较，当 CF 大于决策阈值时，判定故障发生，记录相应的故障信息，进行故障信息的保存。

5. 主变故障诊断

针对典型故障中各底事件，从机组运行状态分析数据库中读取相应的历史数据，如表 4-23 所示。

依据获取的数据进行故障征兆获取，将获取的故障征兆与故障规则表中的规则进行运算。同时对故障诊断输出结果进行定义，并且保存故障诊断结果，在数据库中分别建立故障结果信息表 BLH_FaultTree_Result 和故障结果历史信息表 BLH_FaultTree_History，可以通过数据库对机组故障诊断结果和故障历史记录进行查询。

表 4-23　主变压器故障查询表

相关状态量	1 号机组	2 号机组	3 号机组	4 号机组
冷却器故障	bool1424、1427、1430、1433	bool1463、1466、1469、1472	bool1543、1546、1549、1552	bool1503、1506、1509、1512
交流电源故障	bool1441、1446	bool1481、1486	bool1557、1562	bool1521、1526
冷却水泄漏报警	bool1423、1426、1429、1432	bool1462、1465、1468、1471	bool1542、1545、1548、1551	bool1502、1505、1508、1511

参 考 文 献

[1] Jiang W, Zhou J, Liu H, et al. A multi-step progressive fault diagnosis method for rolling element bearing based on energy entropy theory and hybrid ensemble auto-encoder[J]. ISA Transactions, 2019, 87: 235-250.

[2] Wu Z, Huang N E. Ensemble empirical mode decomposition: A noise-assisted data analysis method[J]. Advances in Adaptive Data Analysis, 2009, 1(1): 1-41.

[3] Wang Y H, Yeh C H, Young H W V, et al. On the computational complexity of the empirical mode decomposition algorithm[J]. Physica A, 2014, 400: 159-167.

[4] Grattarola D, Livi L, Alippi C. Adversarial autoencoders with constant-curvature latent manifolds[J]. Applied Soft Computing, 2019, 81: 105511.

[5] 姜伟. 水电机组混合智能故障诊断与状态趋势预测方法研究[D]. 武汉: 华中科技大学, 2019.

[6] Leng J, Jiang P. A deep learning approach for relationship extraction from interaction context in social manufacturing paradigm[J]. Knowledge-Based Systems, 2016, 100: 188-199.

[7] Du B, Xiong W, Wu J, et al. Stacked convolutional denoising auto-encoders for feature representation[J]. IEEE Transactions on Cybernetics, 2017, 47(4): 1017-1027.

[8] Geng J, Wang H, Fan J, et al. Deep supervised and contractive neural network for SAR image classification[J]. IEEE Transactions on Geoscience & Remote Sensing, 2017, 55(4): 2442-2459.

[9] Wu E, Peng X, Zhang C, et al. Pilots' fatigue status recognition using deep contractive autoencoder network[J]. IEEE Transactions on Instrumentation and Measurement, 2019, 68(10): 3907-3919.

[10] Yu Y, Yu D, Cheng J. A roller bearing fault diagnosis method based on EMD energy entropy and ANN[J]. Journal of Sound and Vibration, 2006, 294(1): 269-277.

[11] 许丹, 于龙, 王玉梅. 基于用最小二乘法改进的 EMD 与能量熵融合的断路器机械故障诊断方法[J]. 高压电器, 2014, 50: 99-103.

[12] 刘素兵, 曹大志, 张华. 假设检验的置信区间法[J]. 科技风, 2018, 363(31): 23-24.

[13] 李伟伟. 浅谈中心极限定理及其应用[J]. 当代教育实践与教学研究, 2018(7): 186-187, 189.

[14] Van L, Hinton G. Visualizing data using t-SNE[J]. Journal of Machine Learning Research, 2008, 9: 2579-2605.

[15] Parviainen E, Saramäki J. Drawing clustered graphs by preserving neighborhoods[J]. Pattern Recognition Letters, 2017, 100: 174-180.

[16] 李超然, 肖飞, 樊亚翔. 基于循环神经网络的锂电池 SOC 估算方法[J]. 海军工程大学学报, 2019, 31(6): 107-112.

[17] Gregor K, Danihelka I, Graves A, et al. DRAW: A recurrent neural network for image generation[J]. Computer Science, 2015: 1462-1471.

[18] Naz S, Umar A I, Ahmad R, et al. Urdu Nasta'liq text recognition system based on multi-dimensional recurrent neural network and statistical features[J]. Neural Computing and Applications, 2015, 28(2): 219-231.

[19] Zhou G, Wu J, Zhang C, et al. Minimal gated unit for recurrent neural networks[J]. International Journal of Automation and Computing, 2016, 13(3): 30-38.

[20] Chen M, Weinberger K, Xu Z, et al. Marginalizing stacked linear denoising autoencoders[J]. Journal of Machine Learning Research, 2015, 16(1): 3849-3875.

[21] Hinton G. Reducing the dimensionality of data with neural networks[J]. Science, 2006, 313(5786): 504-507.

[22] Liu H, Zhou J, Zheng Y, et al. Fault diagnosis of rolling bearings with Recurrent Neural Network-based autoencoders[J]. ISA Transactions, 2018, 77: 167-178.

[23] Springenberg J T. Unsupervised and semi-supervised learning with categorical generative adversarial networks[C]. The International Conference on Learning Representations(ICLR), San Juan, 2016: 1-20.

[24] 刘涵. 水电机组多源信息故障诊断及状态趋势预测方法研究[D]. 武汉: 华中科技大学, 2019.

第5章 抽水蓄能机组主辅设备运行状态趋势预测方法

随着高水头、大惯量抽水蓄能机组的相继投运,机组主辅设备运行稳定性成为电站生产管理中需重点关注的问题。抽水蓄能机组的功能特点决定了其需要频繁启停,设备运行长期处于较为恶劣的环境,设备磨损、疲劳等安全问题日益凸显,急需针对抽水蓄能机组主辅设备全生命周期的运行健康状态管理开展研究。此外,虽然机组状态监测能够有效反映设备当前的运行状态,但是设备异常或故障往往具有瞬时性和不确定性,运维人员很难及时在故障发生前采取有效的应对措施。在实际生产中,部分运维人员根据已有经验对设备异常和状态裂化趋势做出判断,但这种主观的认知并不能准确反映设备状态变化,且不具备普遍适用性。

进一步,受抽水蓄能机组主辅设备运行过程中复杂水力、机械、电磁耦合因素影响,设备状态监测信号呈现较强的非线性和非平稳性,准确预测监测量的变化趋势是一项复杂且具有挑战性的任务。针对上述问题,本章讨论了抽水蓄能机组主辅设备状态趋势预测模型与方法,通过监测数据准确预测设备未来的状态趋势,在及时发现设备异常运行状况避免重大事故发生的同时,有助于科学合理地制定检修计划,提高抽水蓄能电站的综合经济效益。

5.1 基于 VMD 与 CNN 的抽水蓄能机组振动信号多步非线性趋势预测方法

振动信号作为最常见的抽水蓄能电站运行状态监测信号,直接反映着机组当前的健康状态,不同的运行工况或故障下,振动的表现形式也不同。而在抽水蓄能机组运行过程中,振动信号又受到水力、机械、电磁等多方面因素影响,呈现出复杂、非线性的特点。为了准确预测抽水蓄能机组振动的发展趋势,不同预测方法被相继提出,主要包括:自回归模型、自回归滑动平均模型、支持向量回归、人工神经网络等。然而,以上常见的趋势预测方法多属于单步预测方法,即模型由上一时段的振动变化数据或特征拟合下一时间点的振动值,预测时间间隔取决于采样频率。本节提出一种 VMD 和 CNN 的混合抽水蓄能机组振动信号多步非线性趋势预测方法,通过 VMD 提取出振动模式较为平稳的抽水蓄能机组振动信号模态分量,结合 CNN,将每个模态分量视作 CNN 输入中的一个通道,利用卷积运算提取模态分量的局部特征与各个通道间的关联特征，最后经过一系列非线性变化，直接预测机组运行下一时间段的多个振动值，实现抽水蓄能机组振动信号的多步趋势预测。

5.1.1　VMD 原理

VMD 是由 Dragomiretskiy 和 Zosso 于 2014 年提出的一种自适应信号处理方法[1]。该方法假定信号由不同的模态函数组成，每个模态函数具有不同的中心频率 ω_k，在变分框架内通过自适应和准正交的方法实现信号分解，迭代搜索寻找变分模型的最优解，使各模态函数的估计带宽之和最小，从而确定各个模态函数的频率中心及带宽，即通过构造如式(5-1)所示的估计模态带宽约束问题进行求解：

$$
\min_{u_k,\sigma_k}\left\{\sum_k\left\|\partial_t\left[\left(\partial(t)+\frac{\mathrm{j}}{\pi t}\right)*u_k(t)\right]\mathrm{e}^{-\mathrm{j}\omega_k t}\right\|_2^2\right\}
$$
$$
\text{s.t.}\sum_k u_k=x(t)
$$
(5-1)

式中，u_k、σ_k 为第 k 个模态函数的均值和标准差；$x(t)$ 为原始信号；$\partial(t)$ 为狄拉克函数；*为卷积操作。通过引入二次惩罚项和拉格朗日因子将该问题转化为无约束问题进行求解：

$$
L(u_k,\omega_k,\lambda)=\alpha\left\{\sum_k\left\|\partial_t\left[\left(\partial(t)+\frac{\mathrm{j}}{\pi t}\right)*u_k(t)\right]\mathrm{e}^{-\mathrm{j}\omega_k t}\right\|_2^2\right\}+\left\|x-\sum_k u_k\right\|_2^2+\left\langle\lambda,x-\sum_k u_k\right\rangle
$$
(5-2)

式中，α 为惩罚系数，也是模态频率带宽控制系数。为了求解式(5-2)，采用交替方向乘子方法(alternate direction method of multipliers，ADMM)对参数进行寻优，具体如下。

（1）最小化 u_k：

$$
\hat{u}_k^{n+1}=\frac{\hat{f}(\omega)-\sum_{i\neq k}\hat{u}_i(\omega)+\dfrac{\hat{\lambda}(\omega)}{2}}{1+2\alpha(\omega-\omega_k)^2}
$$
(5-3)

式中，$\hat{u}_k^{n+1}$、$\hat{u}_i(\omega)$、$\hat{f}(\omega)$、$\hat{\lambda}(\omega)$ 分别为 u_k^{n+1}、$u_i(\omega)$、$f(\omega)$、$\lambda(\omega)$ 的傅里叶变换结果，n 为当前迭代次数；u_k^{n+1} 为第 $n+1$ 次迭代中第 k 个模态函数的均值，$u_i(\omega)$ 为中心频率 ω 对应的第 i 个模态函数的均值，$f(\omega)$ 为对拉格朗日求偏导产生的与 ω 相关的项，$\lambda(\omega)$ 为与中心频率对应的拉格朗日因子。

（2）最小化 ω_k：

$$\omega_k^{n+1} = \frac{\int_0^\infty \omega |\hat{u}_k(\omega)|^2 \, \mathrm{d}\omega}{\int_0^\infty |\hat{u}_k(\omega)|^2 \, \mathrm{d}\omega} \tag{5-4}$$

VMD 寻优迭代步骤如下。

步骤 1：初始化 u_k^1、ω_k^1 和最大迭代次数 N，$n=1$。

步骤 2：通过式(5-3)、式(5-4)获得 $\hat{u}_k^{n+1}$ 和 ω_k^{n+1}。

步骤 3：通过式(5-5)更新 λ：

$$\hat{\lambda}^{n+1} = \hat{\lambda}^n(\omega) + \tau \left(\hat{f}(\omega) - \sum_k \hat{u}_k^{n+1}(\omega) \right) \tag{5-5}$$

式中，τ 为噪声容忍度。

步骤 4：若 $\sum_k \left\| \hat{u}_k^{n+1} - \hat{u}_k^n \right\|_2^2 \Big/ \left\| \hat{u}_k^n \right\|_2^2 < \varepsilon$ 或 $n=N$，停止迭代，否则 $n=n+1$，转至步骤 2。

与众多信号分解方法类似，VMD 需要预先确定一些参数，包括分解模态数量 K，模态频率带宽控制系数 α，噪声容忍度 τ，收敛阈值 ε 和最大迭代次数 N 等。这些参数影响 VMD 方法对噪声的鲁棒性和分解效率。参数 K 设置得过小，容易导致欠分解，不同的模态之间相互混合，丢失了有效信息。当 K 设置得过大时，相同频率的信号被分解到多个模态中。另外，参数 α 也控制着数据保真度。因此，为了获得最佳分解效果，可以考虑结合智能算法优化 VMD 中的参数[2,3]。

5.1.2　CNN 原理

CNN 最早被提出用于解决图像处理中的模式识别问题[4]。通过卷积运算，CNN 能够从输入矩阵中提取局部信息。在结构上，CNN 主要包括卷积层、池化层、上采样层、压平层、激活层，如图 5-1 所示。不同的拓扑结构对网络的拟合能力和泛化性能有直接影响，理论上，网络的层数越多、节点数越多，其非线性拟合能力越强，但随之而来的是计算开销也越大，越易导致过拟合问题。所以，实际网络结构应根据训练数据、应用场景等因素确定。

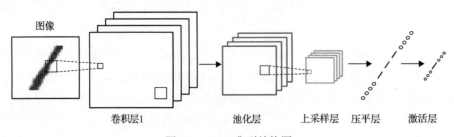

图 5-1　CNN 典型结构图

1. 卷积层

卷积层作为 CNN 中最重要的概念，承担了大部分的特征提取工作。卷积层可视为多个输入数据的滤波器[5]，每个滤波器中的卷积核将局部的输入矩阵与对应的权重矩阵相乘获得一个激活值，设当前层 l 的第 j 个局部数据为 $X^{l(j)}$，对应的第 i 个卷积核的权重为 W_i^l，则对应的输出为

$$y_{i,j}^l = W_i^l * W_j^l \tag{5-6}$$

在该操作完成后，平移卷积核对下一局部输入矩阵进行相同的操作。在扫描完全部的输入矩阵后，获得一个特征矩阵。为了减少参数数量与简化计算量，每个滤波器中的核之间共享参数。

2. 池化层

池化层可以看作卷积核参数固定的卷积层，主要对输入的特征数据进行压缩，提取主要特征并降低网络的计算复杂度。通过池化层，输入特征不同方向上的维度根据选择的滤波器步长被压缩至不同尺度，如对步长为 2、大小为 2×2 的池化滤波器，$M \times N$ 大小的原始特征矩阵池化后大小只有 $(M/2) \times (N/2)$，只有原来的四分之一，从而也有效地缩小了参数矩阵的尺寸，在保留主要特征的基础上可以加快计算速度与防止过拟合。通常池化操作包括平均值池化（mean-pooling）和最大值池化（max-pooling）。以平均值池化为例，设局部输入矩阵为

$X = \begin{pmatrix} x_{11} & \cdots & x_{1n} \\ \vdots & & \vdots \\ x_{n1} & \cdots & x_{nn} \end{pmatrix} \in \mathbf{R}^{n \times n}$，则池化后获得的输出为 $\dfrac{1}{2n}\displaystyle\sum_{j=1}^{n}\sum_{i=1}^{n} x_{ij}$。

3. 上采样层

输入数据经过卷积层与池化层的操作，矩阵的维度被不断压缩。为了获得期望的输出维度，上采样层（upsampling）通过插补的方法重复输入数据扩大维度。例如，想要将输入数据 $X_{m \times n}$ 的第一维扩大 s 倍，则上采样层的相应输出为

$$Y = \begin{pmatrix} \overbrace{x_{11}\cdots x_{11}}^{s} & \cdots & \overbrace{x_{m1}\cdots x_{m1}}^{s} \\ \vdots & & \vdots \\ \underbrace{x_{1n}\cdots x_{1n}}_{s} & \cdots & \underbrace{x_{mn}\cdots x_{mn}}_{s} \end{pmatrix} \in \mathbf{R}^{sm \times n}$$

4. 压平层

由于在卷积层与池化层中，输入输出数据为三维矩阵，为了将数据从中过渡到全连接层，压平层（flatten）将多维矩阵转化为一维向量。对输入 $X_{m \times n}$，经过压平层"拉平"后的对应输出为

$$Y = (x_{11} \quad \cdots \quad x_{1n} \quad x_{21} \quad \cdots \quad x_{2n} \quad \cdots \quad x_{mn}) \in \mathbf{R}^{mn \times 1}$$

5. 激活层

在上述操作中，网络节点权重与数据相乘是一种线性操作，该计算结果通常会经过激活层进行进一步映射。由于实际处理的拟合或分类问题通常是高维非线性的，仅仅依靠卷积或池化操作只能获得原始数据的线性表达，无法进行有效的建模。为了获得特征的非线性表达，同时加快网络训练的收敛速度，通常会在网络中每一层的最后选取非线性的映射函数作为激活层。

本节选取 ReLU 作为卷积层激活函数。相较于其他激活函数，通过 ReLU 激活函数输出的特征具有稀疏性，意味着网络具有更好的泛化能力，同时 ReLU 在输入大于 0 时导数恒为 1，网络更加容易训练，便于加深网络深度，提高建模效果。

5.1.3　水泵水轮机振动信号多步非线性趋势预测

VMD 能够将抽水蓄能机组振动信号分解成不同中心频率的模态分量，简化了信号振动模式。因此，本节结合 VMD 的信号处理能力与 CNN 获取非线性特征的能力，提出一种基于 VMD-CNN 的抽水蓄能机组振动信号非线性趋势预测模型。该模型通过 VMD 方法将原始振动信号分解成不同的模态函数，以每个模态函数中的固定长度数据作为一行向量，组合多个模态函数的输入向量构建多维度的输入矩阵，通过 CNN 提取不同模态间和模态本身的非线性特征，最终获得多步输出的振动预测结果，实现抽水蓄能机组振动信号的多步非线性趋势预测。所提 VMD-CNN 预测方法流程图如图 5-2 所示。

1. 信号分解

由于受多维水力、机械、电磁耦合因素的影响，抽水蓄能机组振动信号通常包含复杂的振动分量，包括趋势项、周期项和噪声项三种成分。通过 VMD 方法对抽水蓄能机组振动信号进行分解，从中分解并提取较为单一的振动模式，从而提高其趋势预测精度。以某抽水蓄能机组过渡过程中机组顶盖 Y 向振动数据为例，分解模态数量为 3 时的 VMD 结果如图 5-3 所示。从图中可以看到，原始振动信号具有强烈的非线性与非平稳性，通过 VMD 方法分解后，每个模态分量具有

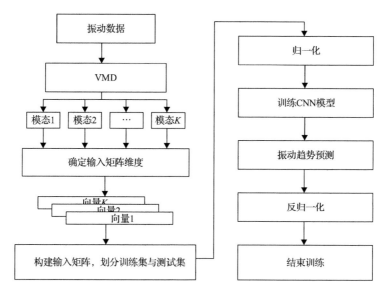

图 5-2 基于 VMD-CNN 的抽水蓄能机组振动信号多步非线性趋势预测流程

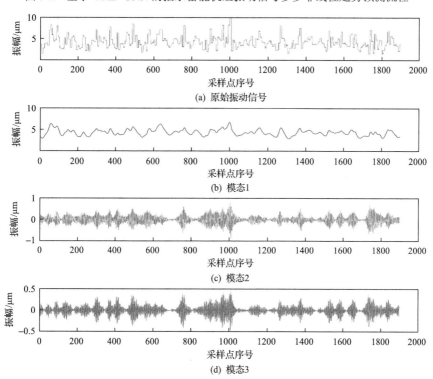

图 5-3 抽水蓄能机组顶盖 Y 向振动信号及其分解后的模态分量

一个中心振动频率，越高阶的模态分量具有的频率越高。一般而言，振动变化趋势可通过低频分量预测，而高频分量中则包含了更多的振动周期信息与随机噪声。

2. 输入输出矩阵构建

对抽水蓄能机组振动信号分解后，获得了不同频率尺度的模态函数，将不同模态函数视作输入的不同通道，运用卷积核提取分量间的局部特征，经过 CNN 建模拟合后可预测振动信号的变化趋势。模型的多维度输入输出矩阵的构建过程如图 5-4 所示。具体地，令 $M_k = (m_{k1}, m_{k2}, \cdots, m_{kL}) \in \mathbf{R}^{1 \times L}$，$k = 1, 2, \cdots, K$ 为第 k 个模态分量，$S = (s_1, s_2, \cdots, s_L) \in \mathbf{R}^{1 \times L}$ 为原始振动信号，其中 L 为数据总长度，那么输入矩阵 Input 和输出矩阵 Output 为

$$\text{Input} = \begin{pmatrix} m_{1i}, m_{1(i+1)}, \cdots, m_{1(i+l_i-1)} \\ \cdots \\ m_{Ki}, m_{K(i+1)}, \cdots, m_{K(i+l_i-1)} \end{pmatrix}^{\mathrm{T}} \in \mathbf{R}^{l_i \times K} \tag{5-7}$$

$$\text{Output} = (s_{i+l_i}, s_{i+l_i+1}, \cdots, s_{i+l_i+l_o-1})^{\mathrm{T}} \in \mathbf{R}^{l_o \times i} \tag{5-8}$$

式中，l_i 和 l_o 分别为模型输入和输出数据的长度；i 为采样点的序号。

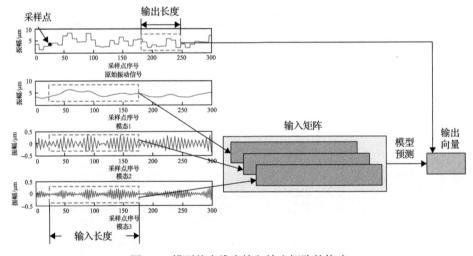

图 5-4 模型的多维度输入输出矩阵的构建

3. 预测模型架构

通常而言，CNN 处理的图像输入数据具有宽度、高度、通道数三个维度，作为处理对象的抽水蓄能机组振动信号分解后为二维数据，因此采用一维 CNN 对抽水蓄能机组振动信号进行趋势预测，输入维度为长度和分解后的模态分量数。一维 CNN 可视作常规 CNN 输入数据中的高度为 1 时的特殊情况。

　　CNN 中的卷积、池化、上采样等操作会改变数据的长度，当卷积层中步长取为 2 时，经过一层卷积层后，数据的长度变为原来的一半，因此，为了方便模型构建，CNN 预测模型的输入、输出的长度通常为 2^n 的形式。以输入步长为 64、输出步长为 32、VMD 输出 4 个模态分量为例，所建的 CNN 预测模型架构，如图 5-5 所示。输入矩阵中每个通道与 VMD 后的每个模态函数相对应。通过多个不同尺度的卷积核，经过压平层后提取输入数据的趋势特征；通过不断地上采样操作，获得期望维度下的输出向量。为了使网络能够学习到不同的下采样特征，预测模型中采用卷积层中的步长代替池化操作，通过学习得到的卷积核与池化层中的固定最大值或平均值操作相比，具有更丰富的网络表达能力[6]，从而提高了预测模型的泛化性能。

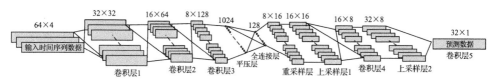

图 5-5　CNN 预测模型架构

5.1.4　水泵水轮机振动信号多步预测结果分析

　　为验证所提预测方法的有效性与可靠性，对某抽水蓄能机组顶盖 Y 向振动实测数据进行实例验证。选取 4620 个历史监测数据，相邻采样数据间的时间间隔为 1s。考虑到振动数据随时间变化的特性，趋势预测与故障分类任务在训练集与测试集的划分上应该有所不同。故障分类任务可将数据集打乱，随机选取训练数据与测试数据；而在进行趋势预测时，由于相邻时间的振动数据具有强相关性，这种随机打乱进行模型训练将导致测试数据与训练数据在时间上大量交叉重叠，模型的预测评估结果往往偏高，因此，所有测试集上的数据在时间上应晚于训练集，如此才更加符合工程实际情况，进而可准确评估模型的预测结果。选取前 3696 个点作为训练集，后 924 个点作为测试集。训练集与测试集的相关统计信息如表 5-1 所示。

表 5-1　抽水蓄能机组顶盖 Y 向振动相关统计信息

统计量	全部数据集	训练集	测试集
最大值/μm	10.32	10.32	8.47
最小值/μm	1.38	1.42	1.38
中值/μm	4.15	4.13	4.29
平均值/μm	4.33	4.33	4.35
滞后 1s 时的自相关系数	0.89	0.89	0.89

1. 预测模型构建

前面已经确定了抽水蓄能机组振动信号多步非线性趋势预测模型总体架构,然而模型的详细参数需结合研究对象具体确定,其中有两个参数对模型预测效果影响较大:一是 VMD 中的模态分解数量,二是输入数据的长度。为此,本书研究预测模型在训练集上的拟合效果随这两个参数的变化效果,最终确定预测模型的最优参数。在每次试验中,通过均值为 0、方差为 0.1 的高斯分布初始化网络参数,设定网络最大训练次数为 300,预测长度为 16。考虑到多步预测的输出结果为一维向量,采用均方根误差(root mean squared error,RMSE)作为模型预测评判标准:

$$\text{RMSE} = \frac{1}{M} \sum_m \left(\frac{\sum_l \left| y_l^m - s_l^m \right|^2}{l_o} \right)^{1/2} \tag{5-9}$$

式中,M 为样本数量;s_l^m 和 y_l^m 分别为第 m 个样本的预测结果与实际结果在第 l 步上的值;l_o 为输出的长度,即 $l_o=16$。

1)模态分解数量对预测结果的影响

模态分解数量直接影响着输入数据振动模式的复杂度,较少的模态混叠现象有利于进行精确的趋势预测;另外,当模态分解数量过大时,VMD 的速度与输入数据的维度受到影响,构建的模型过于复杂,造成不必要的计算开销。为了确定输入矩阵的最佳通道数量,首先研究其对预测精度的影响。如图 5-6(a)所示,当预测模型的模态分解数量从 3 个增加至 4 个时,RMSE 从 0.55μm 迅速下降至 0.26μm,然而当模态分解数量继续增加时,预测精度趋于稳定,因此,可选取模态分解数量为 4 个,使得预测精度与计算开销均在合理范围内。

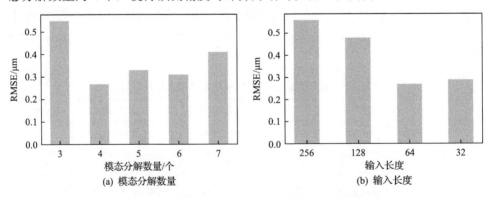

图 5-6　预测模型不同参数对预测结果的影响

2) 输入长度预测结果的影响

输入长度则决定了模型提取特征的效果，若输入长度过短，则提取到的特征缺失，预测精度将受到影响，而过长的输入长度将造成数据冗余，导致网络训练时间过长，不利于工程实际应用。因为模型采用了基于步长的降维方法，所以输入数据的长度为 2^n 的形式，因此选取输入长度为 256、128、64 和 32 进行对比试验，试验结果如图 5-6(b) 所示。

该结果表明了当输入数据过长时，输入的噪声也增多，导致预测精度下降，因此输出长度为 256 或 128 时预测效果不理想；而当输入长度选为 32 时，输入数据过短，历史数据与预测数据间必要的关联特征缺失，也会影响预测精度，造成预测误差增大，因此输入长度为 64 时预测结果最为理想。

因此，通过上面的试验，可最终确定该抽水蓄能机组振动信号多步非线性趋势预测模型的合适参数，即模态分解数量为 4 个，输入长度为 64。其余详细参数如表 5-2 所示。值得一提的是，虽然不同的超参对预测结果有不同的影响，但由于 CNN 对非线性特征的强大拟合能力，所提 VMD-CNN 预测模型均取得了良好的预测效果，对参数的敏感性小于其他混合预测模型。

表 5-2　抽水蓄能机组振动信号多步非线性趋势预测模型详细参数

序号	类型	输出维度	卷积核大小	卷积核数量/个	步长	激活函数
1	输入层	64×4	—	—	—	—
2	卷积层 1	32×32	20	32	2	ReLU
3	卷积层 2	16×64	10	64	2	ReLU
4	卷积层 3	8×128	5	128	2	ReLU
5	压平层	1024	—	—	—	—
6	全连接层	128	—	—	—	ReLU
7	重采样层	4×32	—	—	—	—
8	上采样层 1	8×32	—	—	—	—
9	卷积层 4	8×16	4	16	1	ReLU
10	上采样层 2	16×16	—	—	—	—
11	卷积层 5	16×1	8	1	1	线性

注：模型采用 Adam 优化方法优化各层参数[7]。

2. 预测结果及分析

为了确认所提模型的预测精确性，下面选取其他相关预测方法进行对比分析，包括 SVR、极限学习机(extreme learning machine，ELM)和神经网络(neural networks，NN)。其中 SVR 作为一种有效的数据回归方法，在预测模型中的输入阶数由数据的偏相关函数值确定，SVR 的最优参数通过网格方法搜索到。ELM 作为一种单隐含层的前馈神经网络，以其收敛速度快而被学者广泛研究[8-10]。在本例中，ELM 预测模型的输入数据与 SVR 保持一致，其最优隐含层节点数量通过网格搜索方法在 20~200 个中确定。CNN 是 NN 模型的一种特例，在此进行对比验证 CNN 在非线性拟合能力上的提高，选取 NN 的网络拓扑结构为 64-100-100-16，其中隐含层利用 ReLU 进行激活，训练迭代次数与优化方法与所提模型相同。另外，为了表明 VMD 提取出的单一振动模式对预测精度的影响，对每种方法另外进行基于 VMD 的混合预测，如 VMD-SVR 方法表示在经过 VMD 后，分别用 SVR 对每个模态分量进行预测，将所有预测结果累加在一起作为最终预测结果，VMD-ELM 和 VMD-NN 同理。CNN 方法表示仅对原始振动信号采用 CNN 架构进行预测，网络拓扑结构与所提模型类似，不同的是输入通道由原来的模态分量替换成原始振动信号。

在对比分析的基础上，为了表明抽水蓄能机组振动数据多步预测的必要性和所提模型在多步预测上的优越性，对所有模型进行单步与多步预测试验。由于单步预测可看作多步预测的特例，单步试验下的 NN 和 CNN 模型架构只需修改输出节点数即可。而由于 SVR 与 ELM 输出为一维数据，为了获取多步预测结果，采用迭代预测方法。具体来讲，当模型对给定输入数据预测完毕后，将预测值添加到输入数据后，组成新的输入数据继续预测下一点，直到预测结果满足输出长度为止。

为了全方位地评价不同模型的预测结果，除 RMSE 评价标准外，另外采用平均绝对误差(mean absolute error，MAE)与平均绝对百分比误差(mean absolute percentage error，MAPE)作为衡量准则，其定义如下：

$$MAE = \frac{1}{M}\sum_m \frac{\sum_l \left| y_l^m - s_l^m \right|}{l_o} \tag{5-10}$$

$$MAPE = \frac{1}{M}\sum_m \frac{1}{l_o}\sum_l \frac{100 \times \left| y_l^m - s_l^m \right|}{y_l^m} \tag{5-11}$$

此外，为了更直观地体现不同模型在预测精度上的差异，采用 RMSE、MAE 和 MAPE 的降低百分比描述预测效果的提升：

$$P_{RMSE} = \frac{RMSE_1 - RMSE_2}{RMSE_1} \times 100\% \tag{5-12}$$

$$P_{MAE} = \frac{MAE_1 - MAE_2}{MAE_1} \times 100\% \tag{5-13}$$

$$P_{\text{MAPE}} = \frac{\text{MAPE}_1 - \text{MAPE}_2}{\text{MAPE}_1} \times 100\% \tag{5-14}$$

式中，下标 1、2 为用于对比的模型序号。

最终不同模型的预测结果如表 5-3 和图 5-7 所示。从总体上看，无论单步预测还是多步预测试验，所提 VMD-CNN 预测模型在三项误差指标上均取得了最小值，验证了模型的有效性。同时每种预测方法结合 VMD 进行混合预测均比使用原始振动数据进行预测具有更小的误差，表明 VMD 提取出的单一振动模式更适合趋势预测。所提 VMD-CNN 预测方法与对比模型在预测精度上的提升和结合 VMD 对每个方法的预测效果的提升如表 5-4 所示。

表 5-3　不同模型抽水蓄能机组振动数据单步和多步预测结果

模型	单步预测结果			多步预测结果		
	RMSE/μm	MAE/μm	MAPE/%	RMSE/μm	MAE/μm	MAPE/%
SVR	0.75	0.37	9.98	1.27	1.07	27.81
VMD-SVR	0.66	0.47	13.04	0.83	0.67	17.81
ELM	0.78	0.45	12.14	1.27	1.08	30.49
VMD-ELM	0.68	0.49	13.58	0.96	0.78	22.21
NN	0.67	0.28	7.19	1.55	1.34	34.61
VMD-NN	0.41	0.42	11.51	0.72	0.59	16.19
CNN	1.30	1.02	26.61	1.43	1.21	31.36
VMD-CNN	0.25	0.16	4.26	0.26	0.21	5.61

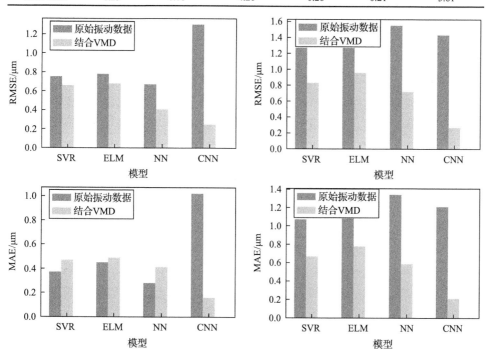

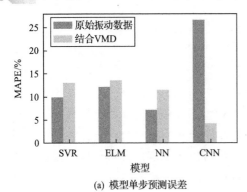

(a) 模型单步预测误差

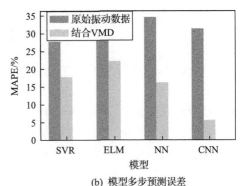

(b) 模型多步预测误差

图 5-7   不同模型的预测结果柱状图

表 5-4   不同模型在多步预测试验上的对比结果   (单位：%)

对比模型	P_{RMSE}	P_{MAE}	P_{MAPE}
VMD-CNN 与 VMD-SVR	67.71	68.21	68.48
VMD-CNN 与 VMD-ELM	72.08	72.69	74.72
VMD-CNN 与 VMD-NN	62.78	63.90	65.32
VMD-CNN 与 CNN	81.26	82.40	82.10
VMD-SVR 与 SVR	34.65	37.38	35.96
VMD-ELM 与 ELM	24.41	27.78	27.16
VMD-NN 与 NN	53.55	55.97	53.22

值得注意的是，在单步预测试验中，虽然基于 SVR、ELM 和 NN 方法的预测模型误差大于所提模型，但预测效果令人满意且相差不大，均表现较好。SVR、ELM、NN 和 VMD-CNN 的单步预测模型对所有测试集数据的拟合效果如图 5-8 所示。从图中可以看到，几乎所有模型均能基本正确拟合出下一时刻的振动趋势，同时考虑到采样时间间隔一般较短，因此，在抽水蓄能机组振动趋势预测中，为了能更好地评价振动趋势，及早提醒异常状况，具有更长预警区间的多步预测方法更值得关注与研究。

受模型本身的限制，SVR 和 ELM 在进行多步预测时表现得较差。由于迭代预测时将每次的输出值补入当前数据继续进行预测，预测误差将会不断累积，最终导致偏差越来越大。而基于 CNN 和 NN 的预测方法能够从全局上调整参数，获得更加精准的预测结果，因此可以看到 VMD-CNN 和 VMD-NN 的预测误差均小于 VMD-SVR 和 VMD-ELM 的预测误差。特别是所提 VMD-CNN 方法，其RMSE、MAE、MAPE 三项指标分别为 0.26μm、0.21μm 和 5.61%，与单步预测结果的误差大致相同，表明了所提方法的稳定性。作为对比，VMD-SVR 和VMD-ELM 的 RMSE 则分别上升到了 0.83μm 和 0.96μm，高于其在单步预测试验下的误差。这里随机选取六组测试样本，绘制 VMD-SVR、VMD-ELM、VMD-NN 和

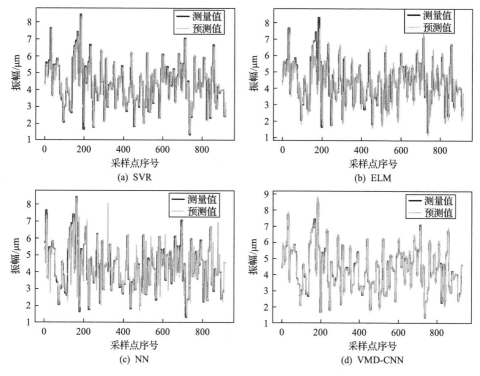

图 5-8　部分模型的单步预测拟合结果

VMD-CNN 四种方法对测试样本的拟合效果，如图 5-9 所示。从图中可以清楚地看到 VMD-ELM 和 VMD-SVR 预测方法的误差是如何不断累积的。在预测开始阶段，所有方法均能大致预测出振动值，随着迭代的进行，基于 VMD-SVR 和 VMD-ELM 方法的预测结果不断偏出，离实测值越来越远，变化模式较为单一。而 VMD-NN 和 VMD-CNN 模型则能基本预测出振动变化状态，如上升、下降或出现转折等，与测试样本具有一致的变化趋势，且大体上可以看出 VMD-CNN 具有更好的预测效果，与实测值贴合得更加紧密。

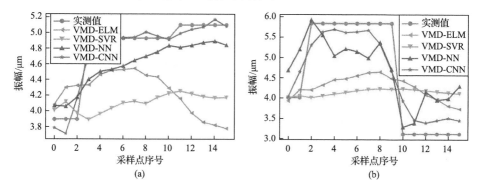

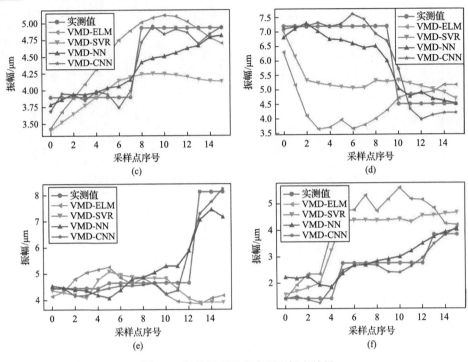

图 5-9 部分模型的多步预测拟合结果

为了从数值上分析不同模型的多步预测效果，以最后一个测试样本为例，绘制模型预测结果与实测值的泰勒图，如图 5-10 所示。图中，实弧线表示预测结果

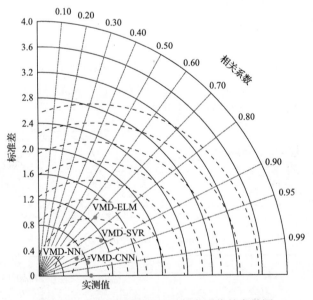

图 5-10 不同模型预测结果与实测值的泰勒图

和实测值的标准差，越偏离原点表示标准差越大；法线表示各个预测结果与实测值之间的相关系数，越靠下的法线表示相关系数越高；圆弧虚线表示各个预测结果与实测值之间的 RMSE 大小，越远离实测值表明该点对应的 RMSE 越大。从图中可以看出，VMD-ELM 和 VMD-SVR 方法预测结果与实测值的相关系数过小，且标准差显著大于实测值，即预测结果与实测值相差很大，无法满足工程实际需求；而所提 VMD-CNN 模型具有与实测值一样的标准差，且相关系数最大、RMSE 最小，相较于其他方法具有明显的优越性。由此验证了 VMD-CNN 模型在抽水蓄能机组振动趋势多步预测上的良好性能。

5.2　基于 VMD 与 CNN-LSTM 的抽水蓄能机组振动趋势预测方法

　　受抽水蓄能机组设备运行中复杂水力、机械、电磁耦合因素影响，机组振动信号呈现出较强的非线性和非平稳性[11-13]。在此背景下，基于神经网络对非线性模型的强大表征能力，本节提出一种新的状态趋势预测模型，将信号分解方法 VMD 与神经网络模型相结合，通过对监测数据进行信号分解得到一系列不同模态的信号分量构建模型输入数据集，预测模型融合了 CNN 与 LSTM 结合的混合神经网络。将某电站机组摆度数据应用于该模型进行训练，并与单一的 CNN 和单一的 LSTM 进行消融实验，实验结果表明，该预测模型较好地融合了 CNN 在局部特征提取方面的优异性以及 LSTM 神经网络对时序特征的良好的表达性，有效地提高了预测精度，并在单步与多步预测结果上表现良好。

5.2.1　抽水蓄能机组非平稳信号分析

　　抽水蓄能机组在运行过程由于受到水力、机械、电磁等多种振源因素的耦合作用，监测的振动信号具有较强的非线性和非平稳性。针对这类数据，采用信号分析的方式能够有效挖掘信号的时域、频域特征。通过分析不同模态的信号分量，可以有效识别故障发生的早期特征，对提高故障诊断和趋势预警能力具有重要意义。

　　经验模态分解是由 Huang 等在 1998 年提出的针对非线性和非平稳信号的自适应的时频分析方法[14]，通过循环迭代将原始信号序列“筛”分成一系列具有不同尺度特征的分量信号，即 IMF。传统傅里叶分析认为信号的基函数是三角波，而经验模态分解突破了这种固有思想。

　　VMD 是一种新型自适应信号分解方法[4]，这种分解算法通过迭代求解变分模型的最优解，从而将原信号分解成一组具有不同频率的 IMF。VMD 的相关原理详见 5.1.1 节。

5.2.2 抽水蓄能机组非线性状态趋势预测方法

近年来，状态趋势预测作为一种有效的事前决策方式受到越来越多的关注，通过分析抽水蓄能机组监测的历史状态数据，建立准确有效的预测模型，根据当前抽水蓄能机组的运行情况预测未来的状态趋势。这种方式可以有效提升电站运维的事故预警能力，提高运行状态管理水平。然而，抽水蓄能机组运行状态量大多具有强非线性，数据在一定时间范围内剧烈波动，难以找到合适的数学模型定性定量地描述数据变化，进而使得预测结果精度较低。传统的序列预测模型，如ARMA、SVR 大多具有一定的限制条件，在波动较大的数据集中表现较差。深层神经网络提供了新的状态趋势预测方法，通过多层神经网络模型可以极大地挖掘数据的深层特征，对非线性数据具有极强的适应性和表征能力。

1. CNN

CNN 是一种包含卷积计算的前馈神经网络[4]。它的核心是卷积操作，通过一定大小的卷积核作用于局部数据，可以进行局部信息的特征提取，在特征学习与分类上表现优秀。随着人工智能技术和计算机硬件水平的发展，CNN 在图像识别、数据挖掘等领域了发挥了巨大的作用。关于 CNN 的相关理论详见 5.1.2 节。

2. LSTM

LSTM 是一种特殊的神经网络，属于 RNN 的一个变种。传统 RNN 在训练过程中存在梯度消失和梯度爆炸的问题，导致序列数据中长期依赖特性无法被识别，训练结果较差。相较于传统的 RNN，LSTM 特殊的记忆结构和门控结构设计，使得模型本身具备更好的学习长期依赖信息和存储空间状态的能力[15]。这种神经网络可以较好地学习时间序列数据中的长期依赖信息从而被广泛应用。图 5-11 为传统 RNN 的循环单元结构，图 5-12 为经典的 LSTM 单元结构。

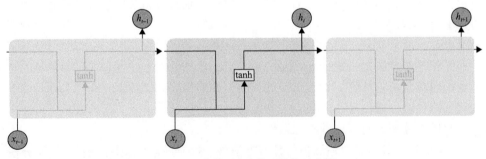

图 5-11　传统 RNN 单元结构示意图

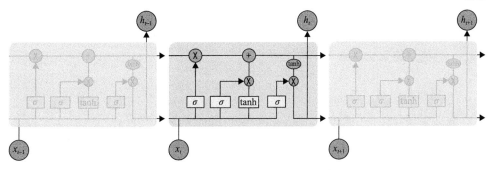

图 5-12 经典的 LSTM 单元结构示意图

LSTM 的控制流程与 RNN 相似,它们都是在前向传播的过程中处理流经循环单元的数据,不同之处在于 LSTM 中的结构单元和运算有所改变。通过在循环单元结构中设计遗忘门、输入门和输出门来解决 RNN 长期依赖问题,对长期信息的记忆使得 LSTM 具有很好的序列准确率。

1)遗忘门

遗忘门主要用于控制历史信息流入当前循环单元,通过激活函数处理后,判断历史信息是否忘记。遗忘门激活值 f_t 由式(5-15)计算:

$$f_t = \sigma(W_{\mathrm{f}} \cdot [h_{t-1}, x_t] + b_{\mathrm{f}}) \tag{5-15}$$

式中,f_t 为 t 时刻的激活值;h_{t-1} 为历史信息;x_t 为当前流入循环单元的信息;W_{f} 为遗忘门的权重矩阵;σ 为激活函数(这里取 Sigmoid 函数);b_{f} 为遗忘门的偏置项。

2)输入门

输入门负责处理当前序列的位置输入,确定存入循环单元的信息:

$$\begin{cases} i_t = \sigma(W_{\mathrm{i}} \cdot [h_{t-1}, x_t] + b_{\mathrm{i}}) \\ \tilde{c}_t = \tanh(W_{\mathrm{c}} \cdot [h_{t-1}, x_t] + b_{\mathrm{c}}) \\ c_t = f_t \cdot c_{t-1} + i_t \cdot \tilde{c}_t \end{cases} \tag{5-16}$$

式中,i_t 为输入门的值;W_{i} 为输入门权重矩阵;b_{i} 和 b_{c} 为输入门和当前单元状态;$\tilde{c}_t$ 为候选状态值;c_t 为状态更新值。

3)输出门

输出门控制输出值流入隐含层的信息,以便下一时刻计算:

$$\begin{cases} o_t = \sigma(W_{\mathrm{o}} \cdot [h_{t-1}, x_t] + b_{\mathrm{o}}) \\ h_t = o_t \cdot \tanh(c_t) \end{cases} \tag{5-17}$$

式中,o_t 为输出门输出;W_{o} 为输出门权重矩阵;b_{o} 为输出门偏置;h_t 为最后的输出结果。

5.2.3 神经网络优化算法与参数设置

1. 数据集划分

数据集划分是模型性能评估的重要部分，将原始数据集分成训练集与测试集，训练集数据用于模型训练，通过模型在测试集中的泛化性能，评估模型在整个数据集中的表征能力。本节采用留出法进行数据集划分。

留出法的思路为直接将数据集 D 划分成两个互斥的集合，训练集为 S，测试集为 T，即需满足如下条件：

$$\begin{cases} D = S \cup T \\ S \cap T = \varnothing \end{cases} \tag{5-18}$$

常用的划分方法一般将数据集 D 的 2/3～4/5 的样本作为训练集 S，剩下的作为测试集 T。

2. 数据归一化

对于神经网络训练而言，合理地进行数据特征缩放是必要的，通过将数据缩放到一定的区间内，不仅可以取得较快的模型求解速率，也可获得更好的求解精度[16]。这种将数据进行特征缩放的算法称为数据归一化，本节重点介绍线性归一化方法。

线性归一化也称 min-max 归一化、离差标准化，通过对原始数据的线性变换，将原始序列的值映射到[0, 1]区间内，转换公式如下：

$$x' = \frac{x - x_{\min}}{x_{\max} - x_{\min}} \tag{5-19}$$

式中，x' 为转换后的序列；$x_{\max}$ 为序列最大值；$x_{\min}$ 为序列最小值。

3. 损失函数

损失函数用于模型训练过程中，评价模型在训练集中的表现情况，估量模型输入值与输出值之间的不一致程度，损失函数越小，表明模型在训练集中的表现越好，但同时应该注意过拟合情况的发生，不应该出现模型在训练集中的表现显著优于在测试集中的表现的情况。本节中的预测问题是回归分析的一种，常见的回归损失函数包括：均方误差（MSE）、MAE、平均偏差误差（MBE）等：

$$\text{MSE} = \frac{1}{n} \times \sum_{t=1}^{n} (A_t - F_t)^2 \tag{5-20}$$

$$\mathrm{MAE} = \frac{1}{n} \times \sum_{i=1}^{n} \left| A_t - F_t \right| \qquad (5\text{-}21)$$

$$\mathrm{MBE} = \frac{1}{n} \times \sum_{i=1}^{n} (A_t - F_t) \qquad (5\text{-}22)$$

式中，A_t 为真实值；F_t 为预测值；n 为样本个数。

4. 评价指标

与损失函数不同，评价指标用以衡量模型在测试集中的表现，常见的评价指标包括 MAE、RMSE 和 MAPE，评价指标量越小，表明模型在测试集中的表现越好，对整个序列数据具有越强的表征能力。各个评价指标公式如下：

$$\mathrm{MAE} = \frac{1}{n'} \times \sum_{i=1}^{n'} \left| A_t' - F_t' \right| \qquad (5\text{-}23)$$

$$\mathrm{RMSE} = \sqrt{\frac{1}{n'} \times \sum_{t=1}^{n'} (A_t' - F_t')^2} \qquad (5\text{-}24)$$

$$\mathrm{MAPE} = \frac{1}{n'} \times \sum_{t=1}^{n'} \left| \frac{A_t' - F_t'}{A_t'} \right| \times 100\% \qquad (5\text{-}25)$$

式 (5-23) ~ 式 (5-25) 中，A_t' 为测试集中的真实值；F_t' 为测试集中的预测值；n' 为测试集样本个数。

为比较两种模型结果的优劣性，引入增量指标 P_{RMSE}、P_{MAE}、P_{MAPE}，指标量越大则说明两种模型的结果差异越明显，对应 RMSE、MAE、MAPE 指标越小的模型，预测结果精度越高，效果越好。

$$P_{\mathrm{RMSE}} = \left| \frac{\mathrm{RMSE}_1 - \mathrm{RMSE}_2}{\mathrm{RMSE}_1} \right| \times 100\% \qquad (5\text{-}26)$$

$$P_{\mathrm{MAE}} = \left| \frac{\mathrm{MAE}_1 - \mathrm{MAE}_2}{\mathrm{MAE}_1} \right| \times 100\% \qquad (5\text{-}27)$$

$$P_{\mathrm{MAPE}} = \left| \frac{\mathrm{MAPE}_1 - \mathrm{MAPE}_2}{\mathrm{MAPE}_1} \right| \times 100\% \qquad (5\text{-}28)$$

式中，RMSE_1、MAE_1、MAPE_1、RMSE_2、MAE_2、MAPE_2 分别为模型 1 和模型 2 的评价指标值。

5. 神经网络优化器

训练神经网络模型时，常采用间接优化的方式寻求代价函数最小值，通过反向求解更新模型权重和偏差参数。优化算法能够直接影响模型求解速率和精度。常用的神经网络优化算法包括：SGD、RMSprop、Adam 等。

1) SGD

普通的梯度下降算法在更新权重参数时需要遍历整个数据集，对于数据量庞大的情况，可能会导致收敛过程较慢，在误差曲面有多个局部极小值时可能导致局部振荡，使寻优求解过程不能找到全局最小值。SGD 是梯度下降的一种变体，在每个单独的训练样本上更新权值，大大减少了训练次数，对其代价函数 $J(\theta)$ 求偏导，参数 θ 的更新公式如式 (5-29) 所示。

$$\theta_{j+1} = \theta_j - \alpha \cdot \Delta_\theta J(\theta; x^{(i)}; y^{(i)}) \tag{5-29}$$

式中，j 为迭代次数；$\Delta_\theta J(\theta; x^{(i)}; y^{(i)})$ 为梯度更新方向；α 为学习率。

2) RMSprop

RMSprop 是一种可以提高梯度下降性能、快速更新权重参数的优化算法。对于权重参数 W 和偏置 b，计算每次迭代中梯度分量 dW 的指数加权平均数 S_{dW}，其中 β 用以控制参与指数加权平均计算的前序迭代步数。将 dW 除以 $\sqrt{S_{dW} + \varepsilon}$ 作为权重 W 的更新基础量，可以有效减小数据波动，防止随机噪声的影响。引入极小值 ε 是为了防止分母出现零值。

$$\begin{cases} S_{dW}^{(j+1)} = \beta S_{dW}^{(j)} + (1-\beta)(dW^{(j+1)})^2 \\ W^{(j+1)} = W^{(j)} - \alpha \dfrac{dW^{(j)}}{\sqrt{S_{dW}^{(j)} + \varepsilon}} \end{cases} \tag{5-30}$$

$$\begin{cases} S_{db}^{(j+1)} = \beta S_{db}^{(j)} + (1-\beta)(db^{(j+1)})^2 \\ b^{(j+1)} = b^{(j)} - \alpha \dfrac{db^{(j)}}{\sqrt{S_{db}^{(j)} + \varepsilon}} \end{cases} \tag{5-31}$$

式中，j 为迭代次数；S_{dW} 和 S_{db} 分别为权重 W 和偏置 b 的更新矩阵。

3) Adam

自适应矩估计 (Adam) 与 RMSprop 一样，在大量的迭代优化中效果较好，它利用了 RMSprop 的最大优点，将应用与动量优化的思想结合起来，是一种快速且有效的优化策略。式 (5-32) 是权重参数更新公式，式 (5-33) 是偏置参数更新公式。

$$\begin{cases} V_{dW}^{(j+1)} = \beta_1 V_{dW}^{(j)} + (1-\beta_1)dW^{(j+1)} \\ S_{dW}^{(j+1)} = \beta_2 S_{dW}^{(j)} + (1-\beta_2)(dW^{(j+1)})^2 \\ \hat{V}_{dW}^{(j)} = \dfrac{V_{dW}^{(j)}}{1-\beta_1^{(j)}}, \ \hat{S}_{dW}^{(j)} = \dfrac{S_{dW}^{(j)}}{1-\beta_2^{(j)}} \\ W^{(j+1)} = W^{(j)} - \alpha \dfrac{\hat{V}_{dW}^{(j)}}{\sqrt{S_{dW}^{(j)}+\varepsilon}} \end{cases} \tag{5-32}$$

$$\begin{cases} V_{db}^{(j+1)} = \beta_1 V_{db}^{(j)} + (1-\beta_1)db^{(j+1)} \\ S_{db}^{(j+1)} = \beta_2 S_{db}^{(j)} + (1-\beta_2)(db^{(j+1)})^2 \\ \hat{V}_{db}^{(j)} = \dfrac{V_{db}^{(j)}}{1-\beta_1^{(j)}}, \ \hat{S}_{db}^{(j)} = \dfrac{S_{db}^{(j)}}{1-\beta_2^{(j)}} \\ b^{(j+1)} = b^{(j)} - \alpha \dfrac{\hat{V}_{db}^{(j)}}{\sqrt{S_{db}^{(j)}+\varepsilon}} \end{cases} \tag{5-33}$$

式中，V_{dW} 和 V_{db} 传递了权重和偏置梯度的指数衰减平均值；$V^{(0)}$ 和 $S^{(0)}$ 初始值均为 0，会导致 $V^{(j)}$ 和 $S^{(j)}$ 偏向于 0，因此需要进行偏差纠正，得到 $\hat{V}$ 和 $\hat{S}$。

5.2.4　抽水蓄能机组状态趋势预测实例分析

在深入了解和分析了复杂信号状态趋势预测问题的本质之后，本节构建基于 VMD 与 CNN-LSTM 的状态趋势预测模型(图 5-13)，并用抽水蓄能电站现场实测数据对所提模型的有效性进行验证，详细步骤如下。

步骤 1：采用 VMD 将原始型号分解成为一系列的 IMF，构造输入信号序列。

步骤 2：数据归一化，选取不同的时间步 step、预测长度 pre，构造输入数据集、输出数据集以及测试数据集。

步骤 3：定义模型结构，建立 CNN-LSTM 的混合神经网络。分三步进行：①确定卷积层数 CNN、卷积核大小 kernel_size、卷积核数 filters、滑动步幅 strides、激活函数等，其主要目的是进行输入数据的特征提取；②确定 LSTM 层数、输出空间维度 units、激活函数等；③构造全连接层，确定激活函数、隐藏节点数、输出维度 dim。

步骤 4：定义评价函数，将训练集输入模型中进行训练，并输出训练结果。将测试数据集输入模型，当满足一定的损失精度时停止训练,否则继续调整参数，网络层数。

步骤 5：将训练模型的输出序列值反归一化，得到预测值。

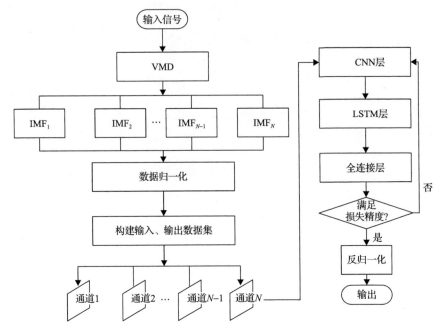

图 5-13　VMD 与 CNN-LSTM 状态趋势预测模型

1. 实验数据

实验数据采用某抽水蓄能电站运行时的抽水蓄能机组上导 X 方向摆动数据。实际生产中由于抽水蓄能机组振摆监测采样频率较高，短时间内会产生大量的监测数据，为切合工程实际情况，本书选取时间间隔为 1min 的数据，共 2500 个数据点。原始数据如图 5-14 所示。

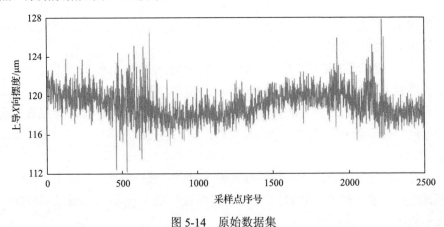

图 5-14　原始数据集

2. 数据集构造

本次实验数据为抽水蓄能机组上导 X 向摆度数据，从图 5-14 中不难看出上导 X 方向的摆度值在 118～122μm 范围内频繁波动。序列预测采用 VMD 与 CNN-LSTM 预测模型，相关步骤见图 5-13。神经模型训练基于 Tensorflow 的 Keras 深度学习平台实现。

1）VMD

VMD 基于 MATLAB 的 VMD 工具包实现，分解个数 $k=6$，中等带宽约束 alpha=2000，噪声容限 tau=0，收敛标准容差 tol=1×10^{-7}。

原始数据经 VMD 之后得到六个本征模态分量，分解结果如图 5-15 所示。

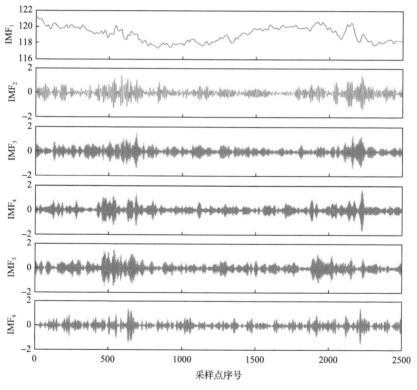

图 5-15　VMD 信号图

2）输入输出集

将 VMD 的 IMF 作为初始样本集，则输入数据维度等于 IMF 个数 6，截取数据的滑动窗口时间步长设置为 32。由于抽水蓄能机组摆动数据点较多，具有较强的时序性，采用留出法划分训练集与测试集，划分比例为 4∶1。同时为检验模型单步预测与多步预测性能，取预测步 pre=1, 5, 10 进行验证分析。如果序列长度为

L、预测步长为 pre、时间步为 step，那么输入数据 size 的计算公式如下：

$$size = L - pre - step \tag{5-34}$$

预测步长 pre=1, 5, 10 时数据集划分情况如表 5-5 所示。

表 5-5　数据集划分

pre	训练集		测试集	
	输入	输出	输入	输出
1	1973×32×6	1973×1	494×32×6	494×1
5	1970×32×6	1970×5	493×32×6	493×5
10	1966×32×6	1966×10	492×32×6	492×10

3. 模型参数设置

1）CNN-LSTM 结构设计

CNN-LSTM 模型首先采用两层的一维卷积层堆叠，其输出结果作为 LSTM 层的输入，利用 LSTM 的长短期记忆特性，将数据集中的时序信息进行保留，最后将 LSTM 层的输出结果通过两层全连接的网络进行数据维度压缩，最终的输出维度为预测长度。为了验证模型的有效性，进行消融实验，实验中引入了单一的 CNN 模型、单一的 LSTM 模型，使 CNN-LSTM、CNN、LSTM 模型在训练批次和迭代次数保持相同，各个模型的网络结构如图 5-16 所示。Dense 代表全连接层，Dropout 代表随机丢失层，LSTM 代表长短期记忆网络层，Conv1D 代表一维卷积神经网络层，Flatten 代表压平层。

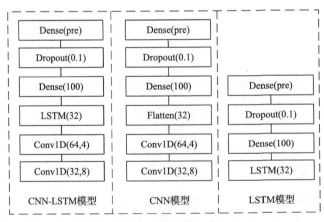

图 5-16　各种预测模型的结构

CNN-LSTM 网络结构如图 5-17 所示，以预测步长 pre=10、时间步为 32、输入通道数为 6 的数据集为例，CNN-LSTM 模型的详细参数构如表 5-6 所示。

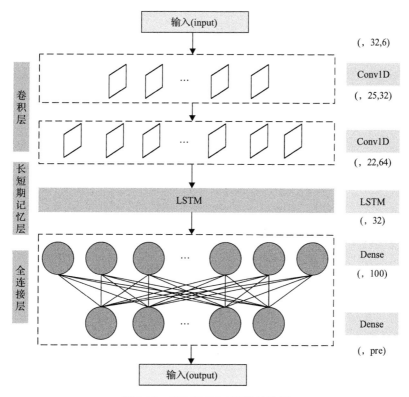

图 5-17 CNN-LSTM 网络结构图

表 5-6 CNN-LSTM 模型结构和参数指标

层数	层类型	激活函数	输出维度	卷积核大小	卷积核数量/个	滑动步幅
1	Input layer[a]	—	1966×32×6	—	—	—
2	Conv1D	ReLU	1966×25×32	8	32	1
3	Conv1D	ReLU	1966×22×64	4	64	1
4	LSTM	ReLU	1966×32	—	—	—
5	Dense	ReLU	1966×100	—	—	—
6	Dense	linear	1966×10	—	—	—

a 表示输入层。

2) 模型优化算法选择

为了使模型训练具有较好的精度与泛化能力，在神经网络训练过程中需要选择合适的优化算法，为比较各个优化算法在 CNN-LSTM 中的表现，本书进行了如下实验。

CNN-LSTM 中损失函数 loss 为 MSE,学习率 lr=0.008,训练次数 epochs=100,图 5-18 是模型在 SGD、RMSprop、Adam 下损失函数的变化情况,从图中可以看出采用 Adam 训练神经网络,损失函数值在第 20 次训练中趋于稳定,而 SGD 与 RMSprop 稳定次数相对滞后,这说明采用 Adam 优化方法具有更快的收敛速度;同时比较三种优化方法在稳定情况下的损失函数值,采用 Adam 方法 MSE 最小,这说明 Adam 训练模型具有更高的精度。综上所述,选用 Adam 训练模型效果最好。

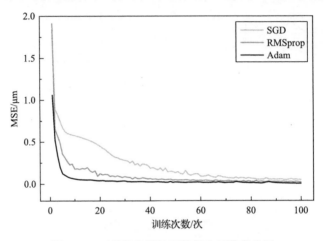

图 5-18　三种优化算法下的损失函数变化图

4. 实验结果分析

在实验中,提出的预测模型将与单一的 LSTM 神经网络、单一的 CNN 进行对比分析,验证 CNN-LSTM 在复杂数据集中的非线性表征能力,其中 CNN-LSTM 模型结构见图 5-17。同时为检验 VMD 对预测模型的有效性,在数据样本集上,采用原始数据与分解数据分别进行结果检验。将 RMSE、MAE 和 MAPE 作为评价指标。

1)验证 VMD 的有效性

表 5-7 中展示了原始数据集在各个预测模型下的评价指标值,表 5-8 中展示了经过 VMD 后数据集在各个预测模型下的评价指标值。其中 RMSE、MAE、MAPE 指标越小代表预测效果越好。表 5-9 中展示了原始信号下评价指标与 VMD 下评价指标的差值,从对比结果可以看出,经过 VMD 之后的预测效果明显优于原始信号的预测效果。

以预测步长 pre=1 为例,单一 CNN 模型、单一 LSTM 模型、CNN-LSTM 模型在原始数据中的 RMSE 分别比在 VMD 数据中的 RMSE 多 1.211、1.060、1.181;单一 CNN 模型、单一 LSTM 模型、CNN-LSTM 模型在原始数据中的 MAE 分别比在 VMD 数据中的 MAE 多 1.017、0.869、0.970;单一 CNN 模型、单一 LSTM

模型和 CNN-LSTM 模型在原始数据中的 MAPE 分别比在 VMD 数据中的 MAPE 多 0.853、0.731、0.814。同样在预测步长 pre=5, 10 时,通过 VMD 的预测模型评价指标都有一定程度的减小,这说明采用 VMD 对预测模型是有利的,这种方式能够有效提升预测模型的效果,在图 5-19～图 5-21 也可以明显看出这种变化。

表 5-7　原始数据集在各个预测模型下的评价指标值

预测模型	pre	RMSE/μm	MAE/μm	MAPE/%
CNN	1	1.7312	1.4266	1.1962
	5	1.8809	1.4694	1.2333
	10	2.1863	1.7921	1.5039
LSTM	1	1.7105	1.3600	1.1430
	5	1.8593	1.4011	1.1760
	10	1.7687	1.4090	1.1847
CNN-LSTM	1	1.6952	1.3605	1.1415
	5	1.4357	1.0970	0.9179
	10	1.5012	1.2073	1.0120

表 5-8　VMD 下的预测模型评价指标值

预测模型	pre	RMSE/μm	MAE/μm	MAPE/%
CNN	1	0.5203	0.4095	0.3432
	5	0.6838	0.5430	0.4557
	10	1.5455	1.2579	1.0555
LSTM	1	0.6503	0.4909	0.4125
	5	0.8425	0.6501	0.5451
	10	1.4482	1.1752	0.9852
CNN-LSTM	1	0.5143	0.3905	0.3275
	5	0.5925	0.4644	0.3905
	10	1.4213	1.0666	0.8966

表 5-9　原始信号与 VMD 下评价指标的差值

预测模型	pre = 1			pre = 5			pre = 10		
	ΔRMSE /μm	ΔMAE /μm	ΔMAPE /%	ΔRMSE /μm	ΔMAE /μm	ΔMAPE /%	ΔRMSE /μm	ΔMAE /μm	ΔMAPE /%
CNN	1.211	1.017	0.853	1.197	0.926	0.778	0.641	0.534	0.448
LSTM	1.060	0.869	0.731	1.017	0.751	0.631	0.321	0.234	0.200
CNN-LSTM	1.181	0.970	0.814	0.843	0.633	0.527	0.080	0.141	0.115

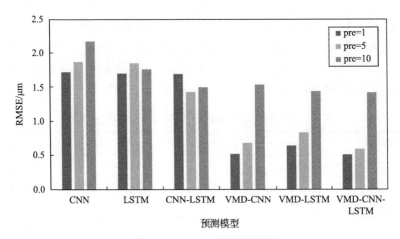

图 5-19　RMSE 评价指标图

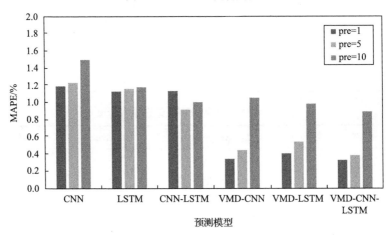

图 5-20　MAPE 评价指标图

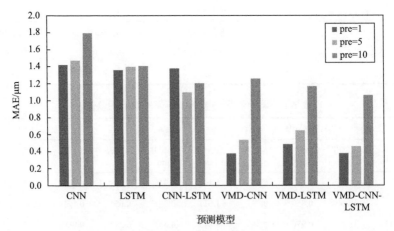

图 5-21　MAE 评价指标图

2) 验证 VMD 与 CNN-LSTM 模型多步预测有效性

上述分析证明了 VMD 对预测模型的有效性，事实上三种模型在预测效果上也存在差异。消融实验结果表明：本节所提出的 VMD 下的 CNN-LSTM 的预测模型在效果上也明显优于单一 CNN 模型和单一 LSTM 模型。取测试集数据分别进行单步与多步预测，模型对比评价指标结果如表 5-10 和图 5-22 所示。

表 5-10　VMD 下各个模型对比评价指标表

pre	模型对比	P_{RMSE}/%	P_{MAE}/%	P_{MAPE}/%
1	CNN-LSTM 与 CNN	1.16	4.88	4.80
	CNN-LSTM 与 LSTM	26.44	25.72	25.95
5	CNN-LSTM 与 CNN	15.40	16.92	16.68
	CNN-LSTM 与 LSTM	42.18	39.99	39.58
10	CNN-LSTM 与 CNN	8.74	17.94	17.72
	CNN-LSTM 与 LSTM	1.90	10.18	9.88

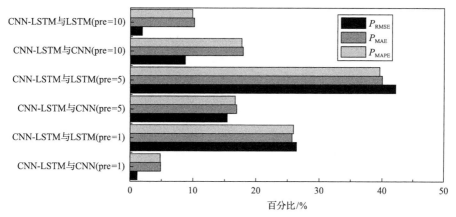

图 5-22　基于 VMD 的各个模型对比评价指标图

（1）对于模型单步预测（pre=1），由于预测步长较短，从图 5-23 中可以看出 CNN、LSTM 和 CNN-LSTM 三种模型的预测结果基本与实际值重合，从表 5-10 中的 P_{RMSE}、P_{MAE}、P_{MAPE} 值可以看出 CNN-LSTM 模型相较于单一的 CNN、LSTM 模型均有不同程度的提高。

（2）对于模型多步预测（pre=5），从图 5-24 中可以看出 CNN、LSTM 模型预测结果整体趋势与实际值变化保持一致，但是局部预测值出现了滞后现象；而 CNN-LSTM 模型相较于单一的 CNN、LSTM 预测方法，在局部峰值上出现了一定的差异，但整体上能够表示出实际值的全局特性变化与局部特征。结合表 5-10 和图 5-22 中的模型对比指标结果，可以发现 CNN-LSTM 模型的 P_{RMSE} 相较于 CNN 模型和 LSTM 模型分别提高了 15.40%、42.18%，这说明 CNN-LSTM 在该预测步长下有更加优异的表现。

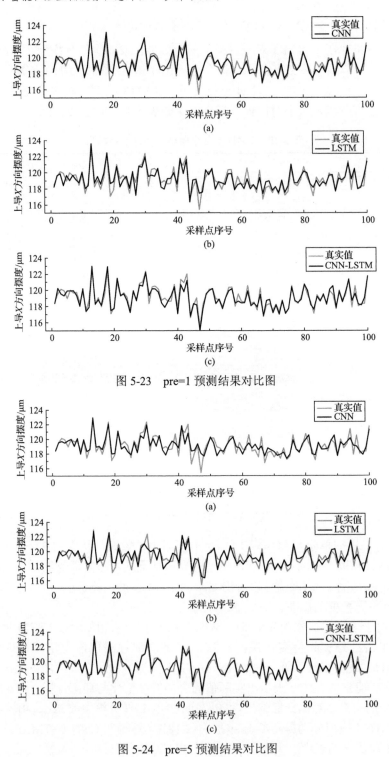

图 5-23 pre=1 预测结果对比图

图 5-24 pre=5 预测结果对比图

(3) 对于模型多步预测 (pre=10)，在预测时间步长较大的情况下，从图 5-25 中可以看出 CNN、LSTM 和 CNN-LSTM 的预测结果相较于真实值均出现了较大差异，三种模型都出现了一定程度的滞后和偏离，CNN-LSTM 模型能反映个别峰值的变化情况，结合表 5-10 中的对比评价指标综合考虑，CNN-LSTM 的表现更好。

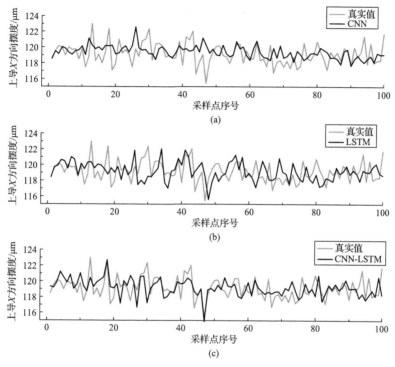

图 5-25　pre=10 预测结果对比图

综合分析上述不同预测步长下的模型预测结果，CNN-LSTM 模型整体上相较于单一模型有着更佳的预测效果，对于多步预测，CNN-LSTM 模型在 5 步预测下对比评价指标 P_{RMSE}、P_{MAE}、P_{MAPE} 变化最为明显，说明在这种情况下所提的模型预测效果有着显著的提升。对于 10 步预测，CNN-LSTM 模型结果仍然有一定的提高，但是由于预测步长较大，三种模型的预测结果与实际值差异较大，模型对比评价指标变化相对较小，以 P_{RMSE} 为例，CNN-LSTM 相较于 CNN 与 LSTM 分别提升了 8.74%、1.90%。

5.3　基于融合滑动窗与 Grey-Markov 的抽水蓄能机组运行状态趋势预测方法

灰色模型 (grey model，GM) 作为数据驱动模型的一种，广泛应用于复杂不确定系统的预测问题，但该方法存在一定的局限性，具体表现在：①每次模型更新后，仅可得到单个预测值，极大地增加了模型的计算成本；②若原始数据序列中存在较大波动，则预测精度会出现显著的下降。为应对建模数据序列的随机波动问题，可将 Markov 理论与灰色模型进行结合，构建灰色马尔可夫(Grey-Markov)预测模型，利用 Markov 理论实现对预测残差的二次优化，有效减小了预测误差[17]。Markov 过程的融入，有效降低了数据波动的影响，提高了预测结果的准确性。值得注意的是，此类模型通常利用完整历史数据序列进行灰色预测建模，依据所得模型一次性完成对未来一段时间内数据序列的预测，从而忽略了邻近的建模数据点对后续预测结果的影响[18]。特别地，当建模序列中存在指数性或混沌数据时，此影响尤为显著。因此，综合考虑模型更新策略和 Markov 原理在改进灰色模型预测性能方面所具备的优势，可为灰色预测理论的进一步完善提供有益的借鉴。

针对可维持稳定运行状态的抽水蓄能机组，结合能够直观表征机组运行状态的振动信号所具有的非线性、非平稳性特点，本节提出基于融合滑动窗与Grey-Markov 的抽水蓄能机组运行状态趋势预测方法，通过对抽水蓄能机组状态量发展趋势进行准确预测，及时发现机组运行过程中可能出现的异常状况，为异常乃至故障的有效消除提供坚实的理论基础。所提方法系统化集成了灰色背景值优化原理、基于滑动窗的滚动预测机制以及 Grey-Markov 模型，有效弥补了现有灰色预测模型的不足，同时实现了预测模型的循环更新和预测残差的二次优化，极大地提升了预测结果的精度。此外，考虑到实际工程应用中对预测时间尺度的不同需求，本书构建了三种基于不同组合方式的混合预测模型，以保证在不同预测时间范围下模型性能(包括预测精度和计算时耗)达到最优，包括串联式预测模型(series-connected prediction model，SCPM)、并联式预测模型(parallel-connected prediction model，PCPM)和嵌入式预测模型(embedded prediction model，EPM)，通过预测实例对所提方法的有效性进行验证，分析结果表明：相比于传统预测模型，所提方法可准确预测抽水蓄能机组未来状态的发展趋势，且可有效满足实际应用中对不同预测时间尺度的需求。

5.3.1 Grey-Markov 预测模型

1. 灰色预测模型

灰色理论主要用于处理具有不充分和不确定信息的系统，其通常基于不完整和不充分的信息进行建模，主要原理包括：差异信息原理、解的非唯一性原理、最少信息原理、认知根据原理、新信息优先原理以及灰性不灭原理[19]。灰色预测模型采纳了灰色理论的核心思想，主要针对"小样本、贫信息"的不确定系统进行研究，在诸多领域取得了成功的应用。一般而言，灰色预测模型可表示为

$GM(u, v)$，其中，u 为模型微分方程的阶数，v 为模型中的变量个数。一阶单变量预测模型 $GM(1,1)$ 因其模型复杂度低、计算效率高等优点，被广泛应用于各种预测问题[20,21]。该模型的计算过程可总结如下。

假设有原始数据序列 $X^{(0)}$，其形式表示如下：

$$X^{(0)} = (x^{(0)}(1), x^{(0)}(2), \cdots, x^{(0)}(N)) \tag{5-35}$$

式中，$x^{(0)}(i)(i=1,2,\cdots,N)$ 为非负数据，N 为数据点个数。

基于 $X^{(0)}$ 与累加生成算子，可构建新的数据序列 $X^{(1)}$，以弱化原始序列的变化趋势[22]，即

$$X^{(1)} = (x^{(1)}(1), x^{(1)}(2), \cdots, x^{(1)}(N)) \tag{5-36}$$

式中

$$x^{(1)}(k) = \sum_{i=1}^{k} x^{(0)}(i), \quad k=1,2,\cdots,N \tag{5-37}$$

构建 $GM(1,1)$ 的一阶微分方程和差分方程，分别如下：

$$\frac{\mathrm{d}x^{(1)}}{\mathrm{d}t} + ax^{(1)} = d \tag{5-38}$$

$$x^{(0)}(k) + az^{(1)}(k) = d, \quad k=2,3,\cdots,N \tag{5-39}$$

式中，a 为发展系数；d 为驱动系数，a 和 d 均为需要确定的常数；$z^{(1)}(k)$ 为背景值，可通过式(5-40)进行计算：

$$z^{(1)}(k) = \frac{1}{2}(x^{(1)}(k) + x^{(1)}(k-1)), \quad k=2,3,\cdots,N \tag{5-40}$$

基于最小二乘法，模型系数对 $(a,d)^{\mathrm{T}}$ 可估算为

$$(a,d)^{\mathrm{T}} = (B^{\mathrm{T}}B)^{-1}B^{\mathrm{T}}Y \tag{5-41}$$

式中

$$B = \begin{pmatrix} -z^{(1)}(2) & 1 \\ -z^{(1)}(3) & 1 \\ \vdots & \vdots \\ -z^{(1)}(N) & 1 \end{pmatrix} \tag{5-42}$$

$$Y = (x^{(0)}(2), x^{(0)}(3), \cdots, x^{(0)}(N))^{\mathrm{T}} \tag{5-43}$$

根据式 (5-38)，变量 $x^{(1)}(t)$ $(t = 1, 2, \cdots, N)$ 的解为

$$\hat{x}^{(1)}(k) = \left(x^{(0)}(1) - \frac{d}{a} \right) e^{-a(k-1)} + \frac{d}{a} \tag{5-44}$$

式中，$\hat{x}^{(1)}(k)$ 为 $x^{(1)}(t)$ 在 $t = k$ 处的预测值。

最后，通过累减运算，获得原始数据 $x^{(0)}(i)$ 在 $i = k$ 处的灰色预测值：

$$\hat{x}^{(0)}(k) = \hat{x}^{(1)}(k) - \hat{x}^{(1)}(k-1) = (1 - e^a)\left(x^{(0)}(1) - \frac{d}{a} \right) e^{-a(k-1)} \tag{5-45}$$

2. Grey-Markov 模型

当原始数据序列存在较大的随机波动时，直接利用 GM(1，1)模型对原始序列进行预测将会产生较大的误差。为提高模型的预测精度，需考虑对 GM(1，1)模型的预测结果进行适当优化。Grey-Markov 模型在此基础上应运而生。Markov模型属于概率预测模型，是一种针对随机序列的分析方法，其预测结果只与当前状态有关，具有无后效性特点，适用于波动性大、不确定性因素多的长期预测。灰色预测产生的残差具有随机性，符合 Markov 模型的使用条件。基于上述分析，利用 Markov 原理修正灰色预测序列，实现残差的二次优化，在理论上具有可行性。Grey-Markov 模型的实施过程可表述如下。

计算 GM(1, 1)的预测结果 $(\hat{x}^{(0)}(1), \hat{x}^{(0)}(2), \cdots, \hat{x}^{(0)}(n))$ $(n$ 为预测结果的数据个数)与真实值间的相对误差，假设误差处于某一状态区间 E_i：

$$E_i = [E_{i1}, E_{i2}], \qquad i = 1, 2, \cdots, S \tag{5-46}$$

式中，S 为状态区间个数；E_{i1}、E_{i2} 分别为第 i 个状态下相对误差的上、下边界。

对所有状态 $E_1, E_2, \cdots, E_S$，当前状态 E_i 的概率仅与前一状态 E_{i-1} 有关，且随机发生状态转移。经 k 步转换后，由状态 E_i 变为状态 E_j 的转移概率 $P_{ij}^{(k)}$ 为

$$P_{ij}^{(k)} = \frac{M_{ij}(k)}{M_i}, \qquad i, j = 1, 2, \cdots, S \tag{5-47}$$

其中，$M_{ij}(k)$ 为经 k 步后由 E_i 变为 E_j 的数据个数；M_i 为 E_i 中的数据个数。

将上述所有 k 步转移概率组合为一个矩阵，即转移概率矩阵 $P(k)$：

$$P(k) = \begin{pmatrix} P_{11}^{(k)} & P_{12}^{(k)} & \cdots & P_{1S}^{(k)} \\ P_{21}^{(k)} & P_{22}^{(k)} & \cdots & P_{2S}^{(k)} \\ \vdots & \vdots & & \vdots \\ P_{S1}^{(k)} & P_{S2}^{(k)} & \cdots & P_{SS}^{(k)} \end{pmatrix} \tag{5-48}$$

$$P_{ij}^{(k)} \geqslant 0, \quad \sum_{j=1}^{S} P_{ij}^{(k)} = 1 \tag{5-49}$$

转移概率矩阵 $P(k)$ 揭示了系统中进行状态转移的规律，是 Markov 模型的基础与核心。依据初始状态和转移概率矩阵，可确定 k 步转移后的状态分布，即相对误差区间 $[E_{j1}, E_{j2}]$。取区间 $[E_{j1}, E_{j2}]$ 的中间值作为状态修正误差，则对于原始预测结果 $\hat{x}^{(0)}(t)$（$\hat{x}^{(0)}(i)$ 在 $i = t$ 时的预测值），经 Markov 模型修正后的最终预测值可通过式 (5-50) 进行计算：

$$\hat{h}^{(0)}(t) = \hat{x}^{(0)}(t)\left[1 + \frac{1}{2}(E_{j1} + E_{j2})\right] \tag{5-50}$$

5.3.2 预测误差来源分析及模型结构优化

受水力、机械、电磁因素的耦合影响，作为表征抽水蓄能机组运行状态的振动时间序列通常呈现较为复杂的非稳态及非线性特征，直接利用 5.3.1 节中所建立的模型进行状态趋势预测，易产生较大的预测误差。基于上述分析，下面从模型原理及预测机制两个方面明确预测误差的产生机理，进而针对误差来源提出合理的模型优化思路，提升模型的预测性能。

1. 考虑背景值优化的灰色预测模型

在传统灰色预测模型中，通常利用式 (5-40) 计算模型的背景值 $z^{(1)}(k)$。如图 5-26 所示，实际背景值应为曲线 $x^{(1)}(t)$ 与 $t = k - 1$、$t = k$ 及 t 轴所围曲边梯形的面积。

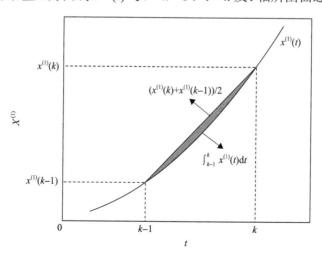

图 5-26　灰色预测模型背景值分析

而传统灰色预测以图中梯形面积表示 $z^{(1)}(k)$，以降低模型计算的复杂性。一般而言，$X^{(1)}$ 序列具有明显的非线性特征，难以用简单的直线形式进行替代。因此，以梯形面积替代曲边梯形面积的做法会带来相应的预测误差，如图 5-26 中阴影部分所示。

基于上述分析，就灰色预测模型本身而言，为提高预测精度，需对背景值计算方法进行优化，以数值积分法对背景值 $z^{(1)}(k)$ 进行合理的求解，计算方法如式(5-51)所示：

$$z^{(1)}(k) = \int_{k-1}^{k} x^{(1)}(t)\mathrm{d}t = \frac{x^{(1)}(k) - x^{(1)}(k-1)}{\ln(x^{(1)}(k)) - \ln(x^{(1)}(k-1))}, \quad k = 2,3,\cdots,N \quad (5\text{-}51)$$

2. 基于滑动窗的灰色滚动预测机制

在 $\mathrm{GM}(1,1)$ 模型中，所有历史数据均被一次性用于确定系数对 $(a,d)^{\mathrm{T}}$ 的估计。随着预测时间的增长，基于确定系数对 $(a,d)^{\mathrm{T}}$ 的 $\mathrm{GM}(1,1)$ 模型预测精度开始下降，特别地，当原始序列中存在指数性或混沌数据时精度下降得尤为明显。因此，为提高未来预测结果的准确性，这里在考虑建模序列循环更新的基础上，提出了基于滑动窗算法的灰色滚动预测机制，预测过程如图 5-27 所示。依据窗口的移动，用于建模的时间序列不断更新，从而完成预测模型的循环重建；基于可变的滑动步长，可实现对状态趋势的多步预测，提高预测过程的执行效率。所提方法的具体计算过程如下。

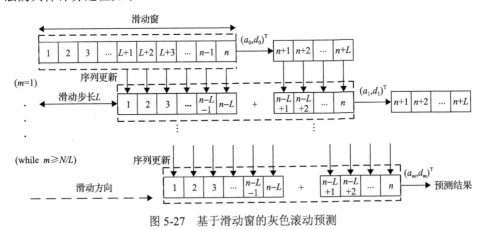

图 5-27 基于滑动窗的灰色滚动预测

假设滑动窗口宽度为 n，滑动步长为 L，满足 $1 \leqslant L \leqslant n$；$N$ 表示输入模型的原始的数据点个数，m 表示模型重建次数。首次执行算法时，利用建模序列 $X^{(0)} = (x^{(0)}(1), x^{(0)}(2), \cdots, x^{(0)}(n))$ 确定 $\mathrm{GM}(1,1)$ 模型系数 $(a_0, d_0)^{\mathrm{T}}$，依据式(5-45)，可获

得预测序列 $(\hat{x}^{(0)}(n+1),\hat{x}^{(0)}(n+2),\cdots,\hat{x}^{(0)}(n+L))$。此时重复进行如 5.3.1 节所述的 $\mathrm{GM}(1,1)$ 的建模过程,值得注意的是,此次用于构建 $\mathrm{GM}(1,1)$ 模型的时间序列 $X_1^{(0)}$ 不同于前一次使用的序列 $X^{(0)}$,而是针对 $X^{(0)}$ 中的部分数据进行了删减与增补,具体做法为:将前一次获得的预测序列 $(\hat{x}^{(0)}(n+1),\hat{x}^{(0)}(n+2),\cdots,\hat{x}^{(0)}(n+L))$ 增添至 $X^{(0)}$ 的末尾,同时移除 $X^{(0)}$ 中的序列 $(x^{(0)}(1),x^{(0)}(2),\ldots,x^{(0)}(L))$。因此,用于建模的序列 $X_1^{(0)}$ 可表示为

$$X_1^{(0)} = (x_1^{(0)}(1),x_1^{(0)}(2),\cdots,x_1^{(0)}(n)) \tag{5-52}$$

$$x_1^{(0)}(k) = \hat{x}^{(0)}(L+k), \qquad k=1,2,\cdots,n \tag{5-53}$$

基于 $X_1^{(0)}$ 和累加生成算子,可得到一个新的数据序列 $X_1^{(1)}$:

$$X_1^{(1)} = (x_1^{(1)}(1),x_1^{(1)}(2),\cdots,x_1^{(1)}(n)) \tag{5-54}$$

$$x_1^{(1)}(k) = x^{(1)}(L+k) - x^{(1)}(L) = \sum_{i=1}^{k} x^{(0)}(L+i), \qquad k=1,2,\cdots,n \tag{5-55}$$

由式(5-45)可知,最终预测结果直接取决于系数 a 和 d。将式(5-42)和式(5-43)代入式(5-41)中,可得系数 a、d 的求解表达式如下:

$$a = \frac{\eta\mu - (n-1)\delta}{(n-1)\varepsilon - \eta^2} \tag{5-56}$$

$$d = \frac{\mu\varepsilon - \eta\delta}{(n-1)\varepsilon - \eta^2} \tag{5-57}$$

式中,$\eta = \sum_{i=2}^{n} z^{(1)}(i)$ 为所有背景值之和;$\mu = \sum_{i=2}^{n} x^{(0)}(i)$;$\delta = \sum_{i=2}^{n} x^{(0)}(i)z^{(1)}(i)$;$\varepsilon = \sum_{i=2}^{n} (z^{(1)}(i))^2$。基于新生成的序列 $X_1^{(0)}$、$X_1^{(1)}$ 和 $Z_1^{(1)}$,参数 η_1、μ_1、δ_1 和 ε_1 可依次求得,进而依据式(5-56)和式(5-57)计算模型确定系数对 $(a_1,d_1)^{\mathrm{T}}$。根据 $(a_1,d_1)^{\mathrm{T}}$,可对 $\mathrm{GM}(1,1)$ 预测模型进行更新,进而获得此次模型重建后的预测结果序列 $(x^{(0)}(n+L+1),x^{(0)}(n+L+2),\cdots,x^{(0)}(n+2L))$。重复上述过程,直至满足条件 $m \geqslant N/L$,即已获得所有待预测数据为止。

5.3.3 融合滑动窗与 Grey-Markov 模型的抽水蓄能机组状态趋势组合预测方法

为有效提高灰色模型预测精度,结合抽水蓄能机组运行特点,本节设计构建

了融合滑动窗与 Grey-Markov 模型的抽水蓄能机组状态趋势组合预测方法，系统化地将背景值优化方法、滚动预测机制以及 Grey-Markov 模型集成为一体，建立适用于抽水蓄能机组等具有显著非线性动力学行为的复杂机械设备的状态趋势预测体系。所提方法相比于现有方法主要有两个方面的显著优势：一方面，预测模型的重建更新与预测残差的二次优化是使用灰色模型进行状态趋势预测时需要考虑的两个问题，其在所提方法中同时被考虑并予以有效解决；另一方面，为平衡不同预测时间尺度下预测精度与计算时耗的矛盾关系，构建了三种不同类型的混合预测模型，包括 SCPM、PCPM 和 EPM。模型的构建原理及计算过程详细介绍如下。

1. SCPM

图 5-28 展示了用于抽水蓄能机组状态趋势预测的 SCPM 结构。基于过去和当前的状态，SCPM 可完成对未来状态趋势的预测工作。鉴于 SCPM 仅通过一次 Markov 过程运算对完整预测序列进行残差优化，针对在短时间尺度范围内的预测问题，SCPM 可在保持较高预测精度的同时，最大限度地降低模型的计算时耗，因此，考虑将 SCPM 应用于状态趋势短期预测的情形。SCPM 模型具体计算过程如下。

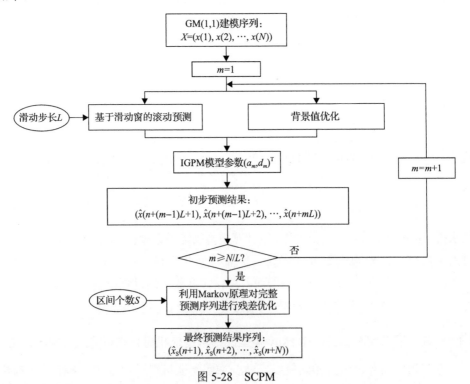

图 5-28　SCPM

步骤 1：初始化模型重建次数 $m=1$。

步骤 2：将背景值优化方法和基于滑动窗的滚动预测机制融入 GM(1,1) 模型中，构建改进型灰色预测模型(improved grey prediction model，IGPM)，用于状态趋势序列的初步预测。依据式(5-56)和式(5-57)，计算可得 IGPM 的模型参数 $(a_m, d_m)^{\mathrm{T}}$。

步骤 3：基于模型参数 $(a_m, d_m)^{\mathrm{T}}$，利用式(5-45)计算初步预测结果 $(\hat{x}(n+(m-1)L+1), \hat{x}(n+(m-1)L+2), \cdots, \hat{x}(n+mL))$。

步骤 4：若 $m < N/L$，则令 $m = m+1$，重复执行步骤 2 和步骤 3；否则，继续执行后续步骤。

步骤 5：对于完整的初步预测结果序列，需利用 Markov 原理对预测残差进行二次优化。因此，依据构建的 SCPM，可获取最终的预测结果序列 $(\hat{x}_{\mathrm{S}}(n+1), \hat{x}_{\mathrm{S}}(n+2), \cdots, \hat{x}_{\mathrm{S}}(n+N))$。

2. PCPM

将本节第一部分提到的 IGPM 模型与灰色马尔可夫预测模型(Grey-Markov prediction model，GMPM)进行并联式组合，构建 PCPM，如图 5-29 所示。通过对 IGPM 与 GMPM 相对预测误差的计算分析，建立以加权方法为基础的预测结果修正体系，进而获取最终的预测结果序列 $(\hat{x}_{\mathrm{P}}(n+1), \hat{x}_{\mathrm{P}}(n+2), \cdots, \hat{x}_{\mathrm{P}}(n+N))$。依据 PCPM 模型的原理，可将其预测过程划分为三个阶段。

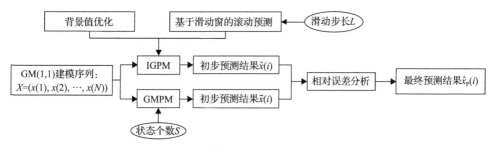

图 5-29　PCPM

第一阶段：构建 IGPM 和 GMPM，分别完成预测过程，得到初步预测结果序列 $(\hat{x}(n+1), \hat{x}(n+2), \cdots, \hat{x}(n+N))$ 和 $(\tilde{x}(n+1), \tilde{x}(n+2), \cdots, \tilde{x}(n+N))$。其中，$\hat{x}(i)$ 表示利用 IGPM 获得的第 i 个预测值，$\tilde{x}(i)$ 表示利用 GMPM 获得的第 i 个预测值。

第二阶段：分别计算 IGPM 和 GMPM 的相对预测误差，记为 $\mathrm{RE}_{\mathrm{IGPM}}(i)$、$\mathrm{RE}_{\mathrm{GMPM}}(i)$。

第三阶段：基于构建的 PCPM，最终预测结果可通过式(5-58)计算获得

$$\hat{x}_{\mathrm{P}}(i) = \frac{\mathrm{RE}_{\mathrm{IGPM}}(i)}{\mathrm{RE}_{\mathrm{IGPM}}(i) + \mathrm{RE}_{\mathrm{GMPM}}(i)} \tilde{x}(i)$$

$$+ \frac{\mathrm{RE}_{\mathrm{GMPM}}(i)}{\mathrm{RE}_{\mathrm{IGPM}}(i) + \mathrm{RE}_{\mathrm{GMPM}}(i)} \hat{x}(i), \qquad i = n+1, n+2, \cdots, n+N \tag{5-58}$$

3. EPM

不同于图 5-28 中 SCPM 的预测机制，EPM 在每一次 IGPM 模型重建时，其建模序列中均加入了前一次经 Markov 过程修正后的预测值，如此循环运算，直至获得完整待预测序列 $(\hat{x}_{\mathrm{E}}(n+1), \hat{x}_{\mathrm{E}}(n+2), \cdots, \hat{x}_{\mathrm{E}}(n+N))$。EPM 执行过程如图 5-30 所示。不难发现，重复应用 Markov 原理对预测残差进行二次优化，并将优化后的预测值用于建模序列的更新，有利于减弱循环预测过程中的误差累积作用，同时进一步降低数据波动对预测结果造成的影响。在长时间尺度的预测问题中，EPM 在提高预测精度方面的表现尤为明显。因此，所提出的 EPM 更适合于需要对状态趋势进行长期预测的场合。然而，在精度获得提升的同时，利用 Markov 原理进行多次残差优化的过程将不可避免地造成时间成本的提高。

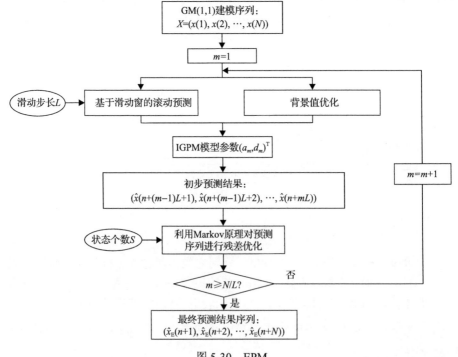

图 5-30　EPM

4. 抽水蓄能机组状态趋势组合预测

从图 5-28～图 5-30 中可以看到，在模型预测过程中，存在两个关键参数，即滚动预测机制中的滑动步长 L 和 Markov 过程中的状态划分个数 S。适当的参数取值有助于高效获取更加准确的状态趋势预测结果。因此，模型参数的有效估计对开展抽水蓄能机组状态趋势预测具有重要的意义。

模型参数通过训练 IGPM 和 GMPM 进行估计。具体而言，滑动步长 L 的确定依据为：综合对比不同步长取值下的模型预测精度与计算时间。状态个数 S 的确定依据为：评估不同状态划分方式下的预测精度。考虑预测结果对原始状态数据的拟合程度，此处选取 MRPE、MAE 和相关系数 R 作为预测精度的量化指标：

$$MRPE = \frac{1}{l}\sum_{i=1}^{l}\frac{\left|x(i)-\hat{x}(i)\right|}{x(i)}\times100\% \tag{5-59}$$

$$MAE = \frac{1}{l}\sum_{i=1}^{l}\left|x(i)-\hat{x}(i)\right| \tag{5-60}$$

式中，l 为数据点总个数；$x(i)$ 和 $\hat{x}(i)$ 分别为真实值和预测值。

相关系数 R 的计算如下：

$$R = \frac{Cov(x,\hat{x})}{\sigma_x\sigma_{\hat{x}}} \tag{5-61}$$

$$Cov(x,\hat{x}) = \frac{1}{l}\sum_{i=1}^{l}(x(i)-\overline{x})(\hat{x}(i)-\overline{\hat{x}}) \tag{5-62}$$

$$\sigma_x = \left[\frac{1}{l-1}\sum_{i=1}^{l}\left(x(i)-\overline{x}\right)^2\right]^{\frac{1}{2}} \tag{5-63}$$

$$\sigma_{\hat{x}} = \left[\frac{1}{l-1}\sum_{i=1}^{l}\left(\hat{x}(i)-\overline{\hat{x}}\right)^2\right]^{\frac{1}{2}} \tag{5-64}$$

式中，$Cov(x,\hat{x})$ 为真实值与预测值之间的协方差；$\overline{x}$ 为真实值的平均值；$\overline{\hat{x}}$ 为预测结果的平均值；σ_x 和 $\sigma_{\hat{x}}$ 为真实值和预测结果的标准差。

基于所提三种混合预测模型，抽水蓄能机组状态趋势预测方法具体实施步骤如下。

步骤 1：收集抽水蓄能机组运行过程中的状态信号，作为参数估计和组合模型构建的数据基础。

步骤 2：训练 IGPM 和 GMPM 模型，得到滑动步长 L 和状态个数 S 的最优取值。

步骤 3：构建 SCPM、PCPM、EPM，分别预测未来机组状态信号的发展趋势，以满足不同预测时间尺度的需求。

步骤 4：采用量化指标，对预测结果进行合理评估。

抽水蓄能机组状态趋势组合预测流程如图 5-31 所示。

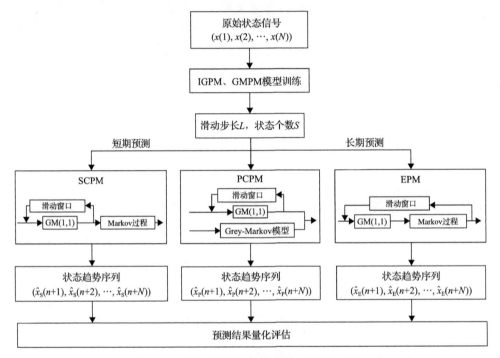

图 5-31　抽水蓄能机组状态趋势组合预测流程

5.3.4　抽水蓄能机组运行状态趋势预测实例分析

选取某抽水蓄能电站 1 号机组作为研究对象，通过预测其运行状态发展趋势，验证所提组合预测方法的有效性。抽水蓄能机组摆度信号通过垂直布置在水导轴承 X 方向、Y 方向的两个位移传感器进行采集。本实验中，以 30min 作为采样数据平均时间间隔，选取 2011 年 1 月 26 日 20:30 至 2011 年 1 月 29 日 22:30 时间范围内监测到的 1 号机组水导轴承 Y 方向摆度数据作为原始状态信号，对其状态趋势进行分析。原始信号中共包含 196 组数据，如图 5-32 所示，从图中可以看到，机组摆度信号呈现较为明显的非线性和非平稳性特征，直接使用传统方法对其进行准确的趋势预测具有一定困难。

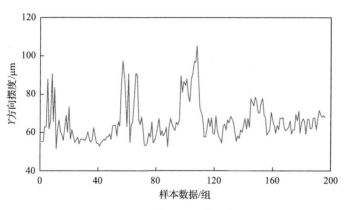

图 5-32　水导轴承 Y 方向摆度信号

　　在采集到的 196 组数据样本中，选取前 140 组数据作为模型训练样本集，后 56 组数据作为模型性能测试样本集。依据图 5-31 中所示的抽水蓄能机组状态趋势组合预测流程，首先需进行模型参数的有效估计，即确定滑动步长 L 和状态个数 S 的最优取值。通过比较不同参数取值下的模型性能指标，进而确定最优参数取值。具体而言，通过比较不同步长下 IGPM 的计算时间(取模型 100 次运算过程的平均计算时间，Time)及其预测序列的 MRPE、MAE、R 指标，以确定最优滑动步长取值；通过比较不同状态划分方式下 GMPM 预测序列的 MRPE、MAE 及 R 指标，以确定最优状态个数取值，对比结果如表 5-11、表 5-12 所示。图 5-33 展示了随参数取值增加，量化指标 MRPE、MAE 和 R 的演变过程。从图中可以看到，适当的参数取值有助于模型预测性能的提升，过小或过大的取值将会引起结果准确性及相关程度的下降。因此，本书对滑动步长 L 和状态个数 S 取值如下：$L=3$，$S=5$。

表 5-11　滑动步长 L 参数估计结果

参数	1	2	3	4	5	6	7
MRPE/%	7.23	7.12	7.11	7.26	7.31	7.17	7.52
MAE/μm	4.68	4.61	4.60	4.70	4.73	4.64	4.86
R	0.812	0.813	0.813	0.811	0.811	0.811	0.810
Time/s	0.537	0.264	0.162	0.139	0.125	0.107	0.086

表 5-12　状态个数 S 参数估计结果

参数	3	4	5	6	7	8	9
MRPE/%	8.73	7.73	6.77	7.29	7.15	7.47	7.09
MAE/μm	6.13	5.43	4.71	5.11	5.00	5.25	4.96
R	0.803	0.809	0.816	0.810	0.812	0.811	0.814

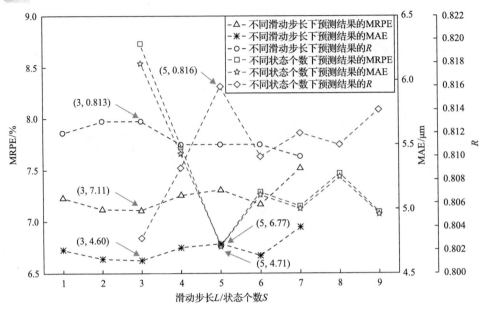

图 5-33　量化指标随模型参数的演进分析

　　分别构建 SCPM、PCPM、EPM 混合预测模型，用于抽水蓄能机组状态趋势预测。趋势预测结果及相对误差分析分别如图 5-34 及图 5-35 所示，此外，表 5-13 列出了三种模型的详细性能指标。分析结果如下。

　　(1)在整个预测时间范围内，所构建的 EPM 可准确预测机组摆度状态发展趋势，相比于其他两种模型，其具有最小的平均相对百分比误差(MRPE=3.85%)、最小的平均绝对误差(MAE=2.58μm)和最高的相关系数(R=0.886)，且最大限度地

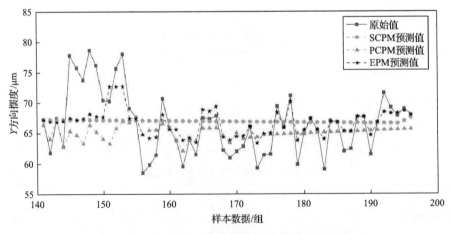

图 5-34　基于混合预测模型的状态趋势预测结果

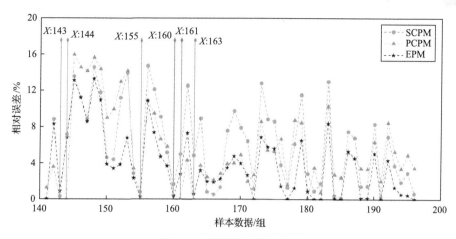

图 5-35　预测相对误差分析

表 5-13　不同组合模型性能指标对比

预测模型	MRPE/%	MAE/μm	R
SCPM	6.03	4.01	0.769
PCPM	6.26	4.12	0.852
EPM	3.85	2.58	0.886

实现了对原始数据波动情况的拟合,如图5-34所示。考虑EPM的建模机理,Markov过程的循环应用有效降低了预测误差的累积效应,有助于预测精度的进一步提升。因此,上述结果直观印证了所提 EPM 具有在长时间尺度范围内准确预测抽水蓄能机组运行状态发展趋势的能力。

（2）对 SCPM 而言,其在预测的初期阶段（预测结果的前 10 个点）具有和 EPM 大体一致的预测结果,如图5-34所示。然而,随着时间的推移,SCPM 预测精度开始出现下降,且预测结果难以拟合原始数据的波动情况。值得注意的是,没有类似于 EPM 中重复应用 Markov 原理对残差进行优化的过程,SCPM 的预测时间相比于 EPM 显著降低,具体表现为:SCPM 的总计算时耗为 2.103s,而 EPM 的总计算时耗为 5.636s。因此,SCPM 更适合于对抽水蓄能机组运行状态进行短期预测的情况。

（3）对某些样本点（第 143、144、155、160、161、163 组样本）而言,PCPM 预测结果可精确拟合原始数据,即相对误差为 0,如图5-35所示,图中垂直竖线代表相对误差较低的样本点序号。上述结果表明,相比于其他两种组合模型,PCPM 在局部预测区域具有更加优越的性能。此外,在预测的前半段范围内,预测结果可以较为清晰地反映原始数据的波动情况。因此,在 EPM 和 SCPM 预测结果的基础上,PCPM 所得结果可为局部预测分析提供适当的参考依据。

此外，为验证所提抽水蓄能机组状态趋势预测方法的有效性，这里选取构建的 EPM 混合预测模型与其他三种传统模型进行对比分析，包括：差分自回归滑动平均模型（ARIMA）[23]、非线性自回归神经网络（nonlinear autoregressive neural network，NARNN）[24]、GM(1,1)。预测结果基于如下四种判据进行评估：MRPE、MAE、R 和对原始数据波动情况的拟合能力。四种预测模型的主要参数详细列在表 5-14 中。图 5-36 展示了四种模型的预测结果，不同模型的性能量化指标对比如表 5-15 所示。对比分析结果表明，依据 EPM 所得预测结果的 MRPE、MAE 和 R 分别为 3.85%、2.58μm、0.886，三项指标均优于其他预测模型。此外，就预测结果对原始数据波动情况的拟合能力而言，EPM 预测结果具有最优的拟合效果，ARIMA、NARNN 和 GM(1,1) 预测结果均未能有效反映原始数据的波动状况。综上所述，所提组合模型可有效预测抽水蓄能机组运行状态的发展趋势，为机组实施状态维护提供必要的指导。

表 5-14　四种预测模型详细参数

模型	参数描述
EPM	滑动步长为 3，状态个数为 5
ARIMA	自回归阶数为 5，滑动平均过程阶数为 5，差分阶数自适应
NARNN	自回归阶数为 4，隐含层神经元个数为 10；训练、测试、验证数据个数比例分别为 70%、15%、15%
GM(1,1)	微分方程阶数为 1，模型变量数量为 1

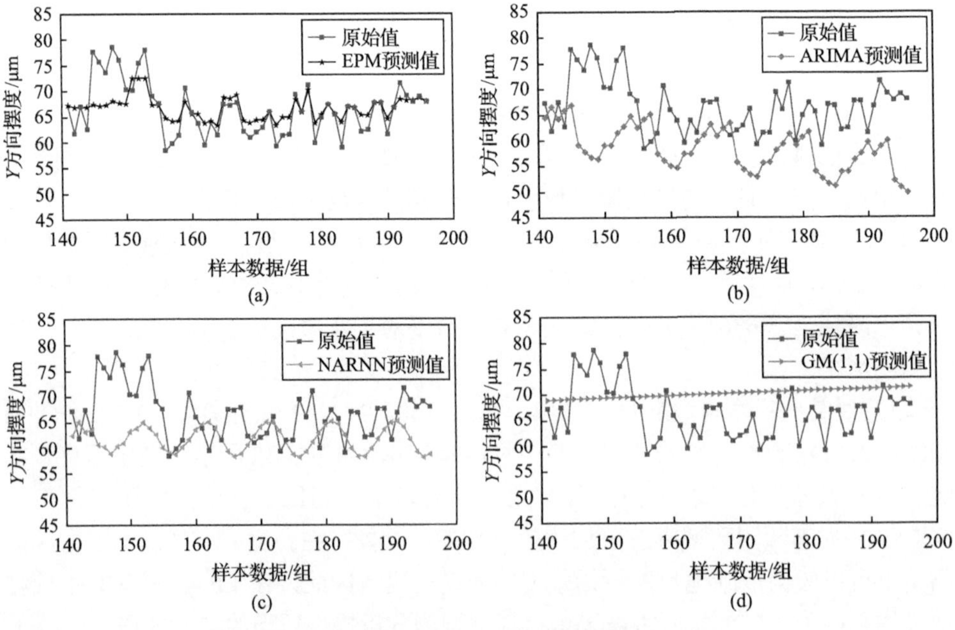

图 5-36　四种模型的状态趋势预测结果对比

表 5-15　四种模型的性能量化指标对比

模型	MRPE/%	MAE/μm	R
EPM	3.85	2.58	0.886
ARIMA	12.97	8.86	0.525
NARNN	8.83	6.36	0.733
GM(1, 1)	8.75	6.11	0.717

参 考 文 献

[1] Dragomiretskiy K, Zosso D. Variational mode decomposition[J]. IEEE Transactions on Signal Processing, 2014, 62(3): 531-544.

[2] Lahmiri S. Comparing variational and empirical mode decomposition in forecasting day-ahead energy prices[J]. IEEE Systems Journal, 2017, PP(99): 1-4.

[3] Zhang X, Miao Q, Zhang H, et al. A parameter-adaptive VMD method based on grasshopper optimization algorithm to analyze vibration signals from rotating machinery[J]. Mechanical Systems and Signal Processing, 2018, 108: 58-72.

[4] Tian Y. Artificial intelligence image recognition method based on convolutional neural network algorithm[J]. IEEE ACCESS, 2020, 8: 125731-125744.

[5] Guang Q, Ying K, Quan C. A deep convolutional neural networks model for intelligent fault diagnosis of a gearbox under different operational conditions[J]. Measurement, 2019, 145: 94-107.

[6] Bian Y, Wang J, Jun J, et al. Deep convolutional generative adversarial network(dcGAN) models for screening and design of small molecules targeting cannabinoid receptors[J]. Molecular Pharmaceutics, 2019, 16(11): 4451-4460.

[7] Kingma D, Ba J. Adam: A method for stochastic optimization[C]. International Conference on Learning Representations(ICLR), San Diego, 2015: 1-15.

[8] Liu H, Zhou J, Xu Y, et al. Unsupervised fault diagnosis of rolling bearings using a deep neural network based on generative adversarial networks[J]. Neurocomputing, 2018, 315: 412-424.

[9] 刘涵. 水电机组多源信息故障诊断及状态趋势预测方法研究[D]. 武汉: 华中科技大学, 2019.

[10] Zhou J, Liu H, Xu Y, et al. A hybrid framework for short term multi-step wind speed forecasting based on variational model decomposition and convolutional neural network[J]. Energies, 2018, 11(9): 2292.

[11] 陈国青, 杜景琦, 梁仕斌, 等. 基于小波分析及振动信号灰度矩的水电机组振动区建立方法研究[J]. 科学技术与工程, 2016, 16(35): 215-219.

[12] 李辉, 王毅, 杨晓萍, 等. 基于多小波和 PSO-RBF 神经网络的水电机组振动故障诊断[J]. 西北农林科技大学学报(自然科学版), 2017, 45(2): 227-234.

[13] 刘东, 王昕, 黄建荧, 等. 基于小波变换与 SVD 的水电机组振动信号特征提取研究[J]. 中国农村水利水电, 2018(12): 169-172.

[14] Huang N, Shen Z, Long S, et al. The empirical mode decomposition and the Hilbert spectrum for nonlinear and non-stationary time series analysis[J]. Proceedings of Mathematical Physical & Engineering Sciences, 1998, 454(1971): 903-995.

[15] 龚安, 马光明, 郭文婷, 等. 基于 LSTM 循环神经网络的核电设备状态预测[J]. 计算机技术与发展, 2019(9): 1-8.

[16] 田弟巍. 抽水蓄能机组状态趋势预测与系统集成应用研究[D]. 武汉: 华中科技大学, 2019.

[17] 姜伟. 水电机组混合智能故障诊断与状态趋势预测方法研究[D]. 武汉: 华中科技大学, 2019.

[18] Jiang W, Zhou J, Zheng Y, et al. A hybrid degradation tendency measurement method for mechanical equipment based on moving window and Grey-Markov model[J]. Measurement Science and Technology, 2017, 28(11): 115003.

[19] 盛巾英. 具有辐射顶板空调系统的室内人体热舒适灰色模型[D]. 长沙: 湖南大学, 2014.

[20] Hsu C, Chen C. Applications of improved grey prediction model for power demand forecasting[J]. Energy Conversion and Management, 2003, 44(14): 2241-2249.

[21] Kayacan E, Ulutas B, Kaynak O. Grey system theory-based models in time series prediction[J]. Expert Systems with Applications, 2010, 37(2): 1784-1789.

[22] Tangkuman S, Yang B. Application of grey model for machine degradation prognostics[J]. Journal of Mechanical Science and Technology, 2011, 25(12): 2979-2985.

[23] 李传涛, 郝伟, 郝旺身, 等. 基于频段振动烈度和 ARIMA 的煤矿减速机状态预测[J]. 煤矿机械, 2011, 32(4): 251-253.

[24] Benmouiza K, Cheknane A. Forecasting hourly global solar radiation using hybrid k-means and nonlinear autoregressive neural network models[J]. Energy Conversion and Management, 2013, 75: 561-569.

第6章　抽水蓄能机组状态评估及故障预警系统设计

为实时获取抽水蓄能机组运行数据，进而有效地监测并分析机组运行状态并提出相关决策建议，在经过离线测试、在线监测、分层分布式诊断等不同阶段的发展后，抽水蓄能机组状态评估与故障诊断平台得到了相关企业、研究院所与高校的广泛关注。来自不同监测点的海量、多源信息蕴含了丰富的机组故障特征，由于缺少合理且高效的针对性数据挖掘、融合机制，现有抽水蓄能机组主辅设备故障诊断系统无法从多源信息中获取有效知识，数据利用率低下，诊断结果无法为外部系统提供足够的决策支持。因此，迫切需要建立统一的针对抽水蓄能机组主辅设备运行大数据的数据分析与知识管理平台，实现机组多源信息集成化，为故障诊断、状态评估与安全管理提供有力支撑。

为此，在研究抽水蓄能机组数据挖掘、运行状态综合评估、多源信息故障诊断、无监督故障诊断与趋势预测理论和方法的基础上，本章设计开发了面向服务的抽水蓄能机组状态评估及故障预警系统，构建了多源异构信息下的机组集成数据平台，搭建了数据、模型混合驱动的抽水蓄能机组故障诊断体系。通过数据集成平台，系统可以获取电站分布式系统中的故障数据并进行统一管理，结合数据挖掘技术，有效提取故障特征，分析故障-征兆间的关联关系。在此基础上，运用水电系统专家知识，依据不同电站机组特性与共性问题实现设备的协同诊断；依据挖掘出的电站常见故障参数，建立故障参数的时间序列模型，监测参数的变化趋势，依据电站点表及时提供报警信号，为运维人员的检修工作提供有效指导。该系统在莲蓄电站进行了示范应用，结合关联特征、诊断结果与趋势分析，评估机组总体运行健康状态，给出合理的设备维修建议，能有力促进抽水蓄能机组状态评估与故障诊断的自动化、智能化发展，具有重要的工程实际应用价值。

6.1　抽水蓄能机组状态评估及故障预警系统软件架构设计

抽水蓄能机组状态评估及故障预警系统需要从电站其他计算机监控系统获取数据，并支持数据交互操作。设计包含客户端层(Browser)、数据服务层、业务逻辑层和服务器层的 B/S 软件业务架构[1]，开发业务逻辑组件和操作控件[2]，建立模型库、算法库、知识库和历史运行状态分析数据库[3]，研发抽水蓄能机组状态评估及故障预警软件系统，实现机组历史运行数据获取、数据挖掘关联分析、机组故障诊断预警、状态量趋势预测、机组状态评估等功能[4]。

6.1.1　软件业务架构设计

抽水蓄能机组状态评估及故障预警系统依托现有的电站监控、生产实时、调速及励磁等系统，获取水泵水轮机、调速系统、发电电动机及其励磁系统、主变和主进水阀的设备运行状态信息、故障试验分析报告、周期定检数据和监控监测数据等多源运行数据，自动运行分析和诊断软件，实现机组历史运行数据的获取与耦合关联分析、设备运行状态多重指标分析与综合评估、故障诊断、故障预警等功能，抽水蓄能机组状态评估及故障预警系统的软件业务架构如图 6-1 所示。通过该系统能够掌握设备整体运行情况，为生产管理者提供合理的维修决策建议。

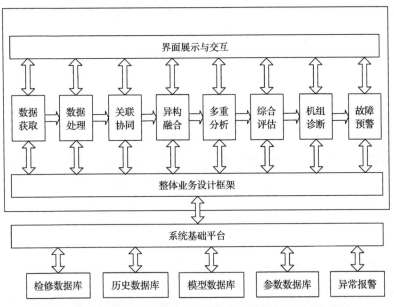

图 6-1　抽水蓄能机组状态评估及故障预警系统软件业务架构

6.1.2　软件前端架构设计

抽水蓄能机组状态评估及故障预警系统前端可基于 jQuery Easy UI 1.4 设计，旨在丰富图形界面，提升用户体验指数，将工程应用以丰富多彩的形式展现给用户，使用户能够形象地理解系统所得出的故障诊断结果和状态评估结论。

jQuery Easy UI 是一组基于 jQuery 的用户界面(UI)插件集合体，使开发者能更轻松地打造出功能丰富并且美观的 UI，不需要编写复杂的 javascript，也不需要对叠层样式表(CSS)样式有深入的了解，大大节省了开发产品的时间和资源[5]。本系统采用了最新的 jQuery Easy UI 1.4 技术，在 jQuery Easy UI 1.3 的基础上提供了更新的图形插件，丰富了图形创建方式，优化了结构风格，提高了系统的跨平台支持能力和稳定性[6]。

　　系统前端为用户提供数据与系统管理功能，由具有友好交互性的富客户端和代码隐藏文件组成，根据用户的需求，可灵活方便地实现机组故障诊断、评估和趋势预测等功能。

6.2　抽水蓄能机组状态评估及故障预警系统业务功能

6.2.1　系统登录

　　系统登录用于特定的用户登录抽水蓄能机组状态评估及故障预警系统，便于安全地管理用户操作。在浏览器网址输入栏输入对应地址，进入系统登录界面（图 6-2），依次输入用户名、密码和验证码后，单击【登录】按钮进入系统的主界面（图 6-3）。

图 6-2　抽水蓄能机组状态评估及故障预警系统登录界面

图 6-3　抽水蓄能机组状态评估及故障预警系统主界面

6.2.2　数据挖掘模块

　　抽水蓄能机组状态评估及故障预警系统数据挖掘模块用以分析抽水蓄能机组运行数据关联关系。Apriori 算法是一种挖掘数据隐含信息、发现频繁项集的有效数据挖掘方法，该算法利用逐层搜索的迭代方法发现频繁项集[7]。Apriori 算法流程图如图 6-4 所示。算法首先通过扫描建立抽水蓄能机组运行状态分析数据库，累计机组运行状态量的出现次数，并收集满足设定的最小支持度的状态项，先找出频繁 1-项集的集合，记为 L_1；然后，使用 L_1 找出频繁 2-项集的集合 L_2，使用 L_2 找出 L_3，通过限制候选，用 k-项集搜索 $(k+1)$-项集来产生发现频繁项集，如此下去，直到不能再找到频繁 k-项集[8]。

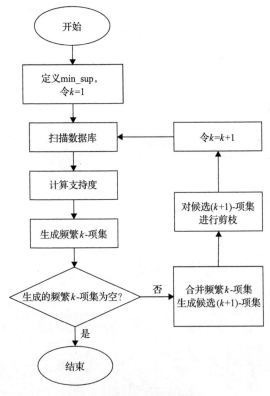

图 6-4　Apriori 算法流程图

　　数据挖掘模块可分为历史故障查询模块和关联分析模块，如图 6-5 所示。

1. 历史故障查询

　　历史故障查询子界面总体上可分为三个组成部分，其中包括查询条件、查询结果和故障趋势图，如图 6-6 所示。

图 6-5　抽水蓄能机组状态评估及故障预警系统数据挖掘模块

图 6-6　历史故障查询子界面

　　查询条件：该部分包含【开始时间】和【结束时间】两个时间选择菜单、【子系统选择】系统选择菜单、一个【查询】按钮。在时间选择菜单中，用户可以通过各自显示栏右边的日历菜单点选时间，并且可以选择想要查询数据的子系统，包括【ball】、【Exc】、【Gov】、【Pum】、【Transfer】五个机组子系统。这五个子系统中文名称分别是水泵水轮机系统、发电电动机及励磁系统、调速系统、主进水阀系统和主变压器系统。用户在设置好查询时间及查询系统后，单击【查询】按钮，系统即进入历史查询阶段。查询条件栏如图 6-7 灰色框中所示。

　　查询结果：在用户单击【查询】按钮后，会在【历史运行状态数据】一栏中显示查询内容。查询结果表格中包含【故障 ID】、【子系统】、【故障名称】、【故障原因】、【开始时间】、【结束时间】、【工况】和【关联参数】八列。历史运行状态数据如图 6-8 灰色框中所示。

图 6-7 查询条件

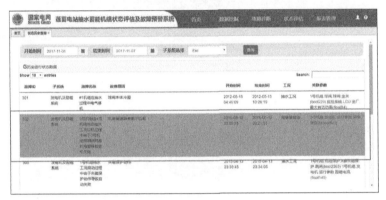

图 6-8 历史运行状态数据(历史故障查询)

故障趋势图:【历史运行状态数据】栏操作列中有【关联参数】按钮。如图 6-9 灰色框中所示。单击某一行的【关联参数】按钮,就会在【故障趋势图】区域内显现这一行所对应的子系统在相应故障下的故障趋势图,图形显示部分会显示查询到的故障的相应变量随时间变化的波形,如图 6-10 所示。

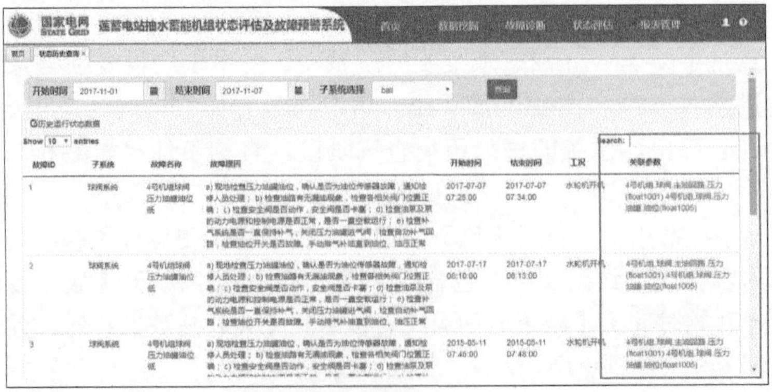

图 6-9 关联参数

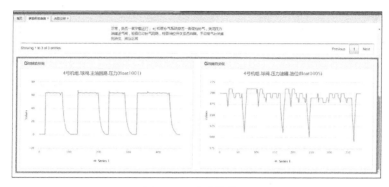

图 6-10　故障趋势图

2. 关联分析

关联分析模块中的前端界面分模块进行监测数据关联性分析的开发工作，包括【关联分析参数设置】、【频繁项集】、【关联分析结果】以及【设备关联分析】等，如图 6-11 所示。用户可以在前端任意选择四个机组中的一个，选择机组故障开始时间和故障结束时间，并选择使用 Apriori 方法[9]或者 FP-Growth 算法[10]，查看故障信息以及得出故障信息之间的相关性分析结果。

图 6-11　关联分析主界面

在开始关联分析之前，用户需要设置条件输入栏中的【机组选择】，选择机组型号，设置【开始时间】和【结束时间】。在【方法选择】复选框中有待使用的一种或多种算法，该复选框的下拉菜单中包含 Apriori 方法、FP-Growth 算法。然后，用户需要在【子系统选择】栏中选择子系统类型，如图 6-12 所示。

在设置好优化算法和待辨识数据后，进入【关联分析参数设置】模块，设置【频繁项集数】和【最小置信度】，单击【开始挖掘】按钮，系统即进入关联分析计算阶段，如图 6-13 所示。待计算结束后，界面下方的【关联分析结果】显示设备类型和设备故障状态；在【设备关联分析】中显示故障关联分析表，如图 6-14 所示。

图 6-12 关联分析界面选择复选框

图 6-13 关联分析参数设置显示界面

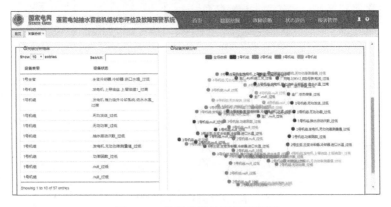

图 6-14 关联分析结果显示界面

6.2.3 故障诊断模块

故障诊断模块主要对机组故障进行诊断,查找已发生的故障及其原因,同时,依据历史数据对机组重要状态量进行趋势预测,对可能发生的故障及时进行预警,保证机组的安全稳定运行。

故障诊断模块主要包括三个部分:故障树诊断、故障预警、趋势预测。模块主界面如图 6-15 所示。

图 6-15　抽水蓄能机组故障诊断模块主界面

1. 故障树诊断

通过分析抽水蓄能机组设备故障本体与故障原因、关联状态量间的内在联系，构建适合抽水蓄能机组设备的故障树诊断模型，直观形象地呈现复杂多样的设备故障与组成部件之间的逻辑关系，全面系统地诊断出所有可能引起设备故障发生的因素，为现场运维人员提供必要的故障维护决策支持。

故障树诊断流程为：结合故障树结构，采用正向搜索方法，综合使用阈值比较与模糊识别，自顶向下依次搜索树中各个节点[11]。故障树诊断的流程图如图 6-16 所示。

故障树诊断子界面总体上可分为三个组成部分，包括条件输入、系统故障树展示和诊断结果分析，具体如图 6-17 所示。

条件输入：该部分主要包括【机组型号】机组选择菜单、【选择时间】时间选择菜单、五个系统选择按钮和一个【开始诊断】按钮。在机组选择菜单中，可以根据需求选择不同的机组进行诊断；在时间选择菜单中，用户可以通过各自显示栏右边的日历菜单点选时间，确定故障诊断的开始时间和结束时间；页面左侧有五个系统选择按钮，包括水泵水轮机系统、调速系统、励磁发电系统、主进水阀系统(图中为球阀系统，后同)、主变系统，通过子系统选择按钮可以实现对机组不同子系统的故障诊断；设置好诊断机组、诊断时间及诊断系统后，单击【开始诊断】按钮，系统即进入故障诊断阶段。条件输入栏如图 6-18 所示。

系统故障树展示：该部分主要包括【诊断控制】按钮和【故障树展示】界面两部分；通过单击【诊断控制】按钮可以选择故障树的不同典型故障，同时对应故障树图在【故障树展示】界面进行展示。系统故障树展示如图 6-19 所示。

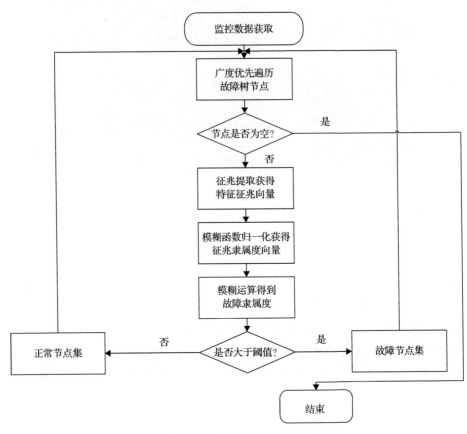

图 6-16　故障树诊断流程图

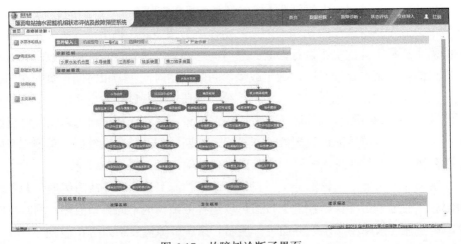

图 6-17　故障树诊断子界面

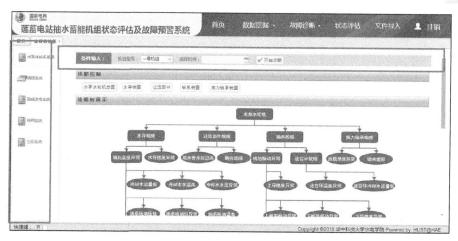

图 6-18　条件输入(故障树诊断)

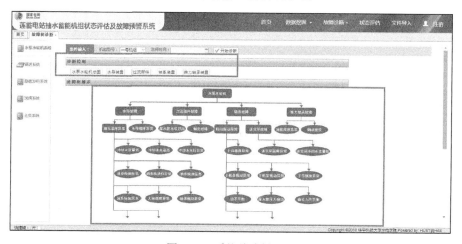

图 6-19　系统故障树展示

诊断结果分析：该部分主要包括故障诊断结果的展示与分析。通过上述故障树诊断流程，选定机组特定系统的故障诊断，诊断结果主要包括故障名称、发生频率和建议描述三个部分，同时诊断结果在系统故障树中变为红色进行凸显，全面展示与分析机组发生的故障及其原因。诊断结果分析如图 6-20 所示。

2. 故障预警

故障预警模块采用定量故障树分析算法，主要包括失效概率分析和底事件重要度分析。其中，失效概率主要分析系统各个环节失效的概率，重要度主要分析各个底事件对于整个系统的重要程度[12]。

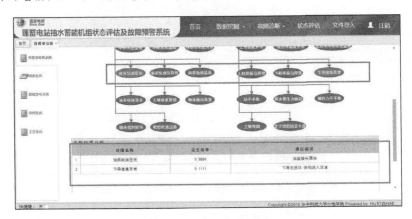

图 6-20 诊断结果分析

1) 失效概率分析

失效概率分析通过自下而上的方法计算系统各个环节失效的概率。设故障树最小割集表达式为 $K_j(X)$，则最小割集结构函数为

$$\theta(X) = \sum_{j=1}^{k} K_j(X) \tag{6-1}$$

式中，k 为最小割集数；$K_j(X)$ 的定义为

$$K_j(X) = \prod_{i \subseteq k_j} X_i \tag{6-2}$$

式中，k_j 为第 j 个最小分割集；X_i 为底事件的状态。

求顶事件发生概率，即使 $\theta(X)=1$ 的概率。对式(6-1)两端取数学期望，左端即顶事件发生概率：

$$g = P_r \left\{ \sum_{j=1}^{k} K_j(X) = 1 \right\} \tag{6-3}$$

令 E_i 为属于最小割集 K_j 的全部底事件均发生的事件，则顶事件发生的事件即 k 个 E 中至少有一个发生的事件，因此

$$g = P_r \left\{ \sum_{i=1}^{k} E_i \right\} \tag{6-4}$$

如果将事件和概率写作 F_j，则

$$F_j = \sum_{1 < j < k} P_r \{ E_1 \cap E_2 \cap \cdots \cap E_j \} \tag{6-5}$$

由式(6-4)展开可得

$$g = \sum_{j=1}^{k} (-1)^{j-1} F_j = \sum_{r=1}^{k} P_r\{E_r\} - \sum_{1<i<j<k} P_r\{E_i \cap E_j\} + \cdots + (-1)^{k-1} P_r \left\{ \bigcap_{r=1}^{k} E_r \right\} \quad (6\text{-}6)$$

通过上述方法,可完成顶事件失效概率分析。同时,还可以按照类似的方法,针对故障树的各个环节进行失效概率分析,类似方法在此不做赘述。

2) 底事件重要度分析

底事件重要度分析包括对底事件概率重要度、结构重要度和关键重要度进行分析[13]。

概率重要度的定义为:系统处于部件 i 的临界状态(事件 i 失效时,导致系统失效的状态称为临界状态。在事件 i 失效的 2^{n-1} 种情形中,只有那些导致系统失效的情形才是部件 i 的临界状态)时,系统失效的概率称为概率重要度 $I_i^{P_r}(t)$。如果 $Q_i(t)$ 表示第 i 个底事件在 t 时刻的失效概率,$g(Q(t))$ 表示顶事件在 t 时刻的失效概率,$Q(t)=\{Q_i(t), i=1,2,\cdots,n\}$,设 $g(1_i, Q(t))$ 表示第 i 个底事件失效时顶事件在 t 时刻的失效概率,$g(0_i, Q(t))$ 表示第 i 个底事件正常时顶事件在 t 时刻的失效概率,则概率重要度 $I_i^{P_r}(t)$ 为

$$I_i^{P_r}(t) = \frac{\partial g(Q(t))}{\partial(Q_i(t))} = g[1_i, Q(t)] - g[0_i, Q(t)] \quad (6\text{-}7)$$

结构重要度的定义为:当底事件 i 从状态 0 变为 1 时,底事件 i 的临界状态数在总状态数中的比例。在实际计算结构重要度时,常采用如下方法:在底事件 i 的概率重要度表达式中,将所有底事件的失效概率置为 0.5。因此,结构重要度 $I_i^{St}(t)$ 的有效计算为

$$I_i^{St}(t) = I_i^{P_r}(t) \Big|_{Q_k=0.5}, \quad k \neq i \quad (6\text{-}8)$$

关键重要度用系统故障概率的变化率对底事件 i 故障概率的变化率的相对值来反映底事件 i 触发系统发生故障的概率,其定义为

$$I_i^{Cr}(t) = Q(t) \cdot I_i^{P_r}(t) / g(t) \quad (6\text{-}9)$$

对系统的故障诊断和检查而言,确定底事件的关键重要度具有非常重要的指导意义,因为一旦系统发生故障,维修人员就有理由首先怀疑关键重要度最大的底事件触发了系统故障。

3) 底事件发生概率确定

故障树的定量分析以底事件发生概率为基础，因此底事件发生概率的确定对于整个分析来说至关重要。底事件发生概率的确定主要可分为失效分布的确定、基于分布模型的分布参数估计和依据分布模型确定发生概率三步。实际中可根据在一个大修期内各个故障的发生情况，获得各个底事件的失效分布曲线，运用树叶图分析方法确定符合失效概率分布的标准概率分布模型。根据已得到的分布模型，利用参数辨识方法，获得底事件发生概率的分布曲线。利用该曲线，结合距离上次大修的时间，即可确定各个底事件发生的概率。

故障预警界面总体上可分为五个组成部分，包括【条件输入】、【历史运行状态数据】、【预警结果分析图】、【子系统详细故障概率】和【分系统评价结果展示】，具体如图 6-21 所示。

图 6-21　故障预警子界面

条件输入：该部分主要包括【开始时间】和【结束时间】时间选择菜单、【系统选择】菜单、【开始查询】和【开始预警】按钮。在时间选择菜单中，用户可以通过各自显示栏右边的日历菜单点选时间，确定查询历史故障数据的开始时间和结束时间；【系统选择】菜单栏可进行子系统选择，包括水泵水轮机系统、调速系统、发电电动机及其励磁系统、主进水阀系统和主变系统五个子系统，然后单击【开始查询】按钮可进行机组历史记录查询，结果显示在【历史运行状态数据】模块，单击【开始预警】按钮可进行机组故障预警，结果显示在【预警结果分析图】模块。条件输入栏如图 6-22 灰色框中所示。

历史运行状态数据：该部分主要对查询得到的历史数据进行展示，展示内容主要包括【故障名称】、【开始时间】、【结束时间】和【关联参数】四个部分，其中关联参数是与故障相关的状态量，具体结果如图 6-23 所示。

图 6-22　条件输入(故障预警)

图 6-23　历史运行状态数据(故障预警)

　　预警结果分析图:该部分实现对预警结果的展示,界面中以饼形图展示,以不同颜色代表不同子系统,所占饼形面积大小代表发生故障的可能性,具体概率数值在分系统评价结果展示,具体如图 6-24 所示。

图 6-24　预警结果分析图

　　子系统详细故障概率:【预警结果分析图】模块中展示了各系统故障预警结果,

单击相应子系统，在右侧栏中会展示出子系统各部件发生的概率，对故障预警结果进行全面展示与分析，具体结果如图 6-25 所示。

图 6-25　子系统详细故障概率

分系统评价结果展示：该部分主要对【预警结果分析图】进行详细展示，以表格形式展示，包括【故障名称】和【发生概率】，具体结果如图 6-26 所示。

图 6-26　分系统评价结果展示

3. 趋势预测

基于对抽水蓄能机组典型故障模式的分析，结合对不同预测算法的对比研究，抽水蓄能机组状态评估及故障预警系统可采用 ARMA 对抽水蓄能机组振动、摆度等运行状态量的趋势序列进行预测[14]。

时间序列 ARMA 模型算法[15]如下：

$$\begin{cases} \Phi(B)\nabla^d x_t = \Theta(B)\varepsilon_t \\ E(\varepsilon_t) = 0, \mathrm{Var}(\varepsilon_t) = \sigma_\varepsilon^2, E(\varepsilon_s \varepsilon_t) = 0, \quad s \neq t, s < t \end{cases} \tag{6-10}$$

其中，x_t 为时间序列数据，x_t 与 $x_{t-1}(t=1,2,\cdots,p)$ 相关；ε_t 为残差项，ε_t 与 ε_{t-1}

($t=1,2,\cdots,q$)相关；记 B^k 为 k 步滞后算子，即 $B_{xt}^k=x_{t-k}$；p 为自回归阶数；q 为移动平均阶数；d 为差分阶数；ε_σ 为标准差；∇ 为差分算子，$\nabla^d=(1-B)^d$。

$\Phi(B)$ 表示自回归系数多项式：

$$\Phi(B)=1-\phi_1 B-\phi_2 B^2-\cdots-\phi_p B^p \tag{6-11}$$

式中，$\phi_1,\phi_2,\cdots,\phi_p$ 为自回归系数。

$\Theta(B)$ 表示滑动平均系数多项式：

$$\Theta(B)=1-\theta_1 B-\theta_2 B^2-\cdots-\theta_q B^q \tag{6-12}$$

式中，$\theta_1,\theta_2,\cdots,\theta_q$ 为移动平均系数。

ε_t 是独立于 x_{t-i} 和 ε_{t-i} 的白噪声序列，满足

$$\varepsilon_t=\theta_1\varepsilon_{t-1}+\theta_2\varepsilon_{t-2}+\cdots+\theta_q\varepsilon_{t-q}-\phi_0-\phi_1 x_{t-1}-\phi_2 x_{t-2}-\cdots-\phi_p x_{t-p}-x_t \tag{6-13}$$

使用 ARMA 模型进行趋势预测的步骤示意图如图 6-27 所示。

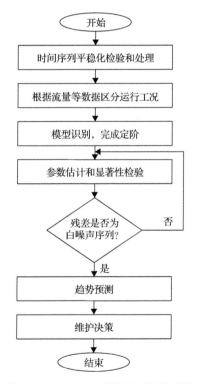

图 6-27　ARMA 进行趋势预测的步骤

通过选取的原始时间序列数据建立最优 ARMA 模型并进行预测的基于时间序列的状态趋势预测模型，可实现对抽水蓄能机组设备振动、位移、压力、流量

等时间序列的良好预测。

趋势预测子界面总体上可分为三部分，包括【条件输入】、【预测结果对比表】和【预测结果对比图】，如图 6-28 所示。

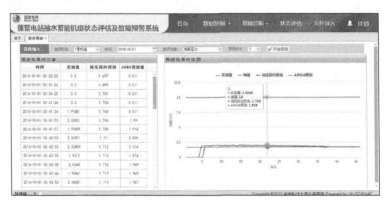

图 6-28　趋势预测子界面

条件输入：该部分包含【选择机组】、【时间】、【选择对象】和【预测步长】共四个选择菜单和一个【开始预测】按钮。在【选择机组】菜单中，用户可以选择 1 号机组到 4 号机组；在【时间】选择菜单中，用户可以通过显示栏右边的日历菜单点选时间；在【选择对象】菜单中，用户可以选择油路压力、冷却水流量、水温、油位、磨损、出口油温、水导 X 轴振摆速率、水导 Y 轴振摆速率、水导 Z 轴振摆速率共九个对象；在【预测步长】菜单中，用户可以选择的时间步长为 1 到 6。然后单击【开始预测】按钮，系统即进入预测阶段。条件输入栏如图 6-29 灰色框中所示。

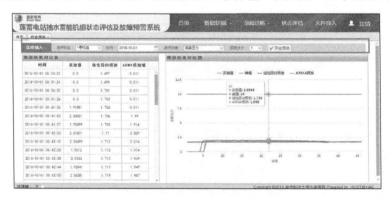

图 6-29　条件输入(趋势预测)

预测结果对比表：在用户单击【开始预测】按钮后，会在左侧【预测结果对比表】一栏中显示预测得到的结果对比值。【预测结果对比表】中包含【时间】、【实测值】、【线性回归预测】和【ARMA 预测值】四列，具体结果如图 6-30 灰色框中所示。

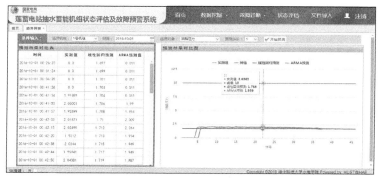

图 6-30　预测结果对比表

预测结果对比图：在用户单击【开始预测】按钮后，会在右侧预【测结果对比图】一栏中显示预测得到的结果对比图。图中可以看到四条线，分别为实测值、阈值、线性回归预测和 ARMA 预测，具体结果如图 6-31 灰色框中所示。

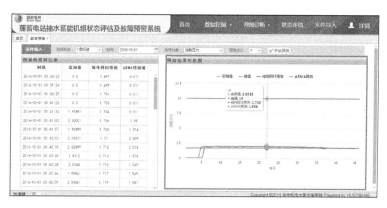

图 6-31　预测结果对比图

6.2.4　状态评估模块

状态评估模块用于对机组各子系统的健康状态进行评价，以机组设备基本健康状态、系统整体运行水平和历史数据资料为评估准则，以机组各子系统特性参数为评估指标，可采用层次分析法对当前机组的性能状态进行多层次综合评估[16]。

基于层次分析法的抽水蓄能机组设备性能状态综合评估具体实现方法如下。

1)构建抽水蓄能机组设备状态评估多重指标体系

多重指标体系是由以下三个层次组成：最高目标层，这里最高目标就是机组设备的得分；中间准则层，这里中间准则就是轴系振摆、轴承温度等二级指标量；底层指标层，指目标实现的主要准则下的细分准则，这些准则就是一个个状态指标，常见的有模拟量，开关量和相关得分。

2) 构建判断矩阵

采用九标度法构建判断矩阵，对于底层指标进行两两比较，由下而上逐层完成[17]。

3) 计算各层指标权重

采用"和法"计算各层指标权重。

4) 底层指标评估

根据评估准则对底层指标进行评估打分，然后依据指标权重计算上层指标评估得分，最终获取系统性能评估得分。

5) 系统状态等级划分

要对抽水蓄能机组设备进行合理的整体评估，将机组的健康等级进行合理的划分也是一项很重要的工作，将机组状态分为正常、注意、异常和严重四个等级，计算出机组性能状态的综合得分，然后根据机组状态评价标准，最终确定其所处的水平。

状态评估模块首页如图 6-32 所示。

图 6-32 状态评估模块首页

在开始进行状态评估之前，用户需要设置【条件输入】栏中的【机组】，选择机组编号，设置【子系统选择】以选择待评估子系统，同时还需在【时间】菜单中选择待分析数据位于的时间，之后单击【开始评估】按钮即可进入对子系统的评估过程，如图 6-33 所示。

图 6-33　子系统评估复选框及评估结果

评估主界面中，子系统状态评估的结果按照百分制进行打分呈现，而根据所选择的子系统，其评估项目也不同。详细的评估信息和评估结果的图形化显示结果可在下方的【详细评估信息】和【评估结果柱状图】中进行查询，如图 6-34 所示。

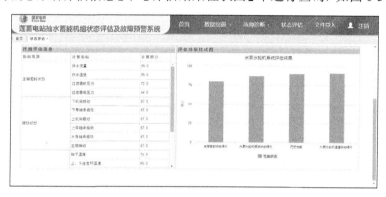

图 6-34　详细评估信息及评估结果柱状图

若用户想要了解当前系统的评分构成，则可单击【条件输入】栏中的【显示子评估】按钮，进入图形化显示评估信息的二级页面，如图 6-35 所示；而当用户想要了解当前评估的指标的构成时，可单击【条件输入】栏中的【底层指标】按钮查看评估指标及其结构，如图 6-36 所示。

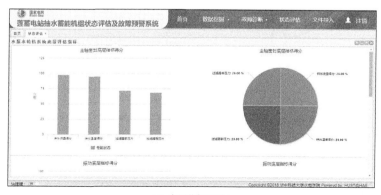

(a) 底层指标得分1

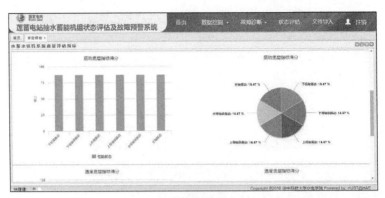

(b) 底层指标得分2

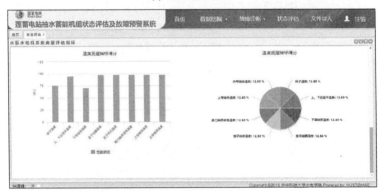

(c) 底层指标得分3

图 6-35 图形化显示评估信息

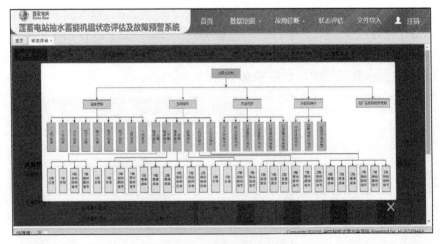

图 6-36 评价指标及其结构

6.2.5　文件导入模块

文件导入模块主要实现用户对最新数据的导入功能和对历史导入文件的管理查看功能，从而使得抽水蓄能机组状态评估及故障预警系统中的数据能够得到及时的更新和有效的管理，提升系统的可用性[18]。

文件导入模块界面如图 6-37 所示。

图 6-37　文件导入模块

界面中可供用户操作的功能有三种，首先是上传最新监测数据文件功能，如图 6-38 所示。在【上传文件】框中单击【选择文件】按钮，即可打开本地计算机资源浏览器并选择相应的待上传文件，单击【上传】按钮后系统中就会增加选中上传的文件至系统数据库中。文件格式要求模块界面如图 6-39 所示，用户可根据开关量、状态量、典型故障等情况保存成特定的文件格式。

第二项功能是对上传记录的查询，功能区如图 6-40 所示。用户可以在功能区【开始时间】和【结束时间】显示栏右边的日历菜单点选需要查询的记录时间段，之后单击【查询】按钮即可在右侧的【提交记录】框中得到符合查询时间要求的历史上传记录的查询结果。

图 6-38　上传文件功能区

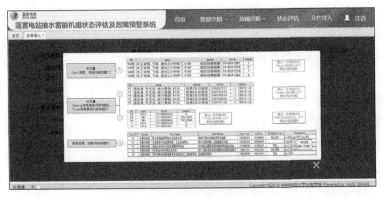

图 6-39　文件格式要求

图 6-40　上传记录查询

第三项功能是对历史上传文件的管理,支持查看及删除操作,如图6-41所示。用户可在第二项查询功能执行后的结果中单击相应文件条目后的【查看】按钮对文件内容进行查看,同时还可通过单击【删除】按钮对需要删除的文件执行删除操作,实现文件的管理功能。

图 6-41　历史上传文件管理

参 考 文 献

[1] 张姝. Web 环境中的应用程序三层架构设计[J]. 电脑知识与技术, 2016, 12(4): 109-110.

[2] 杨新艳, 于伟涛. 基于 Maven 的轻量级 Java 软件开发研究[J]. 科技传播, 2015, 7(17): 134-135.

[3] 郭璇. 基于 Redis 的实时数据库并发控制算法设计与实现[D]. 武汉: 武汉理工大学, 2017.

[4] 何军, 陈倩怡. Vue+Springboot+Mybatis 开发消费管理系统[J]. 电脑编程技巧与维护, 2019(2): 87-88.

[5] 苗洁. 基于 EasyUI 框架与 Spring MVC 框架的权限管理系统的设计与实现[J]. 电脑知识与技术, 2015(15): 53-55.

[6] 代威, 董运成. 基于 jQuery EasyUI 与 Spring MVC 框架的信息管理系统自动提示的设计与实现[J]. 信息与电脑 (理论版), 2016, 359(13): 33-34.

[7] 刘涵. 水电机组多源信息故障诊断及状态趋势预测方法研究[D]. 武汉: 华中科技大学, 2019.

[8] 程玉胜, 邓小光, 江效尧. Apriori 算法中频繁项集挖掘实现研究[J]. 计算机技术与发展, 2006(3): 58-60.

[9] 刘花. 基于 Apriori 算法的关联分析[J]. 信息与电脑(理论版), 2019, 31(19): 132-133, 136.

[10] 毛宁宁, 苏怀智, 高建新. 基于 FP-growth 的大坝安全监测数据挖掘方法[J]. 水利水电科技进展, 2019, 39(5): 78-82.

[11] 胡勇健, 肖志怀. 水电机组基于贝叶斯网络的故障树故障诊断分析研究[J]. 中国农村水利水电, 2017(8): 202-205, 208.

[12] 庞吉敏, 蒲朝东, 王文和, 等. 基于贝叶斯网络的城市地下污水管线失效概率分析[J]. 给水排水, 2018, 54(7): 129-133.

[13] 张峰, 路坤, 徐廷学. 事故树的定量分析在某型舰载直升机起落架收放系统中的应用[J]. 飞机设计, 2010, 30(1): 64-68.

[14] 潘罗平. 基于健康评估和劣化趋势预测的水电机组故障诊断系统研究[D]. 北京: 中国水利水电科学研究院, 2013.

[15] 张一泓, 朱国荣, 蔡永自, 等. 基于自回归积分滑动平均模型的日前电价预测[J]. 自动化技术与应用, 2020, 39(1): 125-129, 139.

[16] 万俊毅. 水泵水轮机综合状态评估研究与应用[D]. 武汉: 华中科技大学, 2018.

[17] 毛成, 缪旭光, 崔悦, 等. 层次分析法在小水电机组健康评价中的应用[J]. 水电站机电技术, 2019, 42(5): 1-4, 28, 80.

[18] 谷洪彬. 基于 jQuery EasyUI 框架的动态多文件上传的实现[J]. 计算机时代, 2017(9): 45-46, 50.

第 7 章　水泵水轮机及其主要辅助设备在线监测装置典型配置意见与健康状态评价规程

　　水泵水轮机及其主要辅助设备是抽水蓄能电站的主要水力-机械能量转换装置，其安全稳定运行对电站具有重要的作用。因此，需要在线监测装置对水泵水轮机及其主要辅助设备的运行状态进行监测，完成监测量的采集与处理，指导机组的安全稳定运行。目前，抽水蓄能机组状态监测已具备相对完善的设计要求，但针对水泵水轮机及其主要辅助设备在线监测装置的典型配置意见尚不完善，缺少统一的标准指导在线监测装置的典型配置，导致在线监测装置配置出现不足或者冗余的情况，无法保证机组安全稳定运行。进一步，水泵水轮机及其主要辅助设备作为电站重要的生产设备，其健康状态直接影响到整个电站的正常运行。因此，制定合理完善的设备健康状态评价标准，对电站的安全稳定运行具有重要意义。近年来，各抽水蓄能电站不断推进智能化电站建设进程，提升电站设备自动化运行管理水平，但相关的状态评价规程尚不完善。此外，随着抽水蓄能发电技术的不断发展，抽水蓄能电站的规模逐渐增大，抽水蓄能机组单机容量也在不断提高，这对于机组主辅设备健康状态的分析与评价提出了更高的要求。

　　本章介绍了水泵水轮机及其主要辅助设备在线监测装置典型配置及健康状态评价规程，以建议书的形式规定了设备健康状态评价方法和评价标准；通过导则的形式规定了水泵水轮机及其主要辅助设备在线监测装置的功能和基本结构。该部分内容从技术模式上规范了水泵水轮机及其主要辅助设备在线监测技术的应用行为，进而全面指导水泵水轮机及其主要辅助设备健康状态评价工作，提高抽水蓄能电站智能化管理水平。

7.1　水泵水轮机及其主要辅助设备在线监测装置典型配置意见

　　水泵水轮机及其主要辅助设备在线监测装置典型配置意见(以下简称本意见)全面阐述了在线监测装置功能及其基本配置要求，其基本结构包括范围，规范性引用文件，术语和定义，总则，技术要求，信息安全，试验和检验，标识、包装、运输和存储，文件与资料，附录和编制说明。

7.1.1　范围

本意见明确了水泵水轮机及其主要辅助设备在线监测的相关术语和定义，说明了抽水蓄能电站水泵水轮机及其主要辅助设备在线监测装置的基本结构、设置原则、测点配置、使用条件、功能要求、硬件要求、软件要求、系统性能要求、信息安全、试验和检验、标识、包装、运输和存储、文件与资料等。本意见着重关注在线监测装置的监测测点，对监测量的来源不做限制。

本意见适用于抽水蓄能电站混流式水泵水轮机及其主要辅助设备在线监测装置的设置。

7.1.2　规范性引用文件

下列文件中的条款通过引用而成为本意见的条款。凡是标注日期的引用文件，其随后所有的修改单(不包括勘误的内容)或修订版均不适用于本意见。凡是不标注日期的引用文件，其最新版本适用于本意见。

《水力机械(水轮机、蓄能泵和水泵水轮机)振动和脉动现场测试规程》(GB/T 17189—2017) (以下简称 GB/T 17189)[1]。

《大中型水电机组包装、运输和保管规范》(GB/T 28546—2012)[2]。

《混流式水泵水轮机基本技术条件》(GB/T 22581—2008)[3]。

《水轮发电机组自动化元件(装置)及其系统基本技术条件》(GB/T 11805—2019)[4]。

GB/T 11348.5[5]。

《机电产品包装通用技术条件》(GB/T 13384—2008)[6]。

《电工电子产品应用环境条件　第 2 部分：运输》(GB/T 4798.2—2008)[7]。

《在非旋转部件上测量和评价机器的机械振动　第 5 部分：水力发电厂和泵站机组》(GB/T 6075.5—2002) (以下简称 GB/T 6075.5)[8]。

《水轮发电机组振动监测装置设置导则》(DL/T 556—2016)[9]。

《水轮发电机组启动试验规程》(DL/T 507—2014)[10]。

《水轮发电机组状态在线监测系统技术条件》(DL/T 1197—2012)[11]。

《水力发电厂计算机监控系统设计规范》(DL/T 5065—2009)[12]。

《水轮发电机组状态在线监测系统技术导则》(Q/GDW 11576—2016)[13]。

《电力二次系统安全防护规定》[14]。

7.1.3　术语和定义

下列术语和定义适用于本意见。

1）在线监测装置（on-line monitoring device）

对水泵水轮机及其主要辅助设备各部件运行状态进行实时在线监测的装置。

2）键相（key phase）

水泵水轮机及其主要辅助设备在线监测装置在主轴上的基准方向信号。

3）状态监测参数（condition monitoring parameters）

反映水泵水轮机及其主要辅助设备状态的监测量，主要指振动、摆度、压力脉动、液位、温度、压力、流量、机组抬机量、主轴密封磨损量等。

4）工况参数（operating parameters）

表征水泵水轮机及其主要辅助设备各种运行工况特征的、与运行状态量直接相关的参数，包括电站水头/扬程、机组转速或频率、有功功率、无功功率、机组出力、功率因数、导叶开度、机组发电/抽水工况状态等。

5）过程量参数（process parameters）

水泵水轮机及其主要辅助设备过程量参数包括液位、温度、压力、流量、机组抬机量、主轴密封磨损量等随工况参数或运行时间的变化而改变的参数。

6）稳定性参数（stability parameters）

振动、摆度、压力脉动等反映机组稳定性能的参数。

7）数据服务器（data server）

用于存储和管理电厂一台或多台水轮发电机组状态监测数据的服务器。

8）Web 服务器（Web server）

用于状态在线监测系统与电厂局域网通信的服务器，通常以 Web 方式将状态监测数据发布至电厂局域网。

9）数据采集装置（data acquisition device）

负责信号采集与处理的集成装置，一般由数据采集模块、系统模块和电源模块等组成。

7.1.4　总则

（1）水泵水轮机及其主要辅助设备在线监测装置除应对设备部件的振动、摆度、压力脉动进行实时监测外，还应对设备的液位、温度、压力、流量和机组抬机量等运行状态参数进行实时监测，以实现对设备运行状态的分析，通过专用的智能分析软件对监测参数进行综合分析处理，实现对设备异常运行状态或故障的及时预警。

（2）水泵水轮机及其主要辅助设备在线监测装置设置原则应符合《水轮发电机组状态在线监测系统技术导则》（Q/GDW 11576—2016）。

（3）水泵水轮机及其主要辅助设备在线监测装置的配置应根据机组型式、结构特点、单机容量、机组台数及电站运行方式等条件和实际需求合理选择监测项目和装置规模，可一次规划、完整配置，也可逐步规划、分步实施。

（4）水泵水轮机及其主要辅助设备在线监测装置应采用开放、分层分布式系统结构。

（5）水泵水轮机及其主要辅助设备在线监测装置应对设备的状态监测参数、过程量参数和相应的工况参数进行实时监测，能对监测数据进行存储、管理与分析，反映设备运行状态。

（6）水泵水轮机及其主要辅助设备在线监测装置应与电站在线监控系统配合使用，若缺少相关测点应补充配置安装传感器，过程量参数可采用通信方式从计算机监控系统获取，工况参数可采用开关量硬接线方式获取，也可采用其他方式获取。

（7）水泵水轮机及其主要辅助设备在线监测装置应具有良好的软、硬件升级功能，以不断满足抽水蓄能电站运行管理的需要。

（8）水泵水轮机及其主要辅助设备在线监测装置可由传感器、数据采集单元和上位机单元组成。典型水泵水轮机及其主要辅助设备在线监测装置典型结构示意图见附图 A-1。

7.1.5　技术要求

1. 使用条件

1）环境温度

（1）电厂计算机房：0℃。

（2）数据采集单元：0℃。

（3）允许温度变化：5℃。

2）相对湿度

（1）电厂计算机房：45%～65%。

（2）数据采集单元：20%～90%（无凝结）。特殊场所另行规定。

3）尘埃

水泵水轮机及其主要辅助设备在线监测装置应根据不同的安装场地考虑防尘措施，特别是施工初期和数据采集单元分期投运时应采取临时保护措施。设备使用场地尘埃参数的参考值为：尘埃粒度大于 0.5μm 的密度小于 18000 粒/L。

4) 海拔

不大于 2000m。

5) 振动和冲击

(1) 电厂计算机房：振动频率在 5～200Hz 范围内，加速度不大于 5m/s²。
(2) 数据采集单元：振动频率在 10～500Hz 范围内，加速度不大于 10m/s²。

2. 系统功能要求

1) 数据采集与实时监测

(1) 水泵水轮机及其主要辅助设备在线监测装置应能对设备的振动、摆度、压力脉动、液位、温度、压力、流量、机组抬机量、主轴密封磨损量等状态监测参数和过程量参数进行实时采集与监测，同时获取水头/扬程、机组转速或频率、有功功率、无功功率、机组出力、功率因数和导叶开度等工况参数，并能以数值、图形、表格和曲线等形式进行显示和描述。

(2) 工况参数宜采用 4～20mA 信号或开关量硬接线方式获取。

(3) 系统应能根据相关工况参数判断机组为稳态还是暂态过程。

(4) 针对机组稳态过程，振动、摆度和压力脉动应采用整周期采样方式，每转频周期不少于 128 点，连续采样一般不少于 8 个转频周期。

(5) 针对机组暂态过程，系统应采用连续采样方式，振动、摆度和压力脉动采样频率应大于 1kHz。

2) 数据管理

(1) 数据库应采用数据压缩技术，存储至少两年的机组稳态、暂态过程数据和录波数据；应提供黑匣子记录功能，完整记录并保存机组出现异常前后 5min 的采样数据，以满足系统状态分析需要。

(2) 数据库应自动管理数据，对数据的有效性、合法性、完整性进行检查、清理和维护；对超过规定存储时间的数据进行清理，对数据库的性能进行动态维护，使其始终保持高效状态；应实时监测硬盘的容量信息，当其剩余容量低于设定值时自动发出警告信息；应提供自动和手动全备份、增量备份数据的功能。

(3) 数据库应具备自动检索功能，用户可通过输入检索工况快速获得满足条件的数据；应提供回放功能，对历史数据进行回放。

(4) 数据库应满足安全性要求，具备多级权限认证功能，只有授权用户才能访问相关数据。

(5) 系统应具备数据下载功能，根据数据检索条件下载相关数据。

(6) 数据采集单元应存储机组最近累计运行 3×24h 的原始采样数据。

3) 报警功能

(1) 水泵水轮机及其主要辅助设备在线监测装置的数据采集单元应提供一级报警、二级报警及组合报警功能。

(2) 装置可通过声光电等形式进行报警状态显示，同时应提供继电器空接点输出。

(3) 装置的一级报警和二级报警定值可根据机组特性和运行工况设定，组合报警应支持多点组合、不同工况判断与选择、保护输出延时等多种报警保护模式和策略。

(4) 出现报警时，装置应显示报警画面，并以醒目的方式进行提示。

4) 远程监测

水泵水轮机及其主要辅助设备在线监测装置应具有通过网络实现远程实时在线监测分析的功能。

5) 机组状态数据分析

水泵水轮机及其主要辅助设备在线监测装置应具备数据分析的能力，应能提供各种专业的数据分析工具，根据状态监测参数、过程量参数和工况参数的变化预测设备状态的发展趋势，以曲线、报告等形式提供趋势预报，应提供数据导入/导出和离线分析功能。装置至少应提供以下分析方法：波形分析、频谱分析、轨迹分析、空间轨线分析、趋势分析、其他相关分析等。

(1) 振动、摆度：水泵水轮机及其主要辅助设备在线监测装置应能自动对设备的稳态运行、暂态过程的振动和摆度数据进行分析，应提供波形、频谱、轴心轨迹、趋势图等时频域分析工具。

(2) 压力脉动：水泵水轮机及其主要辅助设备在线监测装置应能自动对各过流部位的稳态运行、暂态过程的压力脉动进行分析，应提供波形、频谱、瀑布图、趋势图等时频域分析工具。

(3) 液位：水泵水轮机及其主要辅助设备在线监测装置应能自动对油位、顶盖和尾水管水位的变化进行监测与分析，提供趋势图等分析工具。

(4) 温度：水泵水轮机及其主要辅助设备在线监测装置应能自动对油温、瓦温、冷却水温及迷宫环温度的变化进行监测与分析，提供趋势图等分析工具。

(5) 压力：水泵水轮机及其主要辅助设备在线监测装置应能自动对油压及过流部件内水压的变化进行监测与分析，提供趋势图等分析工具。

(6) 流量：水泵水轮机及其主要辅助设备在线监测装置应能自动对冷却水流量及油循环流量的变化进行监测与分析，提供趋势图等分析工具。

(7) 机组抬机量：水泵水轮机及其主要辅助设备在线监测装置应能自动对机组抬机量的变化进行分析，提供趋势图等分析工具。

(8)主轴密封磨损量：水泵水轮机及其主要辅助设备在线监测装置应能自动对主轴密封磨损量的变化进行分析，提供趋势图等分析工具。

6)运行工况分析

水泵水轮机及其主要辅助设备在线监测装置应分析不同水头和负荷下机组的运行特性，为确定机组稳定运行区、限制运行区和禁止运行区提供技术依据，供机组优化运行参考，机组进入限制运行区或禁止运行区时应及时告警，并跟踪机组主要状态监测量的变化情况。

7)状态报告

水泵水轮机及其主要辅助设备在线监测装置应提供规范的监测状态报告，报告应能反映机组稳态、暂态过程中各状态监测量的数值和变化趋势，应对设备运行状态提出初步评价，并附有相关的图形和图表。报告宜采用与 excel、word 等兼容的文件格式。

8)试验功能

水泵水轮机及其主要辅助设备状态在线监测装置应具备进行盘车试验、稳定性试验以及确定机组稳定运行区试验等功能，以及提供动平衡计算、相对效率及耗水率计算等功能。

9)人机交互

水泵水轮机及其主要辅助设备在线监测装置应配置方便实用的人机接口设备，支持数据导入、人工输入，方便运维人员进行现场操作。

10)系统自诊断及自恢复

(1)水泵水轮机及其主要辅助设备在线监测装置应对系统内的硬件及软件进行自诊断。系统出现故障时，应自动报警。对于冗余设备，应自动无扰地切换到备用设备。

(2)自恢复功能，包括软件及硬件的监控定时器(看门狗)及自启动功能。

(3)掉电保护功能。

3. 硬件要求

水泵水轮机及其主要辅助设备在线监测装置应采用开放、分层分布式结构，由传感器单元、数据采集单元和上位机单元组成。一般采用星形网络或以太网环形网络结构。

1)数据采集单元

(1)基本要求。

①数据采集单元应具有不依赖上位机进行现地监测、分析和试验的功能，能

对状态监测参数、运行工况参数及过程量参数进行数据采集、处理和分析，并能以图形、图表和曲线等方式进行显示。数据采集单元应包含数据采集装置、相关软件、装置及传感器工作电源、显示器、屏柜等。

②数据采集装置应具有串行通信接口和以太网通信接口。

③用于状态参数监视的数据采集单元应配置彩色液晶显示屏。

④各数据采集模块应具有通道和模块状态指示灯。

⑤机组数据采集单元应能设定采样周期，以便对信号进行整周期采样。

⑥数据采集装置及其附属设备宜集中组屏，安装在一个标准屏柜内。屏柜的电磁屏蔽特性应保证本系统能正常工作并不影响电站其他设备的正常工作。屏柜应有屏蔽、防尘、通风和防潮设施，以适应现场环境。

⑦数据采集装置内的部件应标准化、模块化，支持带电热插拔，易于扩展和替换。

⑧各数据采集模块之间应相互独立、互不影响，单个模块故障不应影响系统整体运行。

⑨数据采集装置应采用容错设计，具有自诊断和抗干扰功能，以提高运行可靠性。

(2) 数据采集装置。主要技术指标如下。

①存储容量：不小于 10GB 满足 72h 实时数据的存储。

②接口：USB 接口、网口及其他标准接口。

③A/D 分辨率：16 位及以上。

④采样频率：每个通道不小于 2000Hz。

⑤工作温度：$-10 \sim 60 \degree C$。

⑥精度：$\leqslant 0.5\%$满量程。

⑦相位误差：$\leqslant 3\degree$。

(3) 测点布置。

①振动测点：在顶盖处，至少设置 2 个水平振动测点、2 个垂直振动测点，水平振动测点宜设置在水流上游面及与其径向垂直的方向。

②摆度测点：在水泵水轮机主轴的径向至少设置互成 90°的 2 个摆度测点、水导轴承的径向设置互成 90°的 2 个摆度测点，两组摆度测点方位应相同。

③压力脉动测点：至少在蜗壳进口设置 1 个压力脉动测点、活动导叶与转轮间设置 1 个压力脉动测点、顶盖与转轮间设置 1 个压力脉动测点、转轮与泄流环间设置 1 个压力脉动测点、尾水管进口设置 2 个压力脉动测点(上下游方向)、尾水肘管设置 1 个压力脉动测点。

④液位测点：至少在水导轴承处设置 1 个液位测点、调速器压力油罐设置 1 个液位测点、调速器回油箱及漏油箱处各设置 1 个液位测点、尾水管出水口设置

1个液位测点、机组顶盖设置1个液位测点。

⑤温度测点：至少在水导轴承油槽处设置1个温度测点、调速器油槽设置1个温度测点，调速器压力油罐、调速器回油箱处各设置1个温度测点、水导轴瓦设置1个温度测点、水导轴承冷却器出水管设置1个温度测点、主轴密封冷却水出水管设置2个温度测点、主轴密封设置2个温度测点、上下迷宫环各设置2个温度测点。

⑥压力测点：至少在水导轴承供油管设置1个压力测点、调速器供油管设置1个压力测点、主轴密封设置1个压力测点、压力钢管设置1个压力测点、蜗壳设置1个压力测点、尾水管设置1个压力测点、水导轴承油过滤器设置1个压力测点、主轴密封冷却水过滤器设置1个压力测点、调速器回油箱过滤器设置1个压力测点、调速器漏油箱过滤器设置1个压力测点。

⑦流量测点：至少在水导轴承循环油管设置1个流量测点、水导轴承冷却水管设置1个流量测点、主轴密封供水管设置1个流量测点、上下迷宫环冷却水管各设置1个流量测点。

⑧机组抬机量测点：至少在水泵水轮机转动部分设置1个机组抬机量测点。

⑨主轴密封磨损量测点：至少在主轴密封设置1个磨损量测点。

(4)传感器。

传感器单元指在线监测装置所用到的各种传感器及其附属设备，是在线监测装置的基础。水泵水轮机及其主要辅助设备在线监测装置常用的传感器型式如下：电涡流传感器、低频速度传感器、压力传感器、液位传感器、电阻温度探测器、流量传感器、油混水信号器等。

①摆度和键相传感器：摆度和键相传感器应采用非接触式位移传感器，可选择电涡流传感器或电容式位移传感器。

②振动传感器：振动传感器可采用低频速度型传感器。

③位移传感器：位移传感器可采用非接触式位移传感器，通常为大直径电涡流传感器。

④轴向位移传感器：轴向位移(或抬机量)传感器应采用非接触式位移传感器，量程应满足机组轴向位移(或抬机量)限值的要求。

⑤压力脉动传感器：压力脉动传感器应具有良好的响应速度，并能承受被测点可能出现的最高压力或负压。可采用压电型、压阻型或电容式压力传感器。

⑥液位传感器：液位传感器可采用接触式液位变送器，应具有良好的响应速度以及防潮和防腐蚀性能。

⑦温度传感器：温度传感器可采用电阻温度探测器(resistance temperature detector，RTD)，应具有精度高、分辨率好等性能。

⑧流量传感器：流量传感器应可靠动作，在最大流速时能安全工作。

⑨油混水信号器：油混水信号器是用于检测和显示油系统中水含量的自动化

检测仪表。

⑩传感器安装要求：传感器的安装和布置应不影响机组的安全可靠运行。

用于键相、摆度、轴向位移等测量的非接触式传感器安装时，应根据机组被测部位和传感器特点，设计相应的传感器支架。支架要有足够的刚度，使传感器安装后支架的固有频率远大于被测信号的最高频率。支架应采用焊接、螺接或粘贴方式固定在安装部位。

用于振动测量的速度传感器和加速度传感器，应刚性连接在被测部件上。可根据传感器的结构和尺寸设计安装底座，安装底座宜采用焊接方式永久固定在安装部位，对于不宜焊接的部位宜采用粘贴或螺接方式固定。

压力脉动传感器宜靠近被测点安装，测压管应尽可能短并安装具有排气功能的仪表阀。

液位传感器应垂直安装，安装位置应远离液体出入口及振动源。

温度传感器宜靠近被测点安装，安装位置应尽可能避开强磁场和强电场。

流量传感器安装地点不能有大的振动源，应采取加固措施来稳定仪表附近的管道，安装位置应尽可能避开强磁场，以免受到电磁场的干扰。

油混水信号器安装时应保证电极长度(有效测量范围)完全没入油中，不要直接用手大力旋转上盖以紧固控制器，应用扳手扳动连接螺纹上方的六方螺母紧固。

传感器供电应采用线性电源，避免使用开关电源直接供电。

2) 上位机单元

上位机单元应满足《水轮发电机组状态在线监测系统技术导则》(Q/GDW 11576—2016)[13]的要求，包括数据服务器、Web 服务器、工程师工作站、光纤传输设备、网络安全装置和辅助设备，必要时可配置专用的通信服务器。总体要求如下。

①数据服务器：存储和管理水泵水轮机及其主要辅助设备的状态监测数据，对状态数据进行分析，宜全厂至少配置 1 台，必要时可配置多台。

②Web 服务器：负责在线监测装置与电站局域网之间的通信，宜全厂至少配置 1 台，必要时可配置多台。

③工程师工作站：负责完成在线监测装置的维护管理，以及应用软件的开发修改、数据库修改、画面编制和报告格式的生成。

④光纤传输设备：当上位机单元与数据采集单元之间距离过长时，应采用光纤通信。

⑤网络安全装置：在线监测装置与电站计算机监控系统、电站局域网等相连时，应配置满足电力系统二次安全防护要求的网络安全装置。

⑥辅助设备：网络交换机和打印机等。

（1）数据服务器。

全厂应至少配置 1 台在线监测数据服务器，应布置在中控楼控制设备室内，其配置应满足在线监测装置的性能要求并具有保存 72h 内原始数据的功能，具体配置应不低于下列要求。

①CPU 字长：64 位以上。

②时钟频率：不少于 4 核 2.5GHz。

③内存容量：8GB 及以上，可扩展。

④硬盘容量：不少于 4×1TB，宜采用磁盘阵列管理。

⑤网络：2 个以太网端口，按照电站组网方式配置。

⑥接口：至少 2 个串口、2 个 USB 端口。

⑦操作系统：符合开放系统标准、实时、多任务、多用户、成熟安全的操作系统。

⑧电源：硬件支持掉电保护，承受电压扰动和电源恢复后的自动重新启动。

⑨显示器：应具有一定抗电磁干扰能力。

⑩键盘和鼠标：应具有良好的机械性能和电气性能。

（2）Web 服务器。

Web 服务器应布置在中控楼通信设备室，其具体配置与数据服务器相同，但在满足在线监测装置性能要求的条件下可适当降低。

（3）工程师工作站。

全厂应配置工程师工作站，布置在中控楼计算机室内，其配置应满足在线监测装置的性能要求，具体配置应不低于下列要求。

①CPU：双核或四核，主频 2.5GHz 及以上。

②内存容量：8GB 及以上，可扩展。

③硬盘容量：不少于 1TB，宜采用磁盘阵列管理。

④网络：2 个以太网端口，按照电站组网方式配置。

⑤接口：至少 2 个串口、1 个 USB 端口。

⑥操作系统：符合开放系统标准、实时、多任务、多用户、成熟安全的操作系统。

⑦电源：应具有掉电保护、承受电压扰动和电源恢复后的自动重新启动等功能。

⑧显示器：应具有一定抗电磁干扰能力。

⑨键盘和鼠标：应具有良好的机械性能和电气性能。

⑩汉化功能：支持《信息交换用汉字编码字符集 基本集》(GB 2312—1980)[15] 双字节的汉字处理能力，命令和程序及图形界面具有相应的汉字功能。

（4）辅助设备。

上位机单元辅助设备应满足下列要求。

①水泵水轮机及其主要辅助设备在线监测装置可根据需要配置相应的网络设

备。当上位机单元与数据采集单元之间的距离超过 100m 时，应采用光纤通信。

②局域网必须符合工业通用的国际标准和规约，数据传输速率不小于 100MB/s。

③水泵水轮机及其主要辅助设备在线监测装置选用的网络安全隔离装置和防火墙应通过国家相关检测部门的认证。

④水泵水轮机及其主要辅助设备在线监测装置内所有设备应采用标准时钟，可与计算机监控系统共用时钟同步接收装置。

(5) 人机接口。

①显示器。人机接口显示器的要求如下：显示器应具有一定抗电磁干扰能力；分辨率不宜低于 1024×768；显示颜色宜为 256 色以上；图像闪烁、晃动和失真应限制在不易察觉的程度内。

②键盘和鼠标。键盘和鼠标应具有良好的机械性能和电气性能。

③打印机。人机接口打印机的要求如下：根据用户对打印机配置的要求，可选择不同类型的打印机，如激光打印机、喷墨打印机等；计算机与打印机接口方式可采用以太网口、USB 接口或打印机并口。

4. 软件要求

1) 操作系统

水泵水轮机及主要辅助设备在线监测装置操作系统应是实时多任务、分时操作、多用户多线程系统。操作系统应满足如下要求。

(1) 操作系统应具有以优先权为基础的任务调度算法、资源管理分配以及任务间通信和控制手段，优先级至少有 32 级。

(2) 操作系统应具有对输入、输出设备的直接控制能力。

(3) 操作系统应能够执行诊断检查，自动切除故障。

(4) 操作系统对在线监测装置的启动、终止、监视和其他联机活动应有交互式语言和命令程序支持。

(5) 操作系统应具有分级安全管理功能。

(6) 操作系统应支持多种高级语言软件开发平台。

2) 支持软件

水泵水轮机及其主要辅助设备在线监测装置软件系统应支持如下软件。

(1) 水泵水轮机及其主要辅助设备在线监测装置应配备成熟适用的支持软件。

(2) 水泵水轮机及其主要辅助设备在线监测装置应支持必要的编译软件，包括标准的汇编语言编译程序、高级语言编译程序等。

(3) 水泵水轮机及其主要辅助设备在线监测装置应支持系统时钟同步软件。

3) 应用软件

水泵水轮机及其主要辅助设备在线监测装置应提供用于实现装置相关功能的

结构式模块化应用软件,功能软件模块或任务模块应具备完整性和独立性。

(1)数据库。数据库的结构定义应包括水泵水轮机及其主要辅助设备在线监测所需要的全部数据项。

①应提供符合国际标准的开放数据访问接口。

②应支持快速存取和实时处理。

③应保证数据的完整性和统一性。

④应能在线设定或修改参数。

⑤实时数据库应具有报警允许、数据质量码或控制闭锁等相关属性。

⑥历史数据库应提供历史数据存储、查询和备份功能。

⑦应具有交互式数据库编辑生成程序。

(2)数据采集和处理软件。

①按照周期方式和请求方式实现实时数据采集。

②对采集到的实时数据分类处理,并产生相应的报警报文。

③按周期方式或请求方式为其他应用提供数据。

④数据采集和处理速度应满足实时性要求。

(3)人机接口软件。

①应能增减或修改参数定义,显示画面、图、表和系统配置等。

②应具有文字显示和打印功能。

③应提供不同安全等级的操作权限控制。

④应提供交互式画面编辑生成程序、交互式报表编辑程序等。

(4)通信软件。

①应采用开放系统互联协议或适用于工业控制的标准协议。

②局域网络通信协议:宜采用 IEEE802.2、IEEE802.3 系列标准协议,网络及传输层宜采用 TCP/IP。

③应能监视通信通道故障,并进行故障切除(停止通信)和报警;在有冗余通道的情况下应由主控侧自动完成主/备通道的无扰切换。

④局域网通信交换数据量及其频度应满足功能要求和特性要求。

⑤通信故障时应保证水泵水轮机及其主要辅助设备在线监测装置的稳定运行不受通信状态的干扰。

5. 系统性能要求

1)可靠性

(1)应防止设备或组件中的多个元件或串联元件同时发生故障。

(2)在线监测装置的平均无故障时间(mean time between failure,MTBF)应满足如下要求:数据采集单元>16000h。

2) 系统安全

(1) 对通信安全性的基本要求。

①上位机和数据采集单元通信时，应对响应有效信息或没有响应有效信息有明确的指示。当通信尝试失败时，发送站应能自动重新发出该信息，直到超过重发计数 2～3 次为止；当通道超过重发极限时，应发出警报。

②应自动定期对通信通道进行检查测试，并在上位机上可查询或者显示通信状态，当通信中断时应及时报警，并具有断点续传功能。

③通信误码率不大于 10^{-9}。

(2) 硬件、软件和固件设计安全的基本要求。

①应有电源故障保护和自动重新启动功能。

②应能预置初始状态和重新预置。

③应有自诊断能力，故障时能自动报警。

④硬、软件中相关的标号(如地址)应统一。

⑤CPU 负载应留有裕度，正常情况下负载率不宜超过 30%；在重载情况下，其负载率不宜超过 50%。

⑥网络负载率正常情况下不宜超过 30%；重载情况下不宜超过 50%。

⑦磁盘使用率在正常情况下任一个 5min 周期内不大于 30%，重载情况下使用率应低于 70%。

(3) 可扩性。宜预留 20%的备用点、布线点和空位点设备。

7.1.6　信息安全

1. 技术管理

(1) 监测装置在设备选型及配置时,应当禁止选用经国家相关管理部门检测认定并经国家能源局通报存在漏洞和风险的系统及设备；对于已经投入运行的系统及设备,应当按照国家能源局及其派出机构的要求及时进行整改,同时应当加强相关系统及设备的运行管理和安全防护,如果需要,应选用国家指定部门检测认证的安全防护设备。

(2) 数据服务器要求组柜布置,配置相应的组网设备,并设置经国家指定部门检测认证的电力专用横向单向安全隔离装置。

(3) Web 服务器与电站管理信息系统、远程监测中心之间设置硬件防火墙,在硬件上采取物理隔离措施,在软件上,采用综合过滤、访问控制,应用代理技术实现链路层、网络层与应用层的隔离,在保证网络透明性的同时,实现对非法信息的隔离。

(4) 不应携带移动智能设备进入机房,不应将非监控系统专用便携计算机接入监控系统网络。

（5）不应在监测装置中使用非监测装置专用移动存储介质（移动硬盘、光盘、U盘）。

（6）应使用专用工具离线修改监测装置参数和程序。

（7）监测装置中未使用的交换机网络接口和主机 USB 接口应设置为禁用，需要开放时，由系统管理员临时开通，使用完毕后应重新设置为禁用。

（8）具有远程访问功能的监测装置，在正常情况下，其远程维护端口应处于关闭状态。

（9）监测装置与其他系统的网络通信应满足《电力监控系统安全防护规定》和《计算机病毒防治管理办法》[16]的要求。

2. 安全管理

（1）监测装置安全防护是电力安全生产管理体系的有机组成部分。电站应当按照"谁主管谁负责，谁运营谁负责"的原则，建立健全监测装置安全防护管理制度，将监测装置安全防护工作及其信息报送纳入日常安全生产管理体系，落实分级负责的责任制。

（2）监测装置安全防护实施方案必须经本企业的上级专业管理部门和信息安全管理部门以及相应电力调度机构的审核，方案实施完成后应当由上述机构验收；接入电力调度数据网络的设备和应用系统，其接入技术方案和安全防护措施必须经直接负责的电力调度机构同意。

（3）监测装置的运行维护单位应按应用需求对人员进行安全等级划分，指定专人负责网络安全管理。

（4）建立健全监测装置安全的联合防护和应急机制，制定应急预案；当遭受网络攻击以及监测装置出现异常或者故障时，应及时采取紧急防护措施，防止事态扩大，同时应当注意保护现场，以便进行调查取证。

3. 保密管理

监测装置相关设备及系统的开发单位、供应商应当以合同条款或者保密协议的方式保证其所提供的设备及系统符合本意见的要求，并在设备及系统的全生命周期内对其负责。电力监测装置专用安全产品的开发单位、使用单位及供应商，应当按国家有关要求做好保密工作，禁止关键技术和设备的扩散。

7.1.7　试验和检验

1. 一般要求

（1）水泵水轮机及其主要辅助设备在线监测装置所使用的主要设备元件应具

备有效的合格证书和有效的型式试验证书(最近 5 年内)。

(2)设备出厂前,应进行出厂试验和检验。

(3)在设备正式启用前,应进行现场试验和检验。

2. 试验和检验项目

出厂试验和检验与现场试验和检验项目应尽可能全面、完整,现场试验和检验项目应根据现场情况确定。

出厂试验和检验项目一般包括如下内容。

(1)试验和检验文件的检查。

(2)设计文件、操作手册和维护手册的检查。

(3)水泵水轮机及其主要辅助设备在线监测装置设备配置检查,包括组屏、安装、配线等。

(4)水泵水轮机及其主要辅助设备在线监测装置硬件性能测试。

(5)水泵水轮机及其主要辅助设备在线监测装置软件功能测试。

(6)水泵水轮机及其主要辅助设备在线监测装置整体性能测试。

现场试验和检验项目一般包括如下内容。

(1)随机资料完备性检查。

(2)水泵水轮机及其主要辅助设备在线监测装置设备配置检查。

(3)水泵水轮机及其主要辅助设备在线监测装置静态试验。

(4)水泵水轮机及其主要辅助设备在线监测装置网络通信测试。

(5)水泵水轮机及其主要辅助设备在线监测装置整体性能测试。

(6)水泵水轮机及其主要辅助设备在线监测装置与电站计算机监控系统的网络安全隔离检查。

经过上述试验和检验合格的在线监测装置才能投入试运行,对水泵水轮机及其主要辅助设备进行在线监测。

7.1.8　标识、包装、运输和存储

1. 标识

(1)每个设备应有标识。标识在整个系统中应该一致,可为色码、标签、部件号等。标识应固定在它所确定的部件上。

(2)应使用相应的警告标识或安全指示。

2. 包装

按《机电产品包装通用技术条件》(GB/T 13384—2008)执行,设备有特殊要

求的应在包装箱上注明。

3. 运输

按《电工电子产品应用环境条件 第 2 部分：运输》(GB/T 4798.2—2008)执行，必要时应指明设备适用的运输工具和运输时的要求。

4. 储存

(1)设备应储存在环境温度为–25～+55℃、湿度不大于 85%、无腐蚀性和爆炸性气体的室内。

(2)应指明设备储存期限及超过规定期限后应采取的措施。

7.1.9 文件与资料

1. 一般要求

水泵水轮机及其主要辅助设备在线监测装置文件与资料一般要求如下。

(1)装置制造厂家为用户提供的文件应包括：设计文件、安装文件、使用手册、维护手册以及试验文件。

(2)装置制造厂家提供的文件内容应详尽、完整、格式统一，图文编排清晰，印刷装订美观。

(3)全部最终文件应反映设备现场验收时的情况。

2. 设计文件

设计文件应包括：

(1)装置总体结构图、设备布置图和设备清单。

(2)硬件系统框图。

(3)屏柜内设备布置及布线图。

(4)电缆布线图。

(5)软件系统结构设计文件。

(6)系统软件和应用软件清单。

(7)装置输入、输出测点清单。

(8)各自动化元件厂家提供的有关资料。

(9)各设备厂家提供的有关资料。

(10)设计说明书。

3. 安装文件

安装文件应包括：

（1）装置布置方案。

（2）测点布置及安装图。

（3）装置施工方案及安装工艺要求。

（4）设备安装开孔和固定连接图。

（5）安装说明书。

4. 使用手册

水泵水轮机及其主要辅助设备在线监测装置制造厂家应为用户编制本装置设备的详细操作使用说明书并负责对用户的操作人员进行技术培训。

5. 维护手册

水泵水轮机及其主要辅助设备在线监测装置制造厂家应为用户编制本装置设备的维护说明书。

6. 试验文件

水泵水轮机及其主要辅助设备在线监测装置制造厂家应提供装置设备在工厂和现场各试验阶段的文件。

7.1.10　附录

附录 A 主要是对所需图表的补充，以便用户能更方便、有效地使用本意见，附录 A.1 为水泵水轮机及其主要辅助设备在线监测装置典型结构示意图，以结构图的形式具体展示在线监测装置的基本结构及其逻辑关系；附录 A.2 为水泵水轮机及其主要辅助设备在线监测装置典型测点配置表，以表格的形式详细介绍在线监测装置的测点布置，所需传感器类型、个数，以便指导工作人员选择安装传感器；附录 A.3 为状态报告示例，提供状态报告的基本形式及报告基本内容。

7.1.11　编制说明

编制说明主要对本意见的编写背景及其主要内容进行简要介绍，便于用户及时掌握本意见主要内容。

1. 编制背景

水泵水轮机及其主要辅助设备作为抽水蓄能电站重要的生产设备，其运行状态直接影响到整个电站的正常运行，合理健全的状态在线监测配置能够自动实现设备状态监测参数、过程量参数和相应工况参数的监测以及异常报警的功能。目前，抽水蓄能机组状态监测已具备相对完善的设计要求，但针对水泵水轮机及其主要辅助设备在线监测装置的典型配置尚不完善。此外，随着抽水蓄能发电技术的不断发展，抽水蓄能电站的规模逐渐增大，同时水泵水轮机单机容量也在不断提高，对水泵水轮机及其主要辅助设备在线监测的实时性与完备性提出了更高的要求。在此背景下，编制合理完善的水泵水轮机及其主要辅助设备在线监测装置典型配置意见成为目前亟待完成的一项研究任务。

2. 编制的主要原则

本意见主要根据以下原则编制：遵守现行相关国家标准和行业标准，同时结合抽水蓄能电站混流式机组具体情况。

3. 标准的结构和内容

本意见的主要结构及内容如下：

(1)目次。

(2)前言。

(3)标准正文共设 9 章：范围，规范性引用文件，术语和定义，总则，技术要求，信息安全，试验和检验，标识、包装、运输和储存，文件与资料。

(4)编制说明。

4. 条文说明

(1)范围：本意见规定了抽水蓄能电站水泵水轮机及其主要辅助设备在线监测装置的典型配置情况，主要从在线监测装置基本结构，设置原则，测点配置，使用条件，系统功能要求，硬件要求，软件要求，系统性能要求，信息安全，试验和检验，标识、包装、运输和存储，文件与资料等方面进行描述。

(2)规范性引用文件：列出了与本意见相关的导则与规范。

(3)术语和定义：给出了本意见中所应用的术语及其定义。

(4)总则：明确了本意见所遵循的总体技术原则。

5. 技术要求

明确了水泵水轮机及其主要辅助设备在线监测装置应具备的使用条件；明确了水泵水轮机及其主要辅助设备在线监测装置应具备的系统功能要求，包括数据采集与实时监测、数据管理、报警功能、远程监测、机组状态数据分析、运行工况分析、状态报告、试验功能、人机交互、系统自诊断及自恢复以及其他相关功能；明确了水泵水轮机及其主要辅助设备在线监测装置的硬件要求，装置应包括两个基本组成单元，即数据采集单元和上位机单元；明确了水泵水轮机及其主要辅助设备在线监测装置数据采集单元的配置情况，包括基本要求、数据采集装置、测点布置及传感器；明确了水泵水轮机及其主要辅助设备在线监测装置上位机单元的配置情况，包括数据服务器、Web 服务器、工程师工作站、辅助设备及人机接口；明确了水泵水轮机及其主要辅助设备在线监测装置软件系统的配置要求，包括操作系统、支持软件和应用软件；明确了水泵水轮机及其主要辅助设备在线监测装置软件的系统性能要求，包括可靠性、可扩性和系统安全。

6. 信息安全

明确了水泵水轮机及其主要辅助设备在线监测装置应满足的信息安全性要求，包括技术管理、安全管理和保密管理。

7. 试验和检验

明确了水泵水轮机及其主要辅助设备在线监测装置试验和检验的要求及项目，包括出厂试验和检验项目、现场试验和检验项目。

8. 标识、包装、运输与储存

明确了水泵水轮机及其主要辅助设备在线监测装置的标识、包装、运输与储存。

9. 文件与资料

明确了水泵水轮机及其主要辅助设备在线监测装置应提供的文件与资料内容，包括设计文件、安装文件、使用手册、维护手册和试验文件。

7.2　水泵水轮机及其主要辅助设备健康状态评价规程

7.2.1　范围

水泵水轮机及其主要辅助设备健康状态评价规程(以下简称本规程)规定了水泵水轮机及其主要辅助设备健康状态评价方法和评价标准。本规程适用于抽水蓄能电站混流式水泵水轮机及其主要辅助设备，其他设备可参照执行。

7.2.2　规范性引用文件

下列文件中的条款通过引用而成为本规程的条款。凡是标注日期的引用文件，其随后所有的修改单(不包括勘误的内容)或修订版均不适用于本规程，然而，鼓励根据本规程达成协议的各方研究是否可使用这些文件的最新版本。

GB/T 6075.5。

《钛-不锈钢复合板》(GB/T 8546—2017)[17]。

GB/T 11348.5。

《水轮发电机组自动化元件(装置)及其系统基本技术条件》(GB/T 11805—2019)。

《水轮机基本技术条件》(GB/T 15468—2020)[18]。

《水轮机、蓄能泵和水泵水轮机空蚀评定 第 2 部分：蓄能泵和水泵水轮机的空蚀评定》(GB/T 15469.2—2007)(以下简称 GB/T 15469.2)[19]。

《水轮发电机组状态在线监测系统技术导则》(GB/T 28570—2012)[20]。

《水轮发电机组启动试验规程》(DL/T 507—2014)。

《水轮发电机组振动监测装置设置导则》(DL/T 556—2016)。

《水电厂自动化元件(装置)及其系统运行维护与检修试验规程》(DL/T 619—2012)[21]。

《发电设备可靠性评价规程第 1 部分：通则》(DL/T 793.1—2017)[22]。

《水电站设备状态检修管理导则》(DL/T 1246—2013)[23]。

《水电厂金属技术监督规程》(DL/T 1318—2014)(以下简称 DL/T 1318)[24]。

《抽水蓄能电站设计规范》(NB/T 10072—2018)[25]。

《水力发电厂测量装置配置设计规范》(DL/T 5413—2009)[26]。

《水轮发电机组运行维护导则》(Q/GDW 11066—2013)[27]。

7.2.3　术语和定义

本节给出了适用于本规程的术语和定义,使本规程中的用语更加规范、明了,有利于设备健康状态评价工作的进行，以提高抽水蓄能电站的智能化管理水平。

1. 设备健康状态(equipment health state)

根据设备特征状态参数确定的设备健康程度,一般分为正常状态、Ⅰ级劣化、Ⅱ级劣化、Ⅲ级劣化和Ⅳ级劣化。

2. 健康状态评价(assessment of health state)

对涉及健康的危险性因素分析,得出影响健康的综合因素的评价报告，称为健康状态评价。

3. 整体评价(assessment of equipment)

综合设备部件评价的结果，对设备整体进行健康状态评价。

4. 部件评价(assessment of component)

对设备中具有相对独立功能的部件进行健康状态评价。

5. 健康状态量（health criteria）

直接或间接表征设备状况的各种技术指标、性能和运行情况等参数的总称，本规程将状态量分为一般健康状态量和重要健康状态量。

6. 一般健康状态量（minor health criteria）

对设备的性能和安全运行影响较小的健康状态量，状态量的劣化不影响设备主要功能的实现。

7. 重要健康状态量（major health criteria）

对设备的性能和安全运行影响较大的健康状态量，状态量的劣化影响设备主要功能的实现。

8. 正常状态（normal state）

健康状态量均处于本规程限定的正常运行范围以内的运行状态。

9. 设备劣化（degradation of equipment）

设备降低或丧失了规定的功能，称为设备劣化，包含设备工作异常、性能降低、突发故障、设备损坏和经济价值降低等状态。

10. 劣化等级（degradation levels）

根据劣化对设备安全可靠性、人员健康和环境影响的程度而划分的等级，可分为Ⅰ级劣化、Ⅱ级劣化、Ⅲ级劣化和Ⅳ级劣化。

11. Ⅰ级劣化（level Ⅰ degradation）

劣化程度轻微，健康状态量有接近本规程限定的正常运行范围边界的趋势，但未超过限制；设备在在线监控的条件下具备长时间运行的能力，不处理不影响设备正常运行。

12. Ⅱ级劣化（level Ⅱ degradation）

劣化程度较轻，健康状态量处于或略超过本规程限定的正常运行范围边界；设备可能出现局部功能异常，但具备短时间运行能力，不影响设备正常运行。

13. Ⅲ级劣化（level Ⅲ degradation）

劣化程度较重，健康状态量超过本规程限定的正常运行范围边界；设备整体运行出现异常，但在在线监控的条件下具备短时间运行能力，需要及时处理。

14. Ⅳ级劣化(level Ⅳ degradation)

劣化程度严重，健康状态量严重超过本规程限定的正常运行范围边界；设备整体运行出现严重异常或功能缺失，不具备短时间运行能力，需要立即处理。

15. 动态评价(dynamic assessment)

对设备运行中出现的缺陷、异常等进行及时的评价。

7.2.4　总则

总则部分给出了本规程所遵循的总体技术原则，包括设备健康状态评价工作的基本原则、制定合理的检修策略、准备齐全的设备技术资料等。

(1)开展水泵水轮机及其主要辅助设备健康状态评价工作，应通过全面合理的健康状态指标评价体系，对设备健康状态进行评价，制定合理的检修策略。

(2)评价所需的水泵水轮机及其主要辅助设备技术资料应齐全。

(3)宜在机组投运运行稳定后开展水泵水轮机及其主要辅助设备健康状态评价工作。

(4)水泵水轮机及其主要辅助设备健康状态评价具体工作包括状态量获取、状态分析、状态评价三个步骤。通过一定的信息来源获取各类状态量，分析设备健康状态与状态量间的关系，以筛选关键状态量并建立相应的评价标准完成状态分析，在状态分析结果的基础上对水泵水轮机及其辅助设备进行状态评价，包括非检修期、检修期的不同评价实施方法，从而得到对应评价结果的应用建议。

7.2.5　设备健康状态评价方法

1. 健康状态评价工作流程

健康状态评价工作流程主要为：状态量获取→状态分析→状态评价。首先，进行状态量的获取，从多样的数据来源中得到各类可表征水泵水轮机及其主要辅助设备健康状态的状态量，作为之后步骤的数据基础；然后，进行状态分析，根据水泵水轮机及其主要辅助设备的工作逻辑、劣化规律，对状态量进行合理的筛选并确立状态量劣化的衡量标准；最后，进行状态评价，评价采用非检修期、检修期评价混合进行的方式，依据部件评价结果得到设备整体健康评价结果和对应的评价结果应用建议。具体工作流程参见图 7-1。

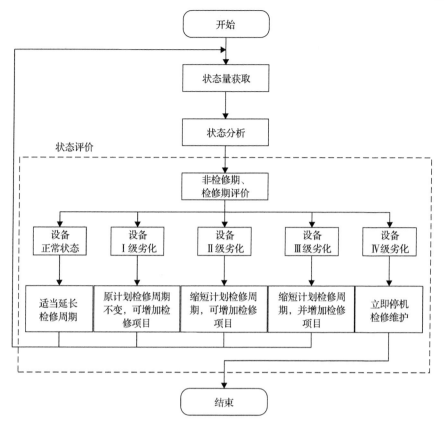

图 7-1　健康状态评价工作流程图

2. 状态量获取

1) 状态量选取原则

(1) 选取的状态量应能直接、有效地表征设备的健康状态与性能劣化的趋势及程度。

(2) 状态量的获取应具备可操作性与便捷性,状态量的评价应有明确的规程和标准支撑。

(3) 状态量应依据设备部件的具体结构、功能进行细化,全面反映设备动态与静态性能。

2) 获取来源

(1) 原始资料。包括但不限于设计报告、订货技术规范、型式试验报告、设备监造报告、出厂试验报告、安装记录、设备铭牌参数、交接验收报告、调试报告、设备图纸和安装使用说明书等。

(2)运行资料。包括但不限于监测系统数据、监控系统数据、运行日志、运行分析记录、巡检记录、历年缺陷和故障记录等。

(3)检修资料。包括但不限于检修报告、预试报告、设备检测试验报告、特殊测试报告、设备技改记录和主要部件更换记录。

(4)其他资料。包括但不限于同类型设备的运行、修试、缺陷、故障和检修经验，技术监督报告和反措排查资料，设备运行方式和环境的变化、国家和行业技术标准的制订、修订等。

3. 状态分析

1)运行分析

收集设备资料及运行数据，分析设备运行方式、动作逻辑响应，监测数据变化趋势、设备缺陷、运行记录、异常信号等信息。

2)关键部件分析

收集关键部件的状态特征，分析部件运行状态；预测关键特征参数的发展趋势，依据相关技术标准判断特征参数是否超标，如果有超标情况发生，应进一步分析并提出合理的建议。

3)缺陷分析

收集设备运行中出现的缺陷及故障，依据运行工况、发生部位、故障类型进行分类归纳，分析不同缺陷或故障的原因及征兆，总结同类缺陷或故障的应对策略。

4)状态分析结论

可为设备健康状态评价项目的增删与修改、扣分标准的修改提供依据。

5)状态量劣化等级划分

(1)根据健康状态量劣化程度，从轻到重划分状态量劣化等级：Ⅰ级、Ⅱ级、Ⅲ级、Ⅳ级。

(2)根据健康状态量对设备正常运行的影响，划分状态量重要性程度，包括一般、重要，设定一般状态量权重系数为1，重要状态量权重系数为2。

(3)状态量劣化等级及扣分标准见表7-1。

(4)重要状态量出现扣分时，运维人员应注意并及时采取相应的措施。

4. 状态评价

1)健康状态评价

分为部件评价与整体评价两部分。

表 7-1　状态量劣化等级及扣分标准表

劣化等级	基本扣分值/分	扣分值/分		劣化描述
		权重系数：1	权重系数：2	
I	1	1	2	劣化程度轻微，不处理不影响设备正常运行
II	2	2	4	劣化程度较轻，可能出现设备局部功能异常，但不影响设备的正常运行
III	4	4	8	劣化程度较重，设备整体运行出现异常，需及时处理
IV	5	5	10	劣化程度严重，设备整体运行出现严重异常或功能缺失，需要立即处理

2）设备部件

水泵水轮机及其主要辅助设备部件包括：转轮与大轴、导水机构、蜗壳与座环、水导轴承及其油冷却系统、主轴密封及其供水系统、迷宫环及其供水系统、压水回水系统、尾水管、水轮机机坑其他设备、压油装置及调速器、接力器等。

3）水泵水轮机及其主要辅助设备健康状态应按如下方式进行评价

（1）水泵水轮机及其主要辅助设备处于正常运行及停机备用状态时，采取非检修期动态方式进行评价，并根据得到的健康状态评价结果判断设备运行状态，制定相应的检修策略。动态评价可依据设备健康状态趋势及实际需求进行安排，具体如下。

当发生以下情况时，应对水泵水轮机及其主要辅助设备的整体健康状态进行评价：①新机组投运；②检修计划制定；③机组发生特殊运行工况（如一管多机同时切泵或同时甩负荷等）。

当发生以下情况时，可只对水泵水轮机及其主要辅助设备的部件状态进行评价：①新部件投运；②电站希望了解某一部件的健康状态；③公司批次缺陷发布；④家族性缺陷发生；⑤日常巡视缺陷（严重或危急）发生或消除；⑥检修、预试等维护工作发现缺陷（严重或危急）；⑦反事故措施发布或执行；⑧振摆保护动作；⑨机组技术改造。

（2）水泵水轮机及其主要辅助设备处于检修期内时，可进行检修期整体评价，并根据得到的健康状态评价结果制定相应的维护或更换策略，整体评价应依据检修计划进行。对水泵水轮机及其主要辅助设备中的金属压力管道及压力容器等部分重要部件进行专业检测时，必须由具有相关资质的专业机构利用专用仪器进行检测，并出具检测报告。

（3）健康状态评价项目及标准。根据水泵水轮机及其主要辅助设备健康状态评价应用情形的不同，将水泵水轮机及其主要辅助设备部件健康状态评价扣分表分为非检修期用表和检修期用表：非检修期部件健康状态评价扣分表对应的待评状态量为可从监控系统及日常巡检中直接获取的关键状态量，具体评价项目见附表B-1；检修期部件健康状态评价扣分表包含需要在机组检修时方可获取及评价的关键状态量，具体评价项目见附表B-2。

（4）部件健康状态评价方法。水泵水轮机及其主要辅助设备部件的评价应同时考虑合计扣分和单项扣分情况。Ⅰ级劣化和Ⅱ级劣化根据合计扣分确定，Ⅲ级劣化和Ⅳ级劣化根据单项扣分确定。同时，若下级部件功能失效会导致上级部件功能失效，且下级部件为Ⅳ级劣化，则上级部件也应确定为Ⅳ级劣化。具体评价标准参见表7-2。

表 7-2　水泵水轮机及其主要辅助设备部件健康状态评价标准表　　（单位：分）

序号	设备	部件	Ⅰ级劣化合计扣分	Ⅱ级劣化合计扣分	Ⅲ级劣化单项扣分	Ⅳ级劣化单项扣分
1		转轮与大轴	>0 且<4	≥4	8	10
2		导水机构	>0 且<4	≥4	8	10
3		蜗壳与座环	>0 且<8	≥8	8	10
4		水导轴承及其油冷却系统	>0 且<12	≥12	8	10
5	水泵水轮机	主轴密封及其供水系统	>0 且<8	≥8	8	10
6		迷宫环及其供水系统	>0 且<4	≥4	8	10
7		压水回水系统	>0 且<4	≥4	8	10
8		尾水管	>0 且<4	≥4	8	10
9		水轮机机坑其他设备	>0 且<4	≥4	8	—
10	调速器	压油装置及调速器	>0 且<4	≥4	8	10
11		接力器	>0 且<4	≥4	8	10

（5）整体健康状态评价方法。整体健康状态评价应以部件评价为基础，根据以下准则进行评价：①当所有部件评价均未出现扣分项时，整体评价为正常状态；②当任一部件为Ⅰ级劣化、Ⅱ级劣化、Ⅲ级劣化或Ⅳ级劣化时，以其中最严重的部件劣化等级作为整体健康状态。

（6）健康状态评价汇总。每次健康状态评价应给出设备健康状态评价汇总表，汇总表格式模板参见附录B.2。

（7）评价结果应用：根据设备健康状态评价结果，制定具体的检修策略：①设备正常状态，在既定在线监测与运行分析的基础上，可整体延长检修周期，但不宜超过两倍基准检修周期；②设备Ⅰ级劣化，建议按照原计划周期安排检修，可增加检修项目；③设备Ⅱ级劣化，建议适时缩短原计划检修周期，可增加检修项目；④设备Ⅲ级劣化，建议缩短原计划检修周期，并增加检修项目；⑤设备Ⅳ级劣化，建议立即停机并安排检修。

7.2.6　附录

附录 B 主要是对状态评价规程中所需图表的补充，以便用户能更方便、有效地使用状态评价规程，附录 B 内容主要如下。

（1）附录 B.1——水泵水轮机及其主要辅助设备健康状态评价项目表，包含水泵水轮机及其主要辅助设备非检修期健康状态评价项目表和水泵水轮机及其主要辅助设备检修期健康状态评价项目表，其中前者的检修项目主要为机组在线监测装置获取的监测量，包括评价对象、相应健康状态量及其重要程度、出现故障时的扣分值，并提供运维建议，后者主要是在检修期间进行健康状态评价，获取机组健康状态，指导机组检修工作。

（2）附录 B.2——水泵水轮机及其主要辅助设备健康状态评价汇总表，依据健康状态评价项目表对设备部件状态进行打分，获得机组总体评价结果，确定机组的运行状态。

7.2.7　编制说明

编制说明主要对水泵水轮机及其主要辅助设备健康状态评价规程的编写背景及其主要内容进行简要介绍，便于用户及时掌握本规程的主要内容。

1. 编制背景

水泵水轮机及其主要辅助设备作为抽水蓄能电站重要的生产设备，其健康状态将直接影响到整个电站的正常运行，合理完善的设备健康状态评价标准能够有效评估设备状态，对电站的安全稳定运行具有重要意义。近年来，各抽水蓄能电站不断推进智能化电站建设进程，提升电站设备自动化运行管理水平，但相关的状态评价规程尚不完善。此外，随着抽水蓄能发电技术的不断发展，抽水蓄能电站的规模逐渐增大，水泵水轮机单机容量也在不断提高，对于水泵水轮机及其主要辅助设备健康状态的分析与评价提出了更高的要求。在此背景下，编制有效完善的水泵水轮机及其主要辅助设备健康状态评价规程成为目前亟待完成的一项研究任务。

2. 编制的主要原则

本规程主要根据以下原则编制：遵守现行相关国家标准和行业标准，同时结合抽水蓄能电站混流式机组具体情况。

3. 规程的结构和内容

本规程的主要结构及内容如下。

（1）目次。

（2）前言。

（3）规程正文共设 5 章：范围、规范性引用文件、术语和定义、总则、设备健康状态评价方法。

（4）编制说明。

4. 条文说明

1）范围

本规程规定了抽水蓄能电站水泵水轮机及其主要辅助设备健康状态评价方法和评价标准，主要从健康状态量获取、状态分析、状态评价方法及扣分标准方面进行描述。

2）规范性引用文件

列出了与本规程相关的导则与标准。

3）术语和定义

给出了本规程中所应用的术语及其定义。

4）总则

明确了本规程所遵循的总体技术原则。

5）设备健康状态评价方法

明确了水泵水轮机及其主要辅助设备健康状态评价工作流程、健康状态量选取原则及获取来源、状态量劣化等级划分方法、状态分析内容、状态评价方法等。

参 考 文 献

[1] 中华人民共和国国家质量监督检验检疫总局, 中国国家标准化管理委员会. 水力机械（水轮机、蓄能泵和水泵水轮机）振动和脉动现场测试规程: GB/T 17189—2017[S]. 北京: 中国标准出版社, 2017.

[2] 中华人民共和国国家质量监督检验检疫总局, 中国国家标准化管理委员会. 大中型水电机组包装、运输和保管规范: GB/T 28546—2012[S]. 北京: 中国标准出版社, 2012.

[3] 中华人民共和国国家质量监督检验检疫总局, 中国国家标准化管理委员会. 混流式水泵水轮机基本技术条件: GB/T 22581—2008[S]. 北京: 中国标准出版社, 2008.

[4] 国家市场监督管理总局, 中国国家标准化管理委员会. 水轮发电机组自动化元件（装置）及其系统基本技术条件: GB/T 11805—2019[S]. 北京: 中国标准出版社, 2009.

[5] 中华人民共和国国家质量监督检验检疫总局, 中国国家标准化管理委员会. 旋转机械转轴径向振动的测量和评定 第 5 部分 水力发电厂和泵站机组: GB/T 11348.5—2008[S]. 北京: 中国标准出版社, 2008.

[6] 中国国家标准化管理委员会. 机电产品包装通用技术条件: GB/T 13384—2008[S]. 北京: 中国标准出版社, 2008.

[7] 中华人民共和国国家质量监督检验检疫总局, 中国国家标准化管理委员会. 电工电子产品应用环境条件　第 2 部分: 运输: GB/T 4798.2—2008[S]. 北京: 中国标准出版社, 2008.

[8] 中华人民共和国国家质量监督检验检疫总局. 在非旋转部件上测量和评价机器的机械振动　第 5 部分: 水力发电厂和泵站机组: GB/T 6075.5—2002[S]. 北京: 中国标准出版社, 2002.

[9] 国家能源局. 水轮发电机组振动监测装置设置导则: DL/T 556—2016[S]. 北京: 中国电力出版社, 2016.

[10] 国家能源局. 水轮发电机组启动试验规程: DL/T 507—2014[S]. 北京: 中国电力出版社, 2014.

[11] 国家能源局. 水轮发电机组状态在线监测系统技术条件: DL/T 1197—2012[S]. 北京: 中国电力出版社, 2012.

[12] 国家能源局. 水力发电厂计算机监控系统设计规范: DL/T 5065—2009[S]. 北京: 中国电力出版社, 2009.

[13] 国家电网公司. 水轮发电机组状态在线监测系统技术导则: Q/GDW 11576—2016[S]. 北京: 国家电网公司, 2017.

[14] 中国政府网. (2004-12-20) [2020-12-03]. 电力二次系统安全防护规定. http://www.gov.cn/gongbao/content/2005/content_75122.htm.

[15] 国家标准总局. 信息交换用汉字编码字符集　基本集: GB 2312—1980[S]. 北京: 中国标准出版社, 1981.

[16] 中国政府网. (2000-04-26) [2020-12-03]. 计算机病毒防治管理办法.http://www.gov.cn/gongbao/content/2000/content_60423.htm.

[17] 中华人民共和国国家质量监督检验检疫总局, 中国国家标准化管理委员会. 钛-不锈钢复合板: GB/T 8546—2017[S]. 北京: 中国标准出版社, 2017.

[18] 国家市场监督管理总局, 中国国家标准化管理委员会. 水轮机基本技术条件: GB/T 15468—2020[S]. 北京: 中国标准出版社, 2020.

[19] 中华人民共和国国家质量监督检验检疫总局, 中国国家标准化管理委员会. 水轮机、蓄能泵和水泵水轮机空蚀评定　第 2 部分: 蓄能泵和水泵水轮机的空蚀评定: GB/T 15469.2—2007[S]. 北京: 中国标准出版社, 2008.

[20] 中华人民共和国国家质量监督检验检疫总局, 中国国家标准化管理委员会. 水轮发电机组状态在线监测系统技术导则: GB/T 28570—2012[S]. 北京: 中国标准出版社, 2012.

[21] 国家能源局. 水电厂自动化元件(装置)及其系统运行维护与检修试验规程: DL/T 619—2012[S]. 北京: 中国电力出版社, 2012.

[22] 国家能源局. 发电设备可靠性评价规程　第 1 部分: 通则: DL/T 793—2012[S]. 北京: 中国电力出版社, 2012.

[23] 国家能源局. 水电站设备状态检修管理导则: DL/T 1246—2013[S]. 北京: 中国电力出版社, 2013.

[24] 国家能源局. 水电厂金属技术监督规程: DL/T 1318—2014[S]. 北京: 中国电力出版社, 2014.

[25] 国家能源局. 抽水蓄能电站设计规范: NB/T 10072—2018 [S]. 北京: 中国水利水电出版社, 2005.

[26] 国家能源局. 水力发电厂测量装置配置设计规范: DL/T 5413—2009[S]. 北京: 中国电力出版社, 2009.

[27] 国家电网公司. 水轮发电机组运行维护导则: Q/GDW 11066—2013[S]. 北京: 中国电力出版社, 2014.

附录 A 资料性附录

A.1 典型结构示意图

水泵水轮机及其主要辅助设备在线监测装置典型结构示意图如附图 A-1 所示。

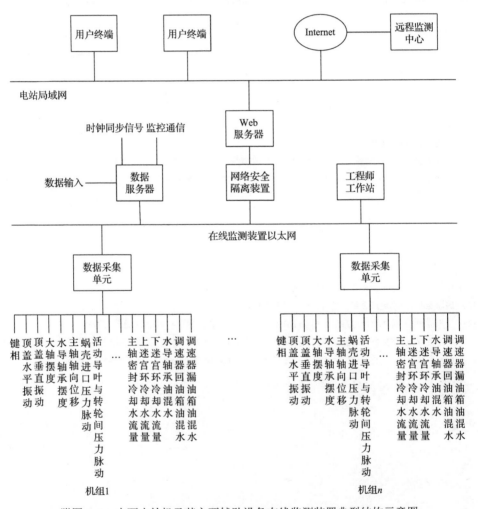

附图 A-1 水泵水轮机及其主要辅助设备在线监测装置典型结构示意图

A.2　典型测点配置表

水泵水轮机及其主要辅助设备在线监测装置典型测点配置表如附表 A-1 所示。

附表 A-1　水泵水轮机及其主要辅助设备在线监测装置典型测点配置表

测点名称	信号输出类型	传感器数量/个	传感器类型	备注
键相	模拟量	1	电涡流传感器	
顶盖水平振动	模拟量	2	低频速度传感器	2 个测点互成 90°径向布置，一般+X 和+Y 方向测点应尽量靠近机组中心位置
顶盖垂直振动	模拟量	2	低频速度传感器	2 个测点互成 90°径向布置，一般+X 和+Y 方向测点应尽量靠近机组中心位置
大轴(法兰)摆度	模拟量、开关量	2	电涡流传感器	+X、+Y 方向互成 90°径向布置，测点靠近机组中心；稳定运行区内摆度不得超过 GB/T 11348.5 所规定的 B 区限值的 1.25 倍，摆度的测量应满足 GB/T 17189 的要求
水导轴承摆度	模拟量、开关量	2	电涡流传感器	+X、+Y 方向互成 90°径向布置，测点靠近机组中心；稳定运行区内摆度不得超过 GB/T 11348.5 所规定的 B 区限值的 1.25 倍，摆度的测量应满足 GB/T 17189 的要求
蜗壳进口压力脉动	模拟量	1	压力传感器	稳定运行区内振动不得超过 GB/T 6075.5 所规定的 B 区限值的 1.25 倍
活动导叶与转轮间压力脉动	模拟量	1	压力传感器	稳定运行区内振动不得超过 GB/T 6075.5 所规定的 B 区限值的 1.25 倍
顶盖与转轮间压力脉动	模拟量	1	压力传感器	稳定运行区内振动不得超过 GB/T 6075.5 所规定的 B 区限值的 1.25 倍
转轮与泄流环间压力脉动	模拟量	1	压力传感器	稳定运行区内振动不得超过 GB/T 6075.5 所规定的 B 区限值的 1.25 倍
尾水管进口压力脉动	模拟量	2	压力传感器	与模型试验测点位置相对应
尾水肘管压力脉动	模拟量	1	压力传感器	与模型试验测点位置相对应
充气压水阀	开关量	1		采集全关(或全开)信号丢失到全开(或全关)信号到位的时间，进行阀门全开(或全关)时间对比，及时发现阀门执行器或阀门故障
充气压水补气阀	开关量	1		采集全关(或全开)信号丢失到全开(或全关)信号到位的时间，进行阀门全开(或全关)时间对比，及时发现阀门执行器或阀门故障
蜗壳增压阀	开关量	1		采集全关(或全开)信号丢失到全开(或全关)信号到位的时间，进行阀门全开(或全关)时间对比，及时发现阀门执行器或阀门故障
迷宫环供水阀	开关量	1		采集全关(或全开)信号丢失到全开(或全关)信号到位的时间，进行阀门全开(或全关)时间对比，及时发现阀门执行器或阀门故障
水导轴承油位	模拟量、开关量	1	液位传感器	

续表

测点名称	信号输出类型	传感器数量/个	传感器类型	备注
调速器压力油罐油位	模拟量、开关量	1	液位传感器	
调速器回油箱油位	模拟量、开关量	1	液位传感器	
调速器漏油箱油位	模拟量、开关量	1	液位传感器	
尾水管水位	模拟量、开关量	1	液位传感器	
机组顶盖水位	开关量	1	液位传感器	
水导轴承油温	模拟量	1	RTD	
调速器油槽油温	模拟量	1	RTD	
调速器压力油罐油温	模拟量	1	RTD	
调速器回油箱油温	模拟量	1	RTD	
水导轴承瓦温	模拟量	1	RTD	
水导轴承冷却水温	模拟量	1	RTD	
主轴密封冷却水温	模拟量	2	RTD	
主轴密封温度	模拟量	2	RTD	
上迷宫环温度	模拟量	2	RTD	
下迷宫环温度	模拟量	2	RTD	
接力器开关腔压力	模拟量	2	压力传感器	
滤油器压差	开关量	1	压力传感器	
水导轴承供油管油压	模拟量、开关量	1	压力传感器	
调速器主油路油压	模拟量、开关量	1	压力传感器	
主轴密封供水压力	开关量	1	压力传感器	
压力钢管压力	模拟量	1	压力传感器	
蜗壳压差	模拟量	1	压力传感器	
尾水管压差	模拟量	1	压力传感器	
水导油过滤器压差	开关量	1	压力传感器	

测点名称	信号输出类型	传感器数量/个	传感器类型	备注
主轴密封冷却水过滤器压差	开关量	1	压力传感器	
调速器回油箱过滤器压差	开关量	1	压力传感器	
调速器漏油箱过滤器压差	开关量	1	压力传感器	
水导轴承油循环流量	模拟量、开关量	1	流量传感器	
水导轴承冷却水流量	模拟量、开关量	1	流量传感器	
主轴密封供水流量	模拟量、开关量	1	流量传感器	
上迷宫环冷却水流量	模拟量、开关量	1	流量传感器	
下迷宫环冷却水流量	模拟量、开关量	1	流量传感器	
水导轴承油混水	开关量	1	油混水信号器	
调速器回油箱油混水	开关量	1	油混水信号器	
调速器漏油箱油混水	模拟量、开关量	1	油混水信号器	
主配压阀阀芯位移	模拟量	1	电涡流传感器	
机组抬机量	模拟量	1	电涡流传感器	
主轴密封磨损量	模拟量	1	电涡流传感器	
转速	模拟量	1	残压测频	
有功功率	模拟量			从电站监控获取
无功功率	模拟量			从电站监控获取

A.3　状态报告示例

1. 性能评价报告

(1) 设备信息，如附表 A-2 所示，至少应该包含以下信息。

附表 A-2　设备信息

项目	举例
设备标识	机组编号
设备型号	水泵水轮机型号 调速器型号

(2) 监测信息，如附表 A-3 所示。使用者可根据对设备及监测量的关注程度，选择报告的监测信息。

附表 A-3　监测信息

项目	示例
测点位置	描述、编号或图示
数值	数量或数据范围
单位	mm、mm/s、MPa、m³/s、℃等
限值	峰值、峰-峰值、平均值、均方根、百分比等
传感器类型	摆度和键相传感器、温度传感器、振动传感器、位移传感器、压力传感器、液位传感器、流量传感器等
采样时的运行参数	出力(MW)、转速(r/min)、流量(m³/s)等

(3) 趋势图和相关趋势图，如附表 A-4 所示。使用者可根据对设备及监测量的关注程度，选择监测量的趋势变化信息。

附表 A-4　趋势图和相关趋势图

项目	示例
测点位置	描述、编号或图示
数值	数量或数据范围
单位	mm、mm/s、MPa、m³/s、℃等
限值	峰值、峰-峰值、平均值、均方根、百分比等
传感器类型	摆度和键相传感器、温度传感器、振动传感器、位移传感器、压力传感器、液位传感器、流量传感器等
趋势图和相关趋势图	各部件摆度趋势图和相关趋势图 各部件振动趋势图和相关趋势图 各部件压力(脉动)趋势图和相关趋势图 各部件温度趋势图和相关趋势图 各部件液位趋势图和相关趋势图 各部件流量趋势图和相关趋势图 机组抬机量趋势图和相关趋势图 主轴密封磨损量趋势图和相关趋势图

(4) 评估信息。根据以上数据、图表对机组性能进行评估，内容至少应包括测点监测量是否越限、相应监测量的变化趋势信息、监测量变化趋势与机组性能变化趋势的相关信息、与机组历史同期相比信息等。

2. 报警报告

当监测量达到根据设备特性和运行工况设定的报警定值时，装置应推出报警画面，发出声响，灯光显示，依据关注对象和关注程度随时生成报告。

附录 B 规范性附录

B.1 水泵水轮机及其主要辅助设备健康状态评价项目表

水泵水轮机及其主要辅助设备非检修期健康状态评价项目表如附表 B-1 所示。

附表 B-1 水泵水轮机及其主要辅助设备非检修期健康状态评价项目表

序号	评价对象	重要性级别	劣化等级	健康状态量	应扣分值/分	状态量扣分情况	备注
1	转轮与大轴						
1.1	主轴	重要	III	轴向位移幅值达到报警值	8		加强监测，并对抬机跳机引起的相关部件损伤进行评定。法兰发生III级劣化振摆后必须在检修期内对上下导轴承及水导轴承进行综合探伤检测
			IV	轴向位移幅值达到跳机值	10		
			II	法兰稳定运行区内摆度超过GB/T 11348.5 所规定的 B 区限值的 1.25 倍；摆度的测量应满足GB/T 17189 的要求	4		
			III	法兰稳定运行区内摆度超过GB/T 11348.5 所规定的 C 区限值的 1.25 倍；摆度的测量应满足GB/T 17189 的要求	8		
			IV	法兰稳定运行区内摆度值上升趋势明显，且接近允许值	10		
2	导水机构						
2.1	振动	重要	II	稳定运行区内振动超过 GB/T 6075.5 所规定的 B 区限值的 1.25 倍；振动的测量应满足 GB/T 17189 的要求	4		对超过国家标准及厂家规定值的情形，需要在检修期对相关部件进行全面的检测，出现严重损坏的部件要进行相应修缮或更换
			III	稳定运行区内振动超过 GB/T 6075.5 所规定的 C 区限值的 1.25 倍；振动的测量应满足 GB/T 17189 的要求	8		
			IV	顶盖振动特征值上升趋势明显，且接近允许值	10		
2.2	压力脉动	重要	III	在水头、负荷等工况参数接近时，与历史数据结果比较，有明显变化；部分负荷范围有水力谐振发生	8		
			III	活动导叶与转轮间压力脉动超过厂家规定值	8		

序号	评价对象	重要性级别	劣化等级	健康状态量	应扣分值/分	状态量扣分情况	备注
2.2	压力脉动	重要	III	顶盖与转轮间压力脉动超过厂家规定值	8		
			III	转轮与泄流环间压力脉动超过厂家规定值	8		
2.3	活动导叶	重要	IV	剪断销故障	10		待机组停机后进行检查
2.4	顶盖	一般	II	水位过高报警	2		出现水位过高报警时,首先考虑传感器是否发生故障,再考虑水泵是否已启动,若水泵启动仍出现过高报警,则可能出现顶盖渗水情况
2.5	导叶轴套	重要	III	轴套卡涩导致导叶不能正常开关	8		评估导叶轴套的正常使用周期
			III	轴套螺栓断裂	8		
			III	导叶轴套密封漏水	8		
3				蜗壳与座环			
3.1	蜗壳进口压力脉动	重要	III	在水头、负荷等工况参数接近时,与历史数据结果比较,有明显增大的趋势;部分负荷范围有水力谐振发生;压力脉动幅值达到报警值	8		加强监测
3.2	蜗壳进人门	重要	III	进人门渗漏	8		加强监测,检修时检查或更换密封
3.3	蜗壳排水管路	一般	II	轻微渗漏	4		加强巡检
			III	严重渗漏	8		
4				水导轴承及其油冷却系统			
4.1	水导摆度	重要	II	稳定运行区内摆度超过 GB/T 11348.5 所规定的 B 区限值的 1.25 倍;摆度的测量应满足 GB/T 17189 的要求	4		发生III级劣化振摆后必须在检修期内对水导轴承进行综合探伤检测
			III	稳定运行区内摆度超过 GB/T 11348.5 所规定的 C 区限值的 1.25 倍;摆度的测量应满足 GB/T 17189 的要求	8		
			IV	稳定运行区内摆度值上升趋势明显,且接近允许值	10		
4.2	轴瓦	重要	III	瓦温高一级报警	8		检查瓦温传感器、轴瓦间隙、轴承部件、冷却器等,找出瓦温升高的原因
			IV	瓦温高二级报警	10		
4.3	油盆	一般	II	油位过低报警	2		巡检时应准确记录油位计标示值并进行评估;
			II	油位过高报警	2		

续表

序号	评价对象	重要性级别	劣化等级	健康状态量	应扣分值/分	状态量扣分情况	备注
4.3	油盆	一般	II	油混水报警	2		巡检时检查有无漏油等异常情况,必要时进行油含水化验;严重时立刻对油盆底进行渗漏检查,对冷却器、相关管路进行打压试验,确认是否存在内漏或外漏;在排除在线监测系统故障后,结合技术监督数据,如机组振动、摆度、运行工况、水头、冷却水温等进行全方位的评估,分析变化原因
			II	油温达到一级报警值	2		
			III	油温达到二级报警值	4		
			II	油盆盖甩油	4		
			II	油盆底渗油	4		
			III	油盆底漏油	8		
4.4	水导油循环	一般	II	供油管油压高报警	2		流量问题导致停机时,需要在检修期内对水导轴承进行探伤检测
			II	供油管油压低一级报警	2		
			III	供油管油压低二级报警	4		
			II	流量低一级报警	2		
4.5	油过滤器	一般	II	过滤器堵塞报警	2		加强监测
4.6	冷却系统管路与阀门	一般	I	水导冷却水温高一级报警	1		加强监测
			II	水导冷却水温高二级报警	2		
			II	冷却水流量低报警	2		
5	**主轴密封及其供水系统**						
5.1	主轴密封供水	重要	III	温度高报警	8		加强监测
		一般	III	供水压力低报警	4		
			II	供水流量低报警	2		
5.2	主轴密封过滤器	一般	II	过滤器堵塞报警	2		对过滤器进行清洗或更换
			II	过滤器排污阀不能开启	2		
			II	过滤器频繁自动冲洗	2		
6	**迷宫环及其供水系统**						
6.1	迷宫环	重要	III	迷宫环温度高一级报警	8		迷宫环温度异常时,应及时对其状况进行评估
			IV	迷宫环温度高二级报警	10		
6.2	迷宫环供水系统	一般	I	迷宫环冷却水流量低一级报警	1		迷宫环冷却水流量异常时,应及时对其状况进行评估
			II	迷宫环冷却水流量低二级报警	2		
7	**压水回水系统**						
7.1	尾水管进出口	重要	III	水位高一级报警	8		在压水状态下监测尾水管水位与压水时长
			IV	水位高二级报警	10		
7.2	压水气罐	重要	IV	安全阀动作	10		全面检查压水气罐运行安全性
			III	气罐及管路接头渗漏	8		

续表

序号	评价对象	重要性级别	劣化等级	健康状态量	应扣分值/分	状态量扣分情况	备注
7.3	压水回水管路及阀门	重要	III	自动阀门动作时间有明显上升的趋势	8		及时清理或更换阀门；加强巡检，必要时更换问题部件
			II	管路或阀门渗漏	4		
8	尾水管						
8.1	尾水管进口及肘管压力脉动	重要	III	稳定运行负荷范围内，大于运行水头的3%～11%；在水头、负荷等工况参数接近时，与历史数据结果比较，有明显增大的趋势；部分负荷范围有水力谐振发生	8		加强监测
9	压油装置及调速器						
9.1	压力油罐	重要	II	压力油罐压力低	4		加强监测
			IV	安全阀动作	10		
			III	油罐及管路接头渗漏	8		
		一般	II	压力油罐油位低一级报警	2		
			III	压力油罐油位低二级报警	4		
			IV	压力油罐油位低跳机	5		
			II	压力油罐油位高报警	2		
9.2	调速器主油路	重要	II	主油路油压高报警	4		加强监测
			II	主油路油压低一级报警	4		
			III	主油路油压低二级报警	8		
			IV	主油路油压低跳机	10		
9.3	调速器油泵	重要	II	调速器油泵启动频率明显升高	4		检查调速器油路是否出现泄漏
9.4	调速器回油箱	一般	II	调速器回油箱油位高	2		加强监测
			II	调速器回油箱油位低	2		
			II	调速器回油箱油温高	2		
			II	调速器回油箱过滤器堵塞	2		
			II	调速器回油箱油混水报警	2		
9.5	调速器漏油箱	一般	II	调速器漏油箱油位高	2		加强监测
9.6	调速器冷却水	一般	II	调速器冷却水水温高	2		加强监测
9.7	压油装置组合阀	重要	III	组合阀各接头部位渗漏	8		加强巡检；必要时更换问题部件
9.8	主配压阀	重要	III	接头部位渗漏	8		加强巡检；必要时更换问题部件

水泵水轮机及其主要辅助设备检修期健康状态评价项目表如附表 B-2 所示。

附表 B-2 水泵水轮机及其主要辅助设备检修期健康状态评价项目表

序号	评价对象	重要性等级	劣化等级	健康状态量	应扣分值/分	状态量扣分情况	备注
1	转轮与大轴						
1.1	主轴本体	重要	IV	主轴本体及其法兰出现裂纹	10		需要整体评估主轴能否继续使用；定期进行无损探伤，检查缺陷情况；必要时更换主轴
			IV	主轴本体发现制造缺陷	10		
1.2	大轴连接螺栓与螺母	重要	II	锁锭存在裂纹或松动	4		机组检修时检查螺母及锁片情况；必要时对螺栓及锁片进行无损探伤
			IV	螺母及螺栓存在裂纹或断裂	10		
		一般	II	螺栓保护盖松动	2		
1.3	转轮连接螺栓与销钉	重要	II	锁锭存在裂纹或松动	4		机组检修时检查螺母及锁片情况；必要时对螺栓及锁片进行无损探伤
			IV	螺母及螺栓存在裂纹或断裂	10		
			IV	销钉存在裂纹或断裂	10		
1.4	大轴底部堵板	重要	IV	堵板及其紧固螺栓、锁片松动、断裂	10		机组检修时检查螺母及锁片情况；必要时进行无损探伤
			IV	密封损坏出现漏水	10		
			III	堵板严重锈蚀	8		
1.5	转轮	重要	III	转轮叶片出现微裂纹	8		每次机组检修时对转轮裂纹、空蚀、磨损进行修复，预防缺陷扩大；必要时对机组主要金属部件进行探伤检测；空蚀量量化评定参考 GB/T 15469.2 中的相关内容
			IV	转轮叶片出现贯穿性裂纹	10		
			II	转轮轻微空蚀、磨损	4		
			III	转轮中等空蚀、磨损	8		
			IV	转轮严重空蚀、磨损	10		
1.6	泄水锥	重要	IV	泄水锥固定螺栓松动	10		机组检修时检查螺母情况；必要时可进行无损探伤
			IV	泄水锥焊缝出现裂纹	10		
1.7	转轮平压管路	重要	II	管路法兰面处之间轻微漏水	4		机组检修时，对关键、重点部位的管路焊接口进行探伤检查；对水轮机顶盖等高振区域，优化管路连接方式，合理地增加管路支架
			III	管路焊缝部位轻微漏水	8		
			III	回水排气管弯头焊缝开裂	8		
			III	内平衡管焊缝开裂	8		

续表

序号	评价对象	重要性等级	劣化等级	健康状态量	应扣分值/分	状态量扣分情况	备注
2				**导水机构**			
2.1	顶盖	重要	II	顶盖密封漏水	4		当抗磨板出现较大刮伤时,应对其状况进行进一步评估;通过复测上下抗磨板距离、刀口尺检查平面度等方式确认变形量
			III	顶盖把合螺栓松动、出现裂纹	8		
			III	顶盖座环连接螺栓松动、出现裂纹	8		
			III	顶盖抗磨板刮伤、脱层	8		
			III	顶盖抗磨板变形	8		
			III	顶盖抗磨板固定螺钉松动	8		
2.2	底环	重要	III	底环抗磨板刮伤、脱层	8		当抗磨板出现较大刮伤时,应对其状况进行进一步评估;通过复测上下抗磨板距离、刀口尺检查平面度等方式确认变形量
			III	底环抗磨板固定螺钉松动	8		
			IV	底环固定螺栓松动	10		
			III	底环抗磨板变形	8		
2.3	泄流环	重要	II	泄流环汽蚀	4		定期检查泄流环板把合螺栓的情况,若有断裂,及时更换;泄流环板脱落应立即停机
			III	泄流环固定螺栓松动	8		
			IV	泄流环板脱落	10		
2.4	止推环	重要	III	抗磨板严重磨损	8		定期检查止推环抗磨板;选用耐磨性能较好的止推环抗磨板材料;评估导叶止推轴承的正常使用周期
			III	抗磨板螺栓断裂	8		
			III	抗磨板断裂	8		
			II	导叶止推轴承磨损	4		
			II	导叶止推间隙超出设计值	4		
2.5	活动导叶	重要	I	导叶轻微空蚀、磨损	2		导叶端面或抗磨板的磨损原因应结合多方面检查确定,如抗磨板变形量、水道异物、导叶止推装置起不到限位作用、导叶操作机构异常受力、导叶异常受力倾斜等
			II	导叶中度空蚀、磨损	4		
			III	导叶严重空蚀、磨损	8		
			II	导叶立面/端面间隙超出设计值	4		
			II	活动导叶上下端面磨损	4		
			III	活动导叶存在裂纹	8		
			III	液压缸螺杆断裂	8		
2.6	导叶轴套	重要	III	轴套配合间隙过大	8		评估导叶轴套的正常使用周期
			III	轴套偏磨严重	8		

续表

序号	评价对象	重要性等级	劣化等级	健康状态量	应扣分值/分	状态量扣分情况	备注
2.7	导叶接力器连板	重要	III	导叶接力器连板松动	8		
2.8	导叶接力器基础板	重要	III	导叶接力器基础板松动	8		
2.9	导叶拐臂	重要	III	导叶拐臂松动	8		加强巡检；必要时更换问题部件
2.10	控制环	重要	IV	控制环异常变形	10		
			III	防跳板间隙过大或过小	8		
			III	控制环抗磨板磨损严重	8		
3				蜗壳与座环			
3.1	蜗壳	一般	III	蜗壳表面脱层	4		
3.2	蜗壳延伸管	一般	III	蜗壳延伸管表面脱层	4		
3.3	蜗壳进人门	重要	III	进人门螺栓松动、存在裂纹	8		机组检修时、必要时可对相应部件进行无损探伤
3.4	座环	一般	III	座环表面脱层	4		
3.5	固定导叶	一般	III	固定导叶空蚀	4		
3.6	基础环	一般	III	基础环锈蚀	4		
3.7	蜗壳自动排气阀	重要	II	密封碗与密封圈结合处脏污，密封不严	4		加强巡检
4				水导轴承及其油冷却系统			
4.1	油质	一般	IV	油品劣化	5		检修时进行油过滤或更换新油
4.2	轴瓦	重要	II	轴瓦表面存在轻微异常磨损或刮伤	4		机组运行时关注轴瓦温度，必要时更换轴瓦；关注油化试验中油样是否存在异常磨损颗粒
			III	轴瓦表面存在严重磨损、刮伤或开裂	8		
			IV	轴瓦损毁	10		
4.3	瓦间隙调整部件	一般	II	瓦间隙调整部件松动	2		机组检修时检查瓦间隙调整部件；必要时可更换问题部件
			II	瓦间隙超过设计量	2		
			III	瓦间隙调整部件存在裂纹或断裂	4		
4.4	瓦支撑部件	一般	II	瓦支撑部件松动	4		机组检修时检查瓦间隙支撑部件；必要时可更换问题部件
			IV	瓦支撑部件存在裂纹或断裂	10		
4.5	油盆	一般	III	油盆安装错位	4		加强巡检；必要时更换问题部件
4.6	循环油泵	一般	II	油泵存在渗油漏油	2		加强巡检
			II	油泵联轴器缓冲垫破损	2		

续表

序号	评价对象	重要性等级	劣化等级	健康状态量	应扣分值/分	状态量扣分情况	备注
4.7	油过滤器	一般	III	过滤器堵塞或滤网破损	4		加强巡检；必要时更换问题部件
			II	过滤器存在渗油漏油	2		
4.8	油冷却器	一般	III	冷却器管路堵塞	4		加强巡检；必要时更换问题部件
			II	冷却器漏油、漏水	2		
4.9	冷却系统管路与阀门	一般	II	管路或阀门存在渗漏	2		加强巡检；必要时更换问题部件
			III	冷却器换热片堵塞	4		
			III	过滤器滤芯堵塞	4		
4.10	毕托管	一般	II	螺栓松动	2		机组检修时检查螺母情况
4.11	油雾风机	一般	II	与水导轴承盖板连接处的法兰螺栓松动	2		机组检修时检查螺母情况
4.12	各金属管道及构件	重要	III	DL/T 1318 中相关金属检测不合格	8		应定期按照 DL/T 1318 要求进行检测，对不合格的管道及构件进行除锈、补强后再开机，对不便处理的部位加强监控并安排在下一次检修时进行修缮
5				**主轴密封及其供水系统**			
5.1	固定环	重要	III	固定环固定螺栓松动	8		机组检修时检查螺母情况
5.2	抗磨环	重要	II	抗磨环轻微磨损	4		抗磨环烧损时需要检查活动密封环情况
			IV	抗磨环烧损	10		
			III	抗磨环固定螺栓、销钉损坏	8		
5.3	活动环	重要	IV	固定环与活动环间隙不足，影响活动环正常运行	10		加强巡检；必要时更换问题部件
			II	固定环与活动环之间有较多污垢，影响活动环自由活动	4		
			III	固定环与活动环之间密封损坏，漏水量大	8		
5.4	回转环	重要	III	螺栓松动	8		机组检修时检查螺母情况
5.5	测压软管	一般	II	轻微堵塞	2		定期检查、疏通易堵塞的测压软管，定期对测压软管进行排气，消除隐患
5.6	主轴密封	重要	III	主轴密封被抬起	8		夏季下库高水位期，根据机组实际情况及时调整主轴密封气缸辅助气压；机组检修时加强对传感器的校验
			III	温度传感器损坏	8		
5.7	活动密封环	重要	II	磨损量接近或达到报警值	4		密封环磨损量应定期进行评估；结合小修对弹簧压缩长度、磨损标尺等进行检查，评估磨损速度及磨损值
			III	磨损量接近或达到过低值	8		
			III	异常磨损	8		
			III	磨损过量	8		

续表

序号	评价对象	重要性等级	劣化等级	健康状态量	应扣分值/分	状态量扣分情况	备注
5.8	活动环支撑弹簧	重要	IV	弹簧断裂	10		定期检查更换支撑弹簧
			III	弹簧压缩力不足,无法压紧	8		
5.9	活动环弹簧支撑螺杆	重要	II	螺杆松动	4		机组检修时检查螺杆情况
			III	螺杆断裂或有裂纹	8		
5.10	主轴密封供水软管及钢管	一般	I	供水管路及接头轻微渗水	1		加强巡检;必要时更换问题部件
			II	供水管路及接头漏水	2		
5.11	主轴密封过滤器	一般	III	过滤器堵塞	8		机组检修时检查过滤器情况;必要时宜更换过滤器
			II	过滤器排污阀不能开启	4		
			I	过滤器频繁自动冲洗	2		
			II	过滤器滤芯较脏,较多污泥	4		
5.12	主轴密封供水减压装置	一般	II	堵塞	4		定期检查更换压紧弹簧
			II	漏水	4		
			III	压紧弹簧(如有)断裂	8		
5.13	主轴密封液压阀(如果有)	一般	III	液压阀渗油	4		加强巡检
5.14	检修密封	一般	III	检修密封橡胶出现老化裂纹	4		更换检修密封橡胶空气围带并校核密封性
5.15	其他故障	一般	III	主轴密封增压泵盘根漏水	4		加强巡检,必要时进行更换
		一般	III	主轴密封冷却水旁通阀法兰焊缝渗水	4		
		一般	III	主轴密封紧急供水电磁阀隔膜损坏,不能开启	4		
5.16	各金属管道及构件	重要	II	DL/T 1318 中相关金属检测不合格	4		应定期按照 DL/T 1318 要求进行检测,对不合格的管道及构件进行除锈、补强后再开机,对不便处理的部位加强监控并安排在下一次检修时进行修缮
6	迷宫环及其供水系统						
6.1	迷宫环	重要	III	上下迷宫环间隙匹配不当	8		加强巡检;必要时更换问题部件
7	压水回水系统						
7.1	压水气罐	重要	II	压水气罐轻微锈蚀	4		严重锈蚀时应请专业机构进行检测,未通过不能运行
			III	压水气罐严重锈蚀	8		
			III	压水气罐制造缺陷	8		
			III	压水气罐出现裂纹	8		

续表

序号	评价对象	重要性等级	劣化等级	健康状态量	应扣分值/分	状态量扣分情况	备注
7.2	气罐安全阀	重要	II	安全阀锈蚀	4		加强巡检;必要时更换问题部件
			II	安全阀定值漂移	4		
7.3	压水回水管路及阀门	重要	III	阀门或其操作机构损坏、拒动	8		加强巡检;必要时更换问题部件
			III	阀芯密封损坏	8		
7.4	包含调相压水管、蜗壳增压管在内的各金属管道及构件	重要	IV	DL/T 1318 中相关金属检测不合格	10		定期对高压水管路进行壁厚检测,对管壁变薄部位的管路进行原因分析并更换管路或材质,对不便处理的部位加强监控并安排在下一次检修时进行修缮
8				尾水管			
8.1	锥管	重要	III	锥管把合螺栓松动	8		机组检修时检查螺母情况;必要时可进行无损探伤
			IV	锥管存在裂纹	10		
8.2	锥管进人门	重要	II	进人门渗漏	4		机组检修时检查螺母情况;必要时可进行无损探伤
			III	进人门螺栓松动、存在裂纹	8		
8.3	尾水肘管和扩散段	重要	II	表面脱层	4		加强巡检;必要时可进行无损探伤
			IV	存在空鼓、变形	10		
8.4	尾水管排水阀门	一般	III	阀门渗漏	4		加强巡检
8.5	尾水补气短管	重要	III	尾水补气短管部分断裂	8		更换强度更高的尾水补气短管;缩短尾水补气短管检查周期
8.6	尾水管与调相压水气管连接处	重要	IV	存在裂纹	10		对接口外圈的焊缝进行彻底打磨,进行着色探伤
9				水轮机机坑其他设备			
9.1	顶盖排水系统	重要	III	顶盖排水泵不能正常工作	8		加强巡检;必要时更换问题部件
			II	顶盖排水管渗漏	4		
9.2	机坑漏水量	重要	III	机坑渗漏集水井水位上升过快	8		立即撤离流道内的检修人员,检查上下游闸门密封
10				压油装置及调速器			
10.1	压力油罐、气罐	重要	II	外观损坏,螺栓松动	4		加强巡检;必要时更换问题部件
10.2	压油装置组合阀	重要	II	组合阀外观破损	4		加强巡检;必要时更换问题部件
			III	螺栓紧固松动	8		